高职高专物联网应用技术专业系列教材

高职院校物联网应用技术专业校企合作教材

窄带物联网（NB-IoT）应用开发教程

NarrowBand Internet of Things (NB-IoT)

Application Development Tutorial

主　编　刘　刚　谭方勇

副主编　张　晶　过　怡　葛周敏

西安电子科技大学出版社

内 容 简 介

本书结合物联网应用技术人才培养方案和职业技能需求，以 NB-IoT 一体化教学实训套件为载体，采用项目化教学方式，将理论与实践结合起来组织全书的内容。本书共分为 7 章：第 1～4 章是理论部分，内容涵盖了物联网技术相关理论、NB-IoT 技术相关理论、NB-IoT 应用开发平台介绍和开发环境搭建；第 5～7 章是实践部分，由浅入深进行讲解，内容包括基础的 STM32 嵌入式开发、进阶的传感器数据采集和 NB-IoT 通信、面向应用的华为物联网云平台 NB-IoT 物联网产品开发。

本书可作为高职院校物联网应用技术专业的教材，也适合具有一定单片机基础的开发者参考使用，还可作为广大 NB-IoT 爱好者的自学用书。本书配有相应的教学视频，参考学时为 48 学时。

图书在版编目(CIP)数据

窄带物联网(NB-IoT)应用开发教程 / 刘刚，谭方勇主编. —西安：西安电子科技大学出版社，2023.1(2024.2 重印)
ISBN 978−7−5606−6666−2

Ⅰ. ①窄… Ⅱ. ①刘… ②谭… Ⅲ. ①物联网—系统开发—教材 Ⅳ. ①TP393.4②TP18

中国版本图书馆 CIP 数据核字(2022)第 180249 号

策　　划　高　樱
责任编辑　高　樱
出版发行　西安电子科技大学出版社(西安市太白南路 2 号)
电　　话　(029)88202421　88201467　　　　邮　编　710071
网　　址　www.xduph.com　　　　　　　　电子邮箱　xdupfxb001@163.com
经　　销　新华书店
印刷单位　陕西天意印务有限责任公司
版　　次　2023 年 1 月第 1 版　　2024 年 2 月第 2 次印刷
开　　本　787 毫米×1092 毫米　1/16　印 张　17.5
字　　数　414 千字
定　　价　49.00 元
ISBN 978−7−5606−6666−2 / TP
XDUP 6968001−2
如有印装问题可调换

前　言

自 1991 年美国麻省理工学院(MIT)的 Kevin Ashton 教授首次提出物联网的概念以来，在计算机、通信、云计算以及人工智能等技术飞速发展的背景下，物联网技术得到了快速的发展，人类将进入万物互联(Internet of Everything，IoE)的新时代。作为 5G 协议标准之一的 NB-IoT 通信技术的诞生，更是加速了整个物联网产业的发展。

NB-IoT 是物联网领域的一种新的通信技术，它特有的低功耗、广覆盖、大连接、低成本等优点，使其在物联网通信领域中具有一定的优势。同时，这些特性也使得 NB-IoT 产品的开发过程有别于采用其他通信技术的产品的开发过程。在这一背景下，一本适合高职院校学生学习 NB-IoT 通信技术并可用来进行产品开发的教材显得尤为重要。

本书结合物联网应用技术人才培养方案和职业技能需求，以 NB-IoT 一体化教学实训套件为载体，采用项目化教学方式，将理论与实践结合起来组织全书的内容。本书讲解了 NB-IoT 产品开发中所需的 STM32 嵌入式开发、NB-IoT 及物联网云平台理论知识和实践开发，并通过配套实验开发板和传感器模块完成 NB-IoT 案例产品的开发。本书共分为 7 章：第 1～4 章是理论部分，内容涵盖了物联网技术相关理论、NB-IoT 技术相关理论、NB-IoT 应用开发平台介绍和开发环境搭建；第 5～7 章是实践部分，由浅入深进行讲解，内容包括基础的 STM32 嵌入式开发、进阶的传感器数据采集和 NB-IoT 通信、面向应用的华为物联网云平台 NB-IoT 物联网产品开发。

本书的编写团队成员长期从事物联网及网络技术的教学，具有丰富的专业建设和教学经验，这为本书的完成奠定了坚实的基础。另外，本书在编写过程中得到了中国电信苏州分公司物联网中心技术总监葛周敏、无锡科技职业学院刘军伟和辽宁轻工职业学院崔鹏等同仁的大力支持，在此一并表示诚挚的感谢！

苏州市职业大学刘刚、谭方勇担任本书主编，苏州市职业大学张晶、过怡和中国电信苏州分公司葛周敏担任副主编，无锡科技职业学院刘军伟和辽宁轻工职业学院崔鹏参与了编写。

当前，NB-IoT 通信技术仍处于发展阶段，新的技术随着时间的推移会逐步推向市场，读者在阅读本书时可能会遇到描述与实际不符的地方，请读者结合新的技术知识灵活使用。

由于编者水平和经验有限，书中难免有欠妥之处，恳请广大读者批评指正。

编　者

2022 年 7 月

前　言

目　　录

第 1 章　物联网概述

◆ 【本章导览】

　　在学习 NB-IoT 窄带物联网应用开发之前，我们必须对物联网有一个总体的认识，包括它的起源及发展历程，特别是对物联网的体系结构要有一个清楚的认识，能够理解物联网的逻辑和物理架构，对物联网的感知层、网络层以及通信层所涉及的关键技术和设备有较好的认识和理解，对"端-管-云"等物联网物理架构的应用场景有较深的了解，同时，也需要熟知物联网应用层中的主要通信协议，这是学习 NB-IoT 物联网应用开发所必须具备的关键知识。

◆ 【本章知识结构图】

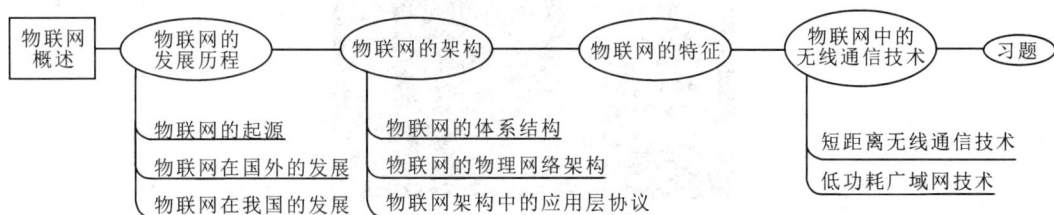

◆ 【学习目标】

　　通过对本章内容的学习，学生应该：

(1) 了解物联网的起源。

(2) 了解物联网的发展历程。

(3) 了解物联网在国内外的发展及现状。

(4) 能解释物联网能够快速发展的内在动力。

(5) 掌握物联网的主要无线通信技术的特点及应用场景。

(6) 能描述物联网的体系结构。

(7) 能讲述物联网的主要特征。

1.1　物联网的发展历程

1.1.1　物联网的起源

物联网的发展历程

　　与其他信息技术相比，物联网是一个比较年轻的事物，但是，它在我们工作、学习和生活中的作用却越来越强大。物联网可以赋予事物"生命"，让它们互联在一起，实现物与物、人与物以及人与人之间的沟通。

物联网是从何发展而来的，也就是物联网的起源在哪里？物联网的概念是如何形成的？物联网的发展经历了以下几个过程。

1. "网络可乐贩售机"起源说

这种说法源于美国施乐(Xerox)公司推出的一种在线可乐售卖机。这款在线可乐售卖机的设计灵感来自 20 世纪 80 年代卡内基·梅隆大学(Carnegie Mellon University)的一群程序员，他们很喜欢喝冰可乐，但是可乐售卖机在楼下，而且一直没货。他们希望每次下楼都能买到冰爽的可乐，于是他们想出了一种方法——将可乐售卖机连接到网络上，同时还编写了一套程序以监视可乐机里面的可乐数量和冰冻情况，这样他们就可以随时知道可乐售卖机里到底有没有可乐，可乐冰不冰了。

后来，在 1990 年，施乐在这个创意的基础上推出了一款在线可乐售卖机(Networked Coke Machine，见图 1-1)，它应用了早期基于普适计算理念的物联网技术。

图 1-1　在线可乐售卖机

2. "特洛伊咖啡壶"起源说

"特洛伊咖啡壶"起源的说法可能更为人所知，它最早可以追溯到 1991 年，英国剑桥大学特洛伊计算机实验室的科学家喜欢喝咖啡，他们经常去楼下煮咖啡，在煮咖啡的过程中，他们需要时刻关注咖啡有没有煮好，这样既麻烦又耽误工作，因此，他们编写了一套程序，并在咖啡壶边上安装了一个便携式摄像头，然后利用计算机的图像捕捉技术，以 3 帧/s 的速率将煮咖啡的图像实时传递到实验室的计算机上，这样一来，科学家就能随时查看咖啡是否已经煮好(见图 1-2)。这是另一种物联网雏形来源的说法。

图 1-2　特洛伊咖啡壶

3. 比尔·盖茨《未来之路》勾画的物联网的概念

1995 年，微软公司(Microsoft)的创始人比尔·盖茨在他的《未来之路》(*THE ROAD*

AHEAD)一书(见图 1-3)中提到了物联网的概念，书中提到"互联网仅仅实现了计算机的联网而没有实现万事万物的互联"，这句话已经把物联网的概念清晰地勾画出来了，并且与现在物联网的英文名"Internet of Things(IoT)"完全吻合。

4. 物联网概念的真正提出

英国工程师 Kevin Ashton(见图 1-4(a))在 1998 年的一次演讲中首次提出真正的物联网概念。当时，美国零售连锁联盟估计，美国的几大零售企业一年当中因商品管理不良而造成的损失高达 700 亿美元，而 Kevin Ashton 作为宝洁公司的前任营销副总裁对此深有感触，为了避免由于商品过多、查补速度太慢而造成销售损失，他用 RFID(无线射频识别，Radio Frequency Identification)电子标签取代了商品条码，实现了供应链的透明化和自动化。同时，在宝洁公司和吉列公司的赞助下，他与美国 MIT(麻省理工学院)的教授共同创建了一个 RFID 研究机构——自动识别中心(见图 1-4(b))。Kevin Ashton 对物联网的定义就是："把所有物品通过射频识别等信息传感设备与互联网连接起来，实现智能化识别和管理。"MIT 自动识别中心提出："要在计算机互联网的基础上，利用 RFID、无线传感器网络(Wireless Sensor Network，WSN)、数据通信等技术，构造一个覆盖世界上万事万物的物联网。"在这个网络中，物品(商品)能够彼此"交流"，而不需要人的干预。

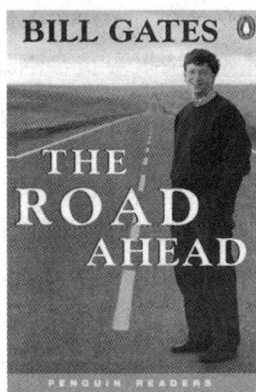

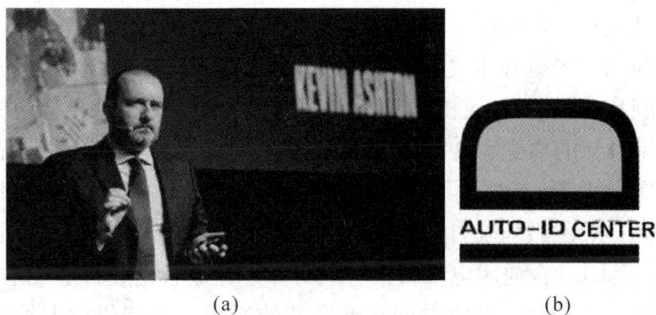

图 1-3 比尔·盖茨的《未来之路》   图 1-4 Kevin Ashton 与 AUTO-ID CENTER

目前，RFID 技术仍然是物联网的一项关键技术之一，在商品零售、物流跟踪、物品管理等很多领域都有着广泛应用。当然，物联网的概念早在 2005 年的时候已经不仅限于 RFID 了，而是扩展到了物和物之间的信息互联，它的覆盖范围有了更大的延伸。同年，在突尼斯举行的信息社会世界峰会上，国际电信联盟(International Telecommunication Union，ITU)发布了《ITU 互联网报告：物联网》。该报告指出："无所不在的物联网通信时代即将到来。"

随着云计算技术的发展，物联网已经不仅限于小规模的设备互联了，通过云的在线信息存储和数据分析功能，为物联网提供便捷的、始终在线的数据存储和分析服务，能够实现远距离、大范围的应用服务，这也是目前物联网发展的一个趋势。我们正在进入一个万物互联的时代，越来越多的智能城市服务、企业工业互联网应用、智能家居生活场景将产生千亿级的连接数。根据物联网业务特征和通信网络的特点，3GPP(第三代合作计划)根据窄带物联网业务应用场景开展了增强移动通信功能的技术研究，以适应当前蓬勃发展的物联网业务需求。在 2016 年的世界移动通信大会(Mobile World Congress，MWC)上，无论是通信运营商还是物联网设备厂商，纷纷展示了完整的物联网解决方案和物联网在不同垂直行业的应用。NB-IoT 窄带物联网技术也在此次会议上正式亮相，并得到了运营商和设备商的支持。当时，华为技术有限公司无线产品首席战略官余泉在接受采访时表示："NB-IoT 是蜂窝网络产业应对万物互联的一个重要机会。我们非常看好 NB-IoT 的商用前景，推荐将其作为物联网连接技术的首要选择。"

在 2020 年 7 月 9 日结束的 ITU-R WP5D #35 会议上，3GPP 技术正式被接受为 ITU IMT-2020 5G 技术标准，这必将推动物联网技术更快、更好地发展。

虽然物联网正处于一个火热的发展阶段，但是就目前来说，物联网仍缺少一个统一开放的标准，这也在一定程度上制约了物联网更进一步的发展与应用。可喜的是，3GPP 标准组织的介入会进一步规范物联网标准，从而推动物联网进一步向大规模与商用方向发展。

1.1.2　物联网在国外的发展

1. 物联网在美国

1995 年，美国政府提出了"信息高速公路"国家振兴战略，大力发展互联网，推动了全球信息产业的革命。2005 年，美国国防部高级研究计划局(DARPA)将"SMART DUST"(智能微尘)列为重点研发项目。美国国家科学基金会(NSF)的全球网络环境研究(GENI)也把"在下一代互联网上组建传感器子网"作为一项重要的内容。美国国家情报委员会(National Intelligence Council，NIC)发布的《2025 对美国利益潜在影响的关键技术》报告也把物联网作为六大关键技术之一。2009 年，当时美国的总统奥巴马与美国的工商业领袖举行了一次"圆桌会议"，在这次会议上 IBM 公司首席执行官山姆·彭名盛(Sam Palmisano)提出了"智慧地球"的概念，并在智慧电力、智慧医疗、智慧交通、智慧城市、智慧供应链以及智慧银行等六大领域建立了智慧行动方案。2010—2011 年，美国联邦政府发布了关于政府机构采用云计算的政府文件以及《联邦云计算策略》白皮书，制订了政府层面的风险授权计划。2016 年，美国联合通用电气、亚马逊、思科等知名企业打造了适用于工业物联网和海量数据的分析平台，推动工业物联网标准框架的制定，希望借此占领全球智能制造业高地。2016 年 11 月，美国发布《保障物联网安全的战略原则》，物联网的安全问题开始受到政府的重视。

2. 物联网在日本

2001 年开始，日本积极实施 e-Japan 战略，快速且有重点地推进了高度信息化社会的建设。2004 年，日本信息通信产业的主管机关总务省(MIC)提出了 IT 发展任务，即 u-Japan 战略，希望将日本建设成为一个"实现随时、随地、任何物体、任何人均可连接的泛在网络社会"。2009 年 12 月，日本总务省又推出了"ICT 维新愿景 2.0 计划"。由该计划可以看出日本"物联网"战略的新方向，即物联网将根据具体问题来研究和开发解决方案，它对物联网的推进有着重要的促进作用。2015 年，日本发布了中长期信息技术发展战略《i-Japan 战略 2015》，其目标是实现以国民为中心的数字社会。同年 10 月，日本物联网推进联盟成立，主要职能为技术开发、政策推进、数据流通。

3. 物联网在韩国

2006 年，韩国提出了国家信息化战略，即 U-Korea，旨在建立由智能网络、最先进的计算技术以及其他领先的数字技术基础设施武装而成的技术社会形态。它让所有人在任何地点、任何时刻享受现代信息技术带来的便利。为了实现 U-Korea，韩国选择了 IT-839 战略，确定了 8 项需要重点推进的业务，其中物联网是 U-Home(泛在家庭网络)、Telematics/Location Based(汽车通信平台/基于位置的服务)等业务的实施重点。2009 年，韩国通信委员会又通过了《物联网基础设施构建基本规划》，其中确定了构建物联网基础设施、发展物联网服务、研发物联网技术、营造物联网扩散环境等 4 大领域。2011 年 3 月，韩国发布了"RFID推广战略"，推进 RFID 在时装、汽车、家电、物流、食品等领域的应用。2014 年 5 月，韩国政府提出了"超联数字革命领先国家"战略，力争使韩国在物联网服务开发及运用领域成为全球领先的国家。

4. 物联网在新加坡

1992 年，新加坡先后提出了"智能岛"计划(IT2000)、"21 世纪资讯通信技术蓝图"以及"连城"等国家信息化发展计划，目的是加大信息通信技术的发展力度。2005 年，新加坡又启动了"下一代 I-Hub"计划，主要目的是建立一个泛在网络，一个安全、高速并无所不在的网络。2006 年 6 月，新加坡启动了第 6 个信息化产业十年计划——"智慧国 2015(iN2015)"，提出了创新、整合和国际化三个原则，目的是希望将新加坡建成一个以信息通信为驱动的智慧化国家。2014 年，新加坡发布了"智慧国家 2025"十年计划，重点进行资源整合和技术创新，进一步推动城市信息化建设，目标是成为全球实践智慧城市建设的标杆国家。

5. 物联网在欧洲

欧洲国家对物联网的发展也非常重视，欧盟一直致力于通过提升科技竞争力来成为"世界上最具活力和竞争力的知识经济体"，并通过物联网、互联网等重要的新型领域来重振欧洲经济。2005 年 4 月，欧盟执委会公布了欧盟信息政策框架"i2010"，提出了为迎接数字融合时代的来临，必须整合不同的通信网络、终端设备和内容服务，以便提供一致性的管理架构来适应全球化数字经济，发展更具市场导向和弹性且面向未来的技术。2009 年 6 月，欧盟委员会向欧盟议会、理事会、欧洲经济和社会委员会及地区委员会提交了 Internet of Things—An action plan for Europe(《欧盟物联网行动计划》)，以确保欧洲在构建物联网过程中的主导作用。2009 年 10 月，欧盟委员会以政策文件形式对外发布了物联网战略，并提出要让欧洲在基于互联网的智能基础设施建设上领先世界。2013 年，欧盟通过 Horizon 2020 计划，部署智能电网、智能交通等智慧城市项目，旨在利用科技创新促进经济增长。2015 年 3 月，欧盟成立了物联网创新联盟，汇集欧盟各成员国的物联网技术与资源，创造欧洲的物联网生态体系。

1.1.3　物联网在国内的发展

2009 年，"物联网"这个词开始在中国变得火热起来。2009 年 8 月 7 日，国务院总理温家宝在无锡微纳传感网工程技术研发中心视察时表示，中国要在激烈的国际竞争中迅速建立中国的传感信息中心或"感知中国"中心。2009 年 11 月 3 日，温家宝总理又在人民大会堂向首都科技界发表了主题为"让科技引领中国可持续发展"的讲话，并指示要着力突破传感网和物联网关键技术。在 2009 年之后，物联网便迅速抢占了很多高新行业的制高点。在 2010年的全国"两会"上，温家宝总理首次将物联网写进了政府工作报告，很多代表也聚焦物联网，建议将其作为我国的国家战略。2016 年，物联网再次受到了国家的重视。2016 年 3 月 5

日，国务院总理李克强在做政府工作报告时强调"促进大数据、云计算、物联网广泛应用"。

2014 年 5 月，华为技术有限公司提出了窄带物联网技术 NB-M2M(LTE for Machine to Machine)。2015 年 5 月，华为技术有限公司融合 NB-OFDM(Narrow Band Orthogonal Frequency Division Multiplexing)形成了 NB-CIoT(Narrow Band Cellular IoT)技术，之后，NB-LTE 与 NB-CIoT 进一步融合形成了当前的 NB-IoT 标准。2016 年 6 月，NB-IoT 的核心标准作为物联网专有协议在 3GPP Rel-13 冻结。在 2020 年 7 月 9 日召开的国际电信联盟 ITU-R WP5D 会议上，NB-IoT 正式纳入了 5G 标准，这是我国主导的物联网技术和标准，是我国在物联网发展过程中树立的一个标志性的里程碑。

1.2 物联网的架构

物联网的架构

1.2.1 物联网的体系结构

从技术架构上来分，物联网的体系结构可以分为三个层次(见图 1-5)，分别是：处于底层的感知层，主要用来感知数据；处于第二层的网络层，主要用来传输数据；顶层的应用层，主要用来对从底层采集并通过网络传输上来的数据进行分析、处理和应用。

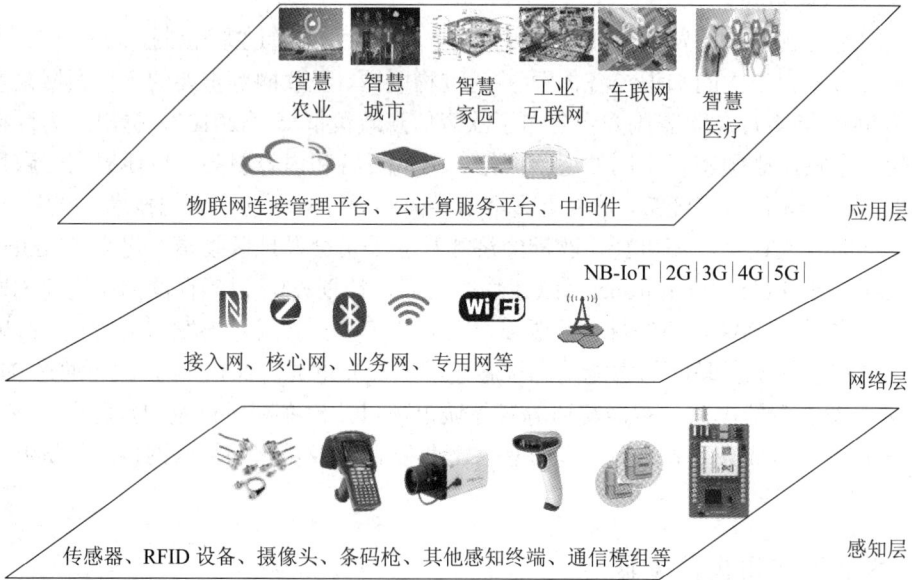

图 1-5 物联网体系架构

1. 感知层

感知层主要负责信息的采集和物物之间的信息传输，它好比人的感觉器官，通过视觉、嗅觉、听觉、触觉和味觉等感觉来感知外界的信息，然后将这些信息输入大脑进行分析和处理，再通过大脑神经来指挥人做出相应的动作，如行走、说话等肢体动作。但是，人的这些感官对外界信息的感知能力是有限的，很多超过人类能力范围的，如上千度的高温、细微的温度变化等都是人类无法直接感知的，这就需要借助具备感知能力的设备来完成这项信息采集任务。这些感知设备包括传感器、条码枪、RFID 设备、NFC 近场通信装置、摄像头、语音识别模块、其他感知终端、通信模组等设备。

2. 网络层

网络层位于物联网的第二层，它作为纽带连接着感知层和应用层。网络层由各种私有网络、互联网、有线和无线通信网等组成，相当于人的神经中枢系统，负责将感知层获取的信息安全可靠地传输给应用层，然后根据不同的应用需求来进行数据的分析和处理。网络层主要实现信息的传输与通信，它还包括接入网、核心网、业务网、专用网以及NB-IoT|2G|3G|4G|5G 等移动通信网，通过各种通信网络与互联网的融合，将感知信息随时随地进行可靠交互和共享，并对应用和感知设备进行管理和鉴权。因此，网络层在物联网的整个体系结构中占有非常重要的地位。

3. 应用层

应用层处于物联网体系结构的顶层，它相当于人的大脑，主要来解决计算、处理以及决策的问题。应用层主要涉及的技术包括软件技术、数据库技术、云计算技术以及中间件技术等。物联网应用层经过分析处理感知数据，根据业务需求提供给不同的物联网应用使用，包括智慧农业、智慧城市、智能家居、工业互联网、车联网以及智慧医疗等应用领域。

1.2.2　物联网的物理网络架构

物联网的三层体系结构属于物联网的概念模型，能够帮助我们理解物联网与互联网的异同，但是，在具体进行物联网的应用开发时，通过物联网的物理网络架构能够更容易地看到物联网系统的组成，包括硬件模块、软件模块以及通信协议等，也便于我们更好地架构和开发物联网系统。

目前，典型的物联网系统的物理网络架构大致可以分为"端-管-云"和"端-网关-管-云"两种类型。在这两种物联网的物理网络架构中涉及的云、管、端、App 和网关的含义如下：

"云"指的是物联网云平台，它提供了连接管理、设备管理、数据分析、API 开放等基础功能；

"管"指的是物联网系统中负责信息传输的通信网络；

"端"指的是物联网的终端设备及部署在其上的嵌入式软件；

"App"指的是运行在移动终端(如手机、平板)上的应用程序，典型的 App 应用有基于苹果 IOS 系统、谷歌 Android 系统以及微软 Windows 系统的应用；

"网关"(Gateway)又称为网间连接器或协议转换器，它在本质上是一个特殊的终端，但是网关实现的是网络层之上的网络互联，它既可以是一个硬件设备，也可以是一个软件。

1. "端-管-云"的物理网络架构

如图 1-6 所示，"端-管-云"的物联网物理网络架构由底层的各类终端进行感知，通过FTTx、3G、4G LTE、5G、NB-IoT、AR(无线接入路由器)等通信网络直接将感知数据上传到云端进行存储、分析和处理，并最终提供给前端应用，如通过 App 移动应用来进行数据的展示和设备的控制等。

"端-管-云"物联网应用系统的开发通常分为三个部分，分别是底层感知设备的嵌入式开发、云端服务应用程序的开发以及移动端 App 的开发。这种结构相对较为简单，技术也较为成熟，系统数据的显示和设备的控制可以在 App 上实现。但是这种系统应用的开发复杂度高，每个终端都需要物联网卡连接到云平台，所以研发成本相对高一些，另外还要保证云端服务与 App 应用之间通信的实时性和安全性要求，这也在一定程度上提高了系统开发的难度。

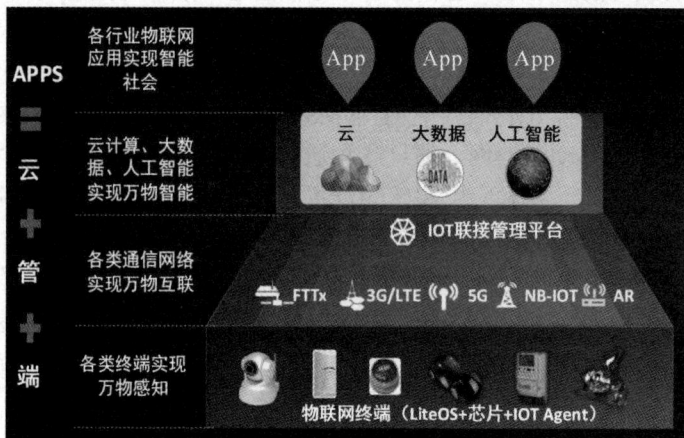

图 1-6 "端-管-云"的物理网络架构

2. "端-网关-管-云"的物理网络架构

"端-网关-管-云"的物理网络架构中，终端设备不是通过单独的物联网卡连接到云端或本地服务器，而是通过网关汇聚物联网终端信息后，由网关将这些采集的数据通过局域网或互联网上传到本地服务器或云平台，如图 1-7 所示。

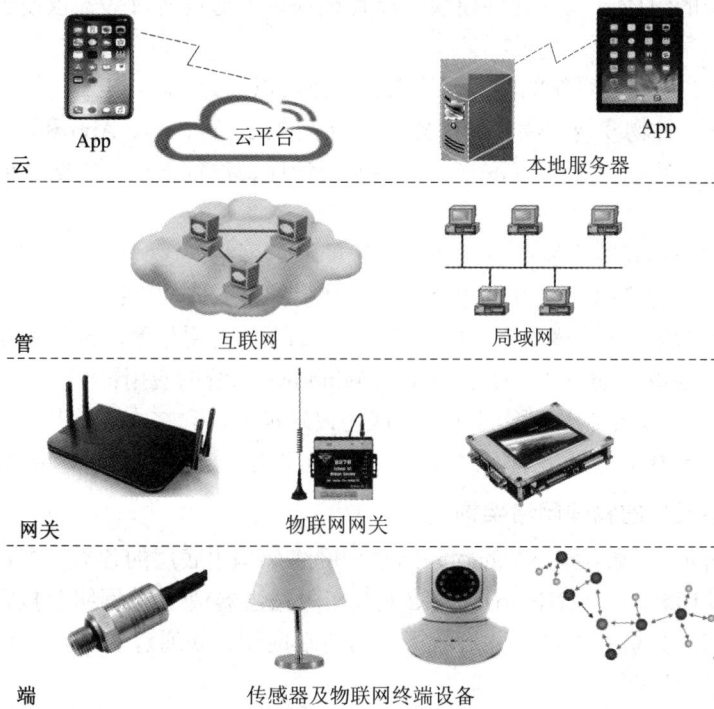

图 1-7 "端-网关-管-云"的物理网络架构

物联网网关通常被设计成"中间件",用来将终端连接到物联网。与终端连接一侧,一般通过 WiFi、蓝牙、ZigBee、RS232/485 等通信手段进行连接;与外部连接一侧,一般通过以太网、光纤网络、拨号网络、WiFi 或移动通信网络来接入到局域网或互联网。

1.2.3 物联网架构中的应用层协议

NB-IoT、LoRa、ZigBee、Bluetooth 等通信协议主要解决的是物体互联以及接入网络的问题。从网络协议的层次来划分,这些协议基本都属于数据链路层的协议,而对于物联网的数据交换,则主要依靠物联网体系结构中应用层的协议来解决。目前,物联网应用层的典型协议主要有以下几种:

1. MQTT 协议

MQTT(Message Queuing Telemetry Transport,消息队列遥测传输)是 ISO 标准(ISO/IEC PRF 20922)下基于发布/订阅方式的消息协议,工作于 TCP/IP 协议簇上,它是由 IBM 公司开发的一个专门为硬件性能较低的远程设备以及网络状况较差情况设计的发布/订阅型消息协议。MQTT 协议是一种轻量级的、灵活的网络协议,它可以在严重受限的硬件设备和高延迟或带宽受限的网络上实现,也能为物联网设备和服务的多样化应用场景提供支持。

MQTT 协议在网络中定义了两种实体类型,分别是 1 个消息代理(Broker)和若干个客户端。代理是一个服务器,它接收客户端发来的消息,然后将这些消息路由到相关的目标客户端。而客户端则是能够与代理交互,用来接收和发送消息的任何事物。客户端可以是现场的物联网传感器,也可以是数据中心内处理物联网数据的应用程序。

因为 MQTT 消息按主题进行组织,因此,应用程序开发员可以灵活地指定某些客户端只能与某些消息交互,如传感器将在"sensor_data"主题范围内发布数据,并订阅"config_change"主题。将传感器数据保存到后端数据库中的数据处理应用程序会订阅"sensor_data"主题。管理控制台应用程序能接收系统管理员的命令来调整传感器的配置,比如灵敏度和采样频率,并将这些更改发布到"config_change"主题。物联网传感器的 MQTT 发布和订阅模型如图 1-8 所示。

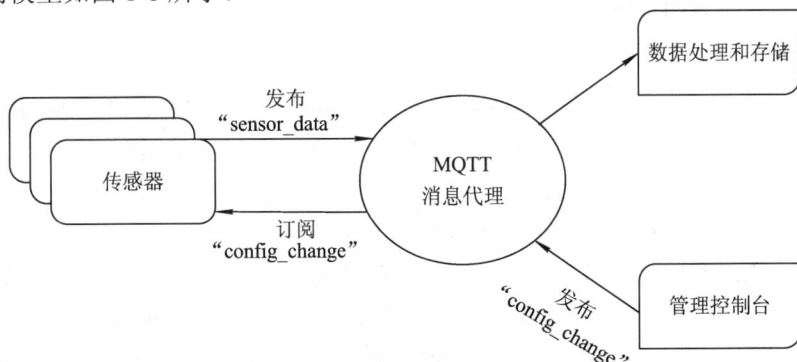

图 1-8　MQTT 发布和订阅模型

2. CoAP 协议

因为物联网中很多设备是资源受限类型的,它们只具备有限的内存空间和计算能力,而传统的互联网通信协议(如 HTTP)在物联网应用中往往显得过于臃肿而不太适用,所以,

IETF(The Internet Engineering Task Force)的 CoRE(Constrained RESTful Environment)工作组为受限节点制定了一种基于 REST(Representational State Transfer)架构、传输层为 UDP、网络层为 6LowPAN(基于 IPv6 的低速无线个域网)的 CoAP(Constrained Application Protocal，受限制的应用协议)应用层协议。

CoAP 协议采用与 HTTP 协议相同的请求响应工作模式，它和 MQTT 协议都属于较为有效的物联网协议，但是两者也存在着较大的差别，如 MQTT 协议是基于 TCP 传输的，而 CoAP 协议是基于 UDP 传输的。从应用方向来分，主要的区别是：

第一，MQTT 协议不支持带有类型或者其他帮助 Clients 理解的标签信息，即所有 MQTT Clients 必须知道消息格式。而 CoAP 协议则相反，因为 CoAP 内置资源发现机制，支持客户端和服务器之间的内容协调。这样便允许设备相互窥测，以找到数据交换方式。

第二，MQTT 是长连接，而 CoAP 是无连接。MQTT 客户端与 MQTT 消息代理之间保持 TCP 长连接，这种情形在 NAT 环境中也不会产生问题。如果在 NAT 环境下使用 CoAP 的话，则需要采取相关的 NAT 穿透性手段。

第三，MQTT 协议使多个客户端通过中央代理进行消息传递的多对多协议。它主要通过让客户端(发布者)发布消息，中央代理暂存并将消息发送给多个其他客户端(订阅者)，实现消息发布者和订阅者的解耦。MQTT 相当于消息传递的实时通信总线，而 CoAP 基本上就是一个在 Server 和 Client 之间传递状态信息的单对单协议。

3. HTTP 协议

HTTP(Hypertext Transfer Protocol，超文本传输协议)是一个互联网应用层的协议。在物联网设备上使用 HTTP 协议传输数据也是一种较为常用的方式。通过 HTTP 协议可以提供和接收 HTML 界面，一般包含两个过程，即 Request(请求)和 Response(响应)。

HTTP 协议是基于 C/S 的通信模式，由客户端主动发起连接请求，向服务器请求 XML 或 JSON 数据。但在具体的物联网场景中仍存在着一些不足：首先，必须由设备主动向服务器发送数据，而反过来主动向设备推送数据则比较困难；其次，安全程度不高，因为 HTTP 协议是明文协议，不太适合安全性要求较高的场景；最后，对于运算和存储资源受限的物联网设备，不适应 HTTP 协议。

4. XMPP 协议

XMPP(Extensible Messaging and Presence Protocol，可扩展通信和表示协议)是一种基于标准通用标记语言的子集 XML 的协议，它继承了 XML 环境中灵活的发展性。XMPP 协议可用于即时消息传递、在线状态表示、XML 数据通用路由、语音和视频通话等。XMPP 以 Jabber 协议为基础，而 Jabber 是即时通信中常用的开放式协议。

XMPP 协议的基本网络结构中有客户端、服务器和网关三个角色，能够在任意两个角色之间进行通信。其中服务器同时承担了客户端信息记录、连接管理和信息路由的功能；网关承担了与异构即时通信系统的互联互通，异构系统可以是 SMS(短信)、MSN、QQ 等。基本的网络形式是单客户端通过 TCP/IP 协议连接到单服务器，然后在服务器上传输 XML。

5. SOAP 协议

SOAP(Simple Object Access Protocol，简单对象访问协议)是交换数据的一种协议规范，是一种轻量的、简单的、基于 XML 的协议，它被设计成在 Web 上交换结构化和固化的信息。

　　SOAP 可以与现存的许多因特网协议和格式结合使用，包括超文本传输协议(HTTP)、简单邮件传输协议(SMTP)、多用途网际邮件扩充协议(MIME)。它还支持从消息系统到远程过程调用(RPC)等大量的应用程序。SOAP 通过基于 XML 数据结构和 HTTP 协议的标准方法来使用互联网上各种不同操作环境中的分布式对象。

　　SOAP 消息基本上是从发送端到接收端的单向传输，但它们常常结合起来执行类似于请求/应答的模式。所有的 SOAP 消息都使用 XML 编码。一条 SOAP 消息就是包含一个必需的 SOAP 的封装包、一个可选的 SOAP 标头和一个必需的 SOAP 体块的 XML 文档。

1.3　物联网的特征

物联网的特征

　　根据 ITU 发布的《ITU 互联网报告 2005：物联网》中的定义，物联网主要解决物与物(Thing to Thing，T2T)、人与物(Human to Thing，H2T)、人与人(Human to Human，H2H)之间的互联。从技术角度来看，物联网是在互联网的基础上利用感知技术、射频识别技术、无线通信技术以及智能计算技术等构建的一个万物互联的网络，它包括信息的感知、传输、处理、决策和服务等多个方面。归纳下来，物联网具有以下三个基本特征：

1. 全面感知

　　物联网的感知功能是物联网的一个本质特征，它利用传感器、射频识别、条码识别、位置定位、音视频识别等技术来随时随地获取物体的信息。数据采集的方式也有很多种，可以实现数据采集的多点化、多维化以及网络化，在感知层面上，不仅能对单一的现象或目标进行多方面观察，也能对现实世界的各种物理现象进行普遍感知。

　　感知的最终目的就是实现对物体的识别和控制。图 1-9 所示为物联网典型的感知方式。

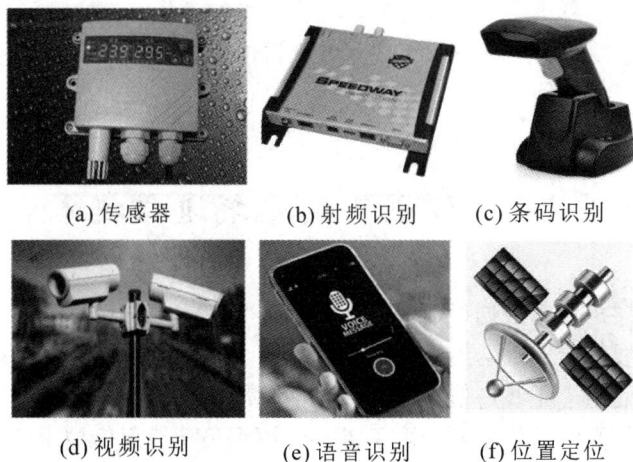

(a) 传感器　　　　　(b) 射频识别　　　　　(c) 条码识别

(d) 视频识别　　　　　(e) 语音识别　　　　　(f) 位置定位

图 1-9　物联网典型的感知方式

2. 可靠传递

　　物联网的可靠传递是指通过各种承载网络，如互联网、运营商的移动通信网以及其他专用网络，建立起物联网内实体间的广泛互联，并具体表现在各类物体通过多种不同的接入模式实现异构网络的互联，将感知层采集的数据实时、准确、安全地传递出去，对接收到的感知信息进行实时远程传递，实现信息的交互和共享并能有效处理。图1-10所示是物联网的几种主要传输方式。

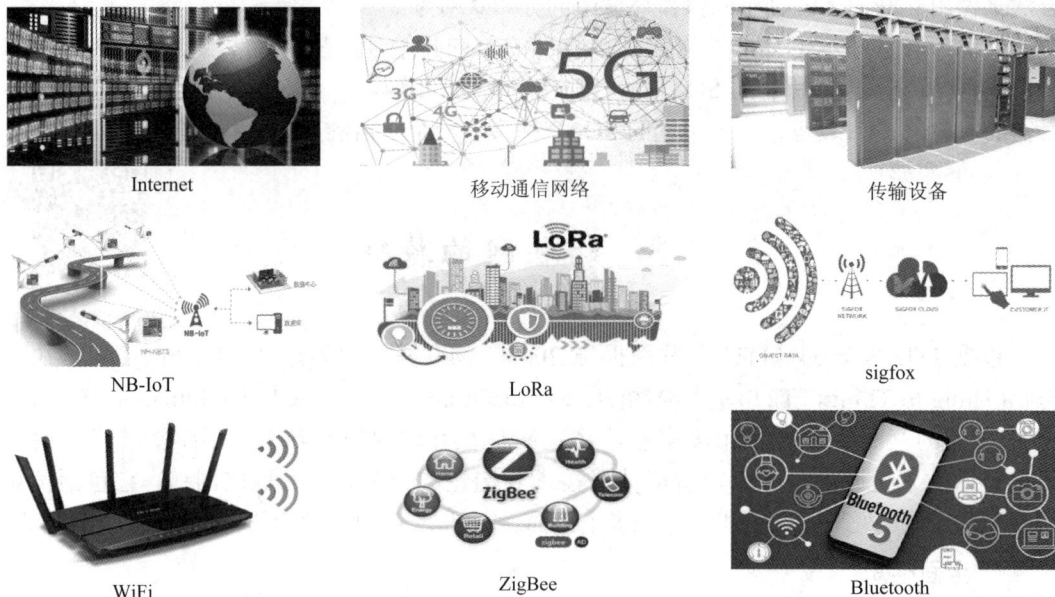

Internet　　　　　　　　　移动通信网络　　　　　　　　传输设备

NB-IoT　　　　　　　　　　LoRa　　　　　　　　　　　sigfox

WiFi　　　　　　　　　　ZigBee　　　　　　　　　Bluetooth

图 1-10　物联网主要的传输方式

3. 智能处理与决策

对于感知层采集并通过传输网络传输到决策应用的信息流，利用云计算、大数据以及人工智能等技术对这些海量的数据和信息进行分析、处理，并对物体实施智能化控制。

通过上述物联网的三个主要特征可知，物联网中的各类终端实现了"全面感知"；电信网、互联网以及专用网络等融合技术实现了"可靠传输"；云计算、大数据和人工智能等技术对海量数据实现了"智能处理与决策"。

1.4　物联网中的无线通信技术

物联网中的
无线通信技术

物联网的网络层担负着数据通信的主要任务，它负责可靠地、实时地将感知层采集的数据通过有线或无线的方式发送给远端的处理设备。因为物联网设备终端通常部署在任意需要感知的场合，而由于无线通信方式部署灵活、组网方便，使其在物联网中有着更广泛的应用。物联网中的无线通信技术一般可以分为短距离无线通信技术和低功耗广域网技术两种方式。

1.4.1　短距离无线通信技术

短距离无线通信技术的范围很广。一般来说，只要通信收发双方通过无线电波传输信息，并且传输距离限制在较短的范围内，通常为几十米以内，就可以称为短距离无线通信技术。

目前，在物联网中使用较为广泛的短距离无线通信技术主要有 WiFi、ZigBee、UWB、Bluetooth、NFC 等。

1. WiFi 无线通信技术

WiFi(Wireless Fidelity，无线高保真，见图 1-11)技术，即无线局域网技术，是利用电磁波在空气中发送和接收数据，无须线缆介质，通信范围不受环境条件限制，传输范围大大拓宽，最大可达几十公里。无线局域网抗干扰性强，保密性好。相对有线网络，无线局域网组建较为容易，配置维护也很简单。由于 WiFi 的这些优点，WiFi 在很多不适合网络布线的场合得到了广泛应用。

图 1-11　WiFi 标识

IEEE802.11 是针对 WiFi 技术制定的一系列标准，1997 年发布了第一个版本，其中定义了介质访问控制层和物理层。物理层定义了在 2.4 GHz 的工业基础设施 ISM 频段上的两种无线调频方式和一种红外传输方式，总数据传输速率被设计为 2 Mb/s。1999 年又增加了两个补充版本，其一是 IEEE802.11a，该版本定义了一个在 5 GHz 频段上，数据传输速率可以达到 54 Mb/s 的物理层；其二是 IEEE802.11b，该版本定义了一个在 2.4 GHz 的 ISM 频段上，数据传输速率为 11 Mb/s 的物理层。2003 年 7 月，IEEE802.11g 发布，载波频率与 IEEE802.11b 相同，都在 2.4 GHz 频段，但传输速率已达 54 Mb/s，同时该标准向下兼容。2004 年 1 月，IEEE 宣布成立一个新的工作组来开发新的 WiFi 标准，即 IEEE802.11n，该标准于 2009 年 9 月正式获得批准，最大的传输速率理论上可以达到 600 Mb/s，并且能够传输更远的距离。紧接着，IEEE 又开始全面转入下一代 IEEE802.11ac 标准的制定，这个标准通过 5 GHz 频带提供高通量的无线局域网(WLAN)，俗称 5G WiFi(5th Generation of WiFi)。理论上它能够提供最少 1 Gb/s 带宽进行多站式无线局域网通信，或是最少 500 Mb/s 的单一连线传输带宽。2016 年 7 月 4 日，802.11n 标准正式升级到最新的 802.11ac 标准。

2. ZigBee 无线通信技术

ZigBee(译名"紫蜂"，见图 1-12)是一种新兴的短距离、低功率、低速率无线接入技术。ZigBee 标准是基于 IEEE802.15.4 无线标准研制开发的关于组网、安全和应用软件等方面的技术标准，是 IEEE802.15.4 的扩展集，它由 ZigBee 联盟与 IEEE802.15.4 工作组共同制定。

图 1-12　ZigBee 标识

ZigBee 主要应用在短距离并且数据传输速率不高的各种电子设备之间。2001 年 8 月，

ZigBee Alliance 正式成立。2002 年下半年，Invensys、Mitsubishi、Motorola 以及 Philips 半导体公司四大巨头共同宣布加盟 ZigBee 联盟，以研发名为 ZigBee 的下一代无线通信标准，这些公司都参加了负责开发 ZigBee 物理和媒体控制层技术标准的 IEEE 802.15.4 工作组。2016 年 5 月，ZigBee 联盟正式在中国上海推出 ZigBee3.0。ZigBee3.0 统一了采用不同应用层协议的 ZigBee 设备的发现、加入和组网方式，使得 ZigBee 设备的组网更便捷、更统一，并推出了 ZigBee3.0 认证来规范各个厂商使用标准的 ZigBee3.0 协议，以保证基于 ZigBee3.0 设备的互通性。ZigBee 联盟负责制定网络层以上协议。目前，标准制订工作已完成。ZigBee 协议比蓝牙、高速率个人区域网或 802.11x 无线局域网更简单实用。

ZigBee 可以说是蓝牙的同族兄弟，它使用 2.4 GHz 波段，采用跳频技术。与蓝牙相比，ZigBee 更简单、速率更慢、功率及费用也更低。它的基本速率是 250 kb/s，当降低到 28 kb/s 时，传输范围可扩大到 134 m，并获得更高的可靠性。另外，它可与 254 个节点联网，可以比蓝牙更好地支持游戏、消费电子、仪器和家庭自动化应用。

ZigBee 技术特点主要包括以下几个部分：

(1) 数据传输速率低：只有 10～250 kb/s，专注于低速率传输应用。

(2) 功耗低：在待机模式下，两节普通 5 号干电池可使用 6 个月以上。

(3) 成本低：因为 ZigBee 数据传输速率低，协议简单，所以大大降低了成本；积极投入 ZigBee 开发的 Motorola 以及 Philips，均已推出应用芯片。据 Philips 估计，应用于主机端的芯片成本和其他终端产品的成本比蓝牙更具价格竞争力。

(4) 网络容量大：每个 ZigBee 网络最多可以支持 255 个设备，即每个 ZigBee 设备可以与另外 254 台设备相连接。

(5) 有效范围小：有效覆盖范围 10～75 m 之间，具体依据实际发射功率的大小和各种不同的应用模式而定，基本上能够覆盖普通的家庭或办公室环境。

(6) 工作频段灵活：使用的频段分别为 2.4 GHz、868 MHz(欧洲)及 915 MHz(美国)，均为免执照频段。

3. UWB 无线通信技术

UWB(Ultra Wideband，超宽带，见图 1-13)技术是一种无线载波通信技术，它不采用正弦载波，而是利用纳秒级的非正弦波窄脉冲传输数据，因此其所占的频谱范围很宽，达到 1 GHz 以上，数据传输速率可以达到每秒几百兆比特以上。

UWB

图 1-13　UWB 标识

UWB 可在非常宽的带宽上传输信号，美国 FCC 对 UWB 的规定为：在 3.1～10.6 GHz 频段中占用 500 MHz 以上的带宽。由于 UWB 可以利用低功耗、低复杂度发射机/接收机实现高速数据传输，在近年来得到了迅速发展。它在非常宽的频谱范围内采用低功率脉冲传送数据而不会对常规窄带无线通信系统造成大的干扰，并可充分利用频谱资源。基于 UWB 技术而构建的高速率数据收发机有着广泛的用途。

UWB 技术具有系统复杂度低，发射信号功率谱密度低，对信道衰落不敏感，低截获能力，定位精度高等优点，尤其对于室内等密集多径场所的高速无线接入，非常适于建立一个高效的 WLAN(Wireless Local Area Network，无线局域网)或 WPAN(Wireless Personal Area Network，无线个域网)。

4. Bluetooth 无线通信技术

蓝牙标准是在 1998 年，由爱立信、诺基亚、IBM 等公司共同推出的，即后来的 IEEE802.15.1 标准。Bluetooth(译名"蓝牙"，见图 1-14)技术为固定设备或移动设备之间的通信建立了通用的无线空中接口。当前，蓝牙技术的发展方向重点在于移动设备，其目标是能够有效地简化移动设备同计算机之间的数据传递过程，同时具备较强的工作效率。2016 年 6 月 17 日，蓝牙技术联盟在伦敦正式发布了蓝牙 5.0 的技术标准，该标准在性能上将远超以往版本的蓝牙技术，如有效传输距离是蓝牙 4.2 的 4 倍，传输速率是蓝牙 4.2 的 2 倍，最高速率可达 24 Mb/s。

图 1-14　Bluetooth 标识

蓝牙无线技术采用的是一种扩展窄带信号频谱的数字编码技术，通过编码运算增加了发送比特的数量，扩大了使用的带宽。蓝牙使用跳频方式来扩展频谱，跳频扩频使得带宽上信号的功率谱密度降低，从而提高了系统抗电磁干扰、抗串扰的能力，使得蓝牙的无线数据传输更加可靠。

在频带和信道分配方面，蓝牙一般工作在 2.4 GHz 的 ISM 频段。起始频率为 2.402 GHz，终止频率为 2.480 GHz，还在低端设置了 2 MHz 的保护频段，高端设置了 3.5 MHz 的保护频段。共享一个公共信道的所有蓝牙单元形成一个微微网，每个微微网最多可以有 8 个蓝牙单元。在微微网中，同一信道的各单元的时钟和跳频均保持同步。

蓝牙具有以下的射频收发特性：

(1) 蓝牙采用时分双工传输方案，使用一个天线利用不同的时间间隔发送和接收信号，且在发送和接收信息中通过不断改变传输方向来共用一个信道，实现全双工传输；

(2) 蓝牙发射功率可分为 3 个级别：100 mW、2.5 mW 和 1 mW。一般采用的发送功率为 1 mW，无线通信距离为 10 m，数据传输速率达 1 Mb/s。若采用新的蓝牙 2.0 标准，发送功率为 100 mW，可使蓝牙的通信距离达 100 m，数据传输速率也达到 10 Mb/s。

(3) 蓝牙标准还对收发过程的寄生辐射、射频容限、干扰和带外抑制等做了详尽的规定，以保证数据传输的安全。蓝牙无线设备实现串行通信是通过无线射频链接，利用蓝牙模块实现。蓝牙模块主要由无线收发单元、链路控制单元和链路管理及主机 I/O 这 3 个单元组成。就蓝牙射频模块来说，为了在提高收发性能的同时减小器件的体积和成本，各公司都采用了自己特有的一些技术，从而使蓝牙射频模块的结构都不尽相同。但就其基本原理来说，蓝牙射频模块一般由接收模块、发送模块和合成器这三个模块组成。

其中，合成器是蓝牙射频模块中最关键的部分。合成器在频道选择和接收模式时采用锁相环技术。在接收模式下，锁相环路闭合，用于提供接收模块解调信号所需稳定的本振。在发送模式下，锁相环路开路，调制信号直接加载到 VCO 上对载波进行调制，此时载波频率由环路滤波器输出电压保持。通常合成器的工作频率仅为发射频率的一半，以减少与射频放大器的耦合。

5. NFC 无线通信技术

NFC(Near Field Communication，近场通信，见图 1-15)技术是由 Philips、NOKIA 和 Sony 主推的一种类似于 RFID(非接触式射频识别)的短距离无线通信技术标准。与 RFID 不同，NFC 采用了双向的识别和连接，在 20 cm 距离内工作于 13.56 MHz 频率范围。

图 1-15　NFC 标识

NFC 最初仅仅是遥控识别和网络技术的合并，但现在已发展成无线连接技术。它能快速自动地建立无线网络，为蜂窝设备、蓝牙设备、WiFi 设备提供一个"虚拟连接"，使电子设备可以在短距离范围进行通信。NFC 的短距离交互简化了整个认证识别过程，使电子设备间互相访问更直接、更安全和更清楚。

NFC 通过在单一设备上组合所有的身份识别应用和服务，帮助解决记忆多个密码的麻烦，同时也保证了数据的安全保护。有了 NFC，多个设备如数码相机、PDA、机顶盒、电脑、手机等之间的无线互连，彼此交换数据或服务都将有可能实现。

此外，NFC 还可以将其他类型无线通信(如 WiFi 和蓝牙)"加速"，实现更快和更远距离的数据传输。每个电子设备都有自己的专用应用菜单，而 NFC 可以创建快速安全的连接，并且无须在众多接口的菜单中进行选择。与蓝牙等短距离无线通信标准不同的是，NFC 的作用距离进一步缩短，且不像蓝牙那样需要有对应的加密设备。

同样，构建 WiFi 家族无线网络需要多台具有无线网卡的电脑、打印机和其他设备。除此之外，还得有一定技术的专业人员才能胜任这一工作。而 NFC 被置入接入点之后，只要将其中两个靠近就可以实现交流，比配置 WiFi 连接容易得多。

6. EnOcean 无线通信技术

EnOcean(超低功耗，见图 1-16)是一种新型的无线传输技术，由德国的 EnOcean GmbH 公司提出，该技术同 ZigBee、WiFi、Bluetooth、Z-Wave 等无线技术相比，最大的优点就是极低的功耗，可以以 1 mW 的发射功率使传输距离超过 300 m。EnOcean 无线通信标准被采纳为国际标准"ISO/IEC 14543-3-10"，这也是世界上唯一使用能量采集技术的无线国际标准。EnOcean 能量采集模块能够采集周围环境产生的能量，从光、热、电波、振动、

图 1-16　EnOcean 标识

人体动作等获得微弱电力。这些能量经过处理以后，用来供给 EnOcean 超低功耗的无线通

信模块，实现真正的无数据线、无电源线、无电池的通信系统。

EnOcean 无线标准 ISO/IEC14543-3-10 使用 868 MHz、902 MHz、928 MHz 和 315 MHz 频段，传输距离在室外是 300 m，室内为 30 m。与该领域的其他技术相比，EnOcean 无须电池。例如，50~60 层的高层大厦的管理系统有时会使用 4000~6000 个传感器单元。如果各传感器单元使用以电池为驱动的技术，电池的更换和管理将成为巨大的负担，这也使得大厦管理公司无所适从。其他技术的弱点就是以电池驱动装置。EnOcean 技术能够保证在照明关闭 5 天的情况下仍然可以工作。

EnOcean 技术是作为非常简单的标准设计的。EnOcean 无线信号所需的电力是 ZigBee 的 1/30~1/100。另外，由于使用了 1 GHz 以下的频段，因此，EnOcean 的传输距离较使用 2.4 GHz 的 ZigBee 及 BLE 要远，且干扰更少。

1.4.2　低功耗广域网技术

根据传输速率的不同，物联网的远距离通信业务分为高、中、低速三类：

(1) 高速率业务：主要使用 4G 及 5G 技术，例如车载物联网设备和监控摄像头，对应的业务特点要求实时的数据传输。

(2) 中等速率业务：主要使用 GPRS 技术，例如居民小区或超市的储物柜，使用频率高但并非实时使用，对网络传输速度的要求远不及高速率业务。

(3) 低速率业务：业界将低速率业务市场归纳为 LPWAN(Low Power Wide Area Network) 市场，即低功耗广域网。

LPWAN(Low-Power Wide-Area Network，低功耗广域网)技术是一种能够同时满足覆盖范围和电池使用寿命要求的技术。它能提供长距离的覆盖范围，而功耗非常小，同时只需牺牲少许的数据速率。LPWAN 应用于很多智慧城市和智能公用事业，例如智能路灯、智能计量和智能停车，对数据速率的要求不高，但却需要非常广阔的覆盖范围。LPWAN 低功耗广域网技术主要有 NB-IoT、LoRa 和 sigfox 等，它的典型网络架构如图 1-17 所示。

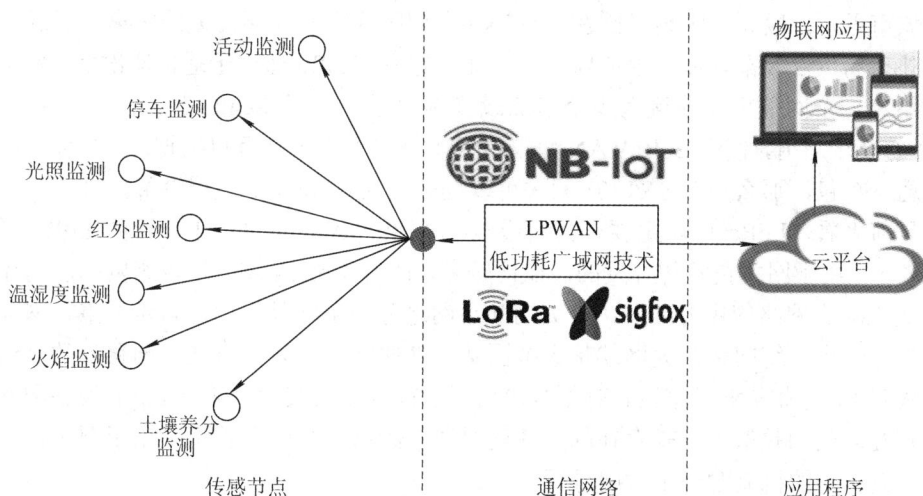

图 1-17　典型的低功耗广域网络架构

LPWAN 有以下主要特点：

(1) 覆盖远。LPWAN 支持大范围组网。

(2) 连接终端节点多。LPWAN 可以同时连接成千上万个节点。

(3) 功耗低。只有功耗低，才能保证续航能力，减少更换电池的麻烦。

(4) 传输速率低。因为主要是传输一些传感数据和控制指令，不需要传输音视频等多媒体数据，所以也就不需要太高的速率，而且低功率也限制了传输速率。

(5) 成本低。LPWAN 模块的整体平均价格约是几美金，随着 LPWAN 网络规模化应用，相关 LPWAN 模块的价格也会随之降低。

LPWAN 技术按照使用频率的不同可分为两类：

(1) 一类工作在非授权频段，如 LoRa、sigfox 等，大多使用 ISM 非授权频段，这类技术一般非标准化，能够自定义协议。

(2) 另一类是工作在授权频段的蜂窝 LPWAN 技术，以 NB-IoT、eMTC 等为代表，这类技术一般由国际标准化组织 3GPP 负责完成相关标准化工作。

1. LoRa 技术

LoRa 并不是一个陌生的技术，它是目前应用最为广泛的 LPWAN 网络技术之一，这一技术源于 Semtech 公司，该公司计划将逐步授权其他源文件。

LoRa 无线技术的主要特点有：

(1) 长距离：1～20 km。

(2) 节点数：万级，甚至百万级。

(3) 电池寿命：3～10 年。

(4) 数据速率：0.3～50 kb/s。

LoRa 作为一种无线技术，基于 Sub-GHz 的频段使其更易以较低功耗远距离通信，可以使用电池供电或者其他能量收集的方式供电。较低的数据速率也延长了电池寿命和增加了网络的容量。LoRa 信号对建筑的穿透力也很强。LoRa 的这些技术特点更适合于低成本、大规模的物联网部署。

在城市里，一般无线距离范围在 1～2 km，郊区或空旷地区，无线距离会更远。网络部署拓扑布局可以根据具体应用和场景设计部署方案。LoRa 适合于通信频次低、数据量不大的应用。一个网关可以连接多少个节点或终端设备，按照 Semtech 官方的解释：一个 SX1301 有 8 个通道，使用 LoRaWAN 协议每天可以接受约 150 万包数据。如果你的应用每小时发送一个包，那么一个 SX1301 网关可以处理大约 62 500 个终端设备。

从目前来看，LoRa 应用主要有数据透传和 LoRaWAN 协议应用。目前 LoRa 用于数据透传较多，由于网关技术和开发的门槛比较高，使用 LoRaWAN 协议组网的应用还是比较少。从 LoRa 网络应用方面看，有大网和小网之分。小网是指用户自设节点、网关和服务器，自成一个系统网络；大网就是大范围基础性的网络部署，就像中国移动的通信网络一样。从 LoRa 行业从业者来看，有不少电信运营商也参与其中。随着 LoRa 设备和网络的增多，相互之间的频谱干扰是存在的，这就对通信频谱的分配和管理提出了要求，需要一个统一协调管理的机制对一个大网进行管理。

另外，LoRa 应用需要考虑距离或范围、供电或功耗、节点数、应用场景、成本等问题。

相对于其他无线技术(如 sigfox、NB-IoT 等)，LoRa 产业链较为成熟、商业化应用较早。此前，Microchip 公司宣布推出支持 LoRa 的通信模组，法国 Bouygues 电信运营商宣布将建设一张新的 LoRa 网络。Semtech 也与一些半导体公司(如 ST、Microchip 等)合作提供芯片级解决方案，有利于客户获得 LoRa 产品并采用 LoRa 无线技术实现物联网应用。

2. sigfox 技术

sigfox 也是商用化速度较快的一个 LPWAN 网络技术，它采用超窄带技术，使得网络设备只需消耗 50 μW 至 100 μW 的功率实现单向或双向通信。相比较而言，移动电话通信则需要约 5000 μW。这就意味着，接入 sigfox 网络的设备每条消息最大的长度大约为 12 字节，并且每天每个设备所能发送的消息不能超过 140 条。另外，覆盖范围上，该公司希望他们的网络可以覆盖至 1000 km，并且每个基站能够处理一百万个对象。

这一协议由 sigfox 公司拥有，其创始人是法国企业家 Ludovic Le Moan，主要打造低功耗、低成本的无线物联网专用网络。sigfox 提供了一个蜂窝式的网络运营商，为低数据量的物联网和 M2M 应用提供量身打造的解决方案。

从智能电表到控制节点，许多应用都需要远距离连接，远距离连接只有选择使用蜂窝连接(如 GPRS、3G、4G、5G 等)。但这会有一些缺点，因为蜂窝手机系统主要是用在声音和高速数据速率应用上。而对于大多数的 M2M/IoT 应用，他们不适合低数据速率连接，无线接口复杂并且增加了成本和电源功耗。

sigfox 网络目的在于提供用于各种应用和用户的连接。它不是针对某个领域，而是为各种不同类型用户普遍使用。sigfox 网络性能特征如下：

(1) 每天每设备 140 条消息。

(2) 每条消息 12 字节(96 位)。

(3) 无线吞吐量达 100 位/s。

与主流电信推动的宽带技术相反，sigfox 主打超窄带技术(Ultra-Narrow Band)，这是因为一些物联网应用往往只需偶尔传输少量数据，因此超窄带应用就足以应付传输需求，超窄带技术可以用极低的电源消耗而覆盖大范围区域，更能达到省电、低成本的目的，以利于各项物联网设备延长电池使用时间与压低成本。

sigfox 使用标准的二进制相移键控(BPSK，Binary Phase Shift Keying)的无线传输方法，采用非常窄的频谱改变无线载波相位对数据进行编码。这使得接收器仅用很小一部分的频谱侦听，并且减少了噪声的影响。sigfox 要求具有一个便宜的终端射频芯片和高级的基站管理网络。

sigfox 有双向通信功能，通信往往是从终端到基站，向上传送比较好，但从基站回到终端其性能是受限制的，向下比向上有更少的链路预算，这是因为终端上的接收灵敏度不如基站好。

3. NB-IoT 技术

基于蜂窝的窄带物联网(Narrow Band Internet of Things，NB-IoT)成为万物互联网络的一个重要分支。NB-IoT 构建于蜂窝网络，只消耗大约 180 kHz 的带宽，可直接部署 GSM 网络、UMTS 网络或 LTE 网络，NB-IoT 是 IoT 领域的一个新兴技术，支持低功耗设备在广域网的蜂窝数据连接，也被叫作低功耗广域网(LPWAN)。NB-IoT 支持待机时间长、对网络连接要求较高设备的高效连接。

NB-IoT 具备四大特点：

(1) 一是广覆盖。将提供改进的室内覆盖，在同样的频段下，NB-IoT 比现有的网络增益 20 dB，相当于提升了 100 倍覆盖区域的能力。

(2) 二是具备支撑海量连接的能力。NB-IoT 的一个扇区能够支持 10 万个连接，支持低延时敏感度、超低的设备成本、低设备功耗和优化的网络架构。

(3) 三是更低功耗。NB-IoT 终端模块的待机时间可长达 10 年。

(4) 四是更低的模块成本。企业的单个接连模块不超过 5 美元。

习　　题

1. 物联网有怎样的体系结构？
2. 简述物联网的物理网络架构。
3. 物联网应用层的典型协议有哪些？
4. 物联网具有哪些特征？
5. 在物联网无线通信技术中，常用的短距离无线通信技术有什么？
6. 低功耗广域网具有怎样的特点？常用的低功耗广域网技术有什么？

第 2 章　NB-IoT 技术概述

◆ 【本章导览】

2016 年 6 月 16 日，NB-IoT(Narrow Band Internet of Things，窄带物联网)作为 3GPP R13 的一项重要课题，其对应的 3GPP 协议的相关内容得到了 3GPP RAN(The 3rd Generation Partnership Project: Radio Access Network，第三代合作项目：无线接入网络)会议批准。该会议正式宣布 NB-IoT 标准的核心协议全部完成，这标志着 NB-IoT 技术正式诞生，社会发展进入物联网通信的新时代。

本章主要介绍 NB-IoT 的由来、发展历程、主要特性、网络架构、协议栈架构、部署模式以及当前基于 NB-IoT 的物联网典型应用案例。

◆ 【本章知识结构图】

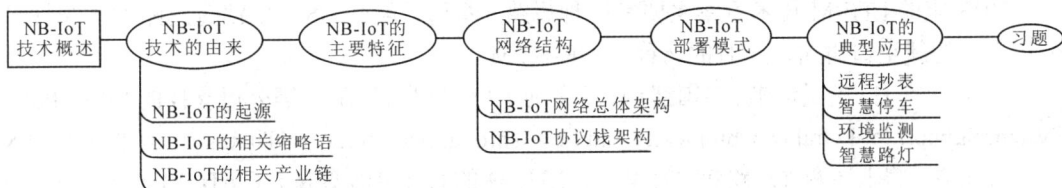

| NB-IoT 技术概述 | NB-IoT 技术的由来 | NB-IoT 的主要特征 | NB-IoT 网络结构 | NB-IoT 部署模式 | NB-IoT 的典型应用 | 习题 |

NB-IoT 的起源
NB-IoT 的相关缩略语
NB-IoT 的相关产业链

NB-IoT 网络总体架构
NB-IoT 协议栈架构

远程抄表
智慧停车
环境监测
智慧路灯

◆ 【学习目标】

通过对本章内容的学习，学生应该：
(1) 了解 NB-IoT 技术诞生的背景及发展过程。
(2) 了解与 NB-IoT 相关的缩略语。
(3) 了解与 NB-IoT 相关的产业链。
(4) 能解释 NB-IoT 的主要特性和原理。
(5) 能理解 NB-IoT 网络架构和协议栈。
(6) 能说出 NB-IoT 的工作频带。
(7) 能解释 NB-IoT 三种不同部署模式的区别。
(8) 能分析 NB-IoT 典型物联网应用的场景和部署。

2.1　NB-IoT 技术的由来

2.1.1　NB-IoT 的起源

早在 2013 年，通信运营商、设备制造商以及芯片提供商等产业链的上下游就已经开始对窄带物联网技术产生了兴趣，并为窄带物联网起名为 LTE-M(LTE for Machine to Machine，针对 M2M 的 LTE)，期望基于 LTE 来设计一种专门为物联网服务的新空口技术。LTE-M 从商用的角度提出了两大目标，即广覆盖和低成本。至此，由 3GPP 主导的窄带物联网协议开启了标准化之路，如图 2-1 所示。

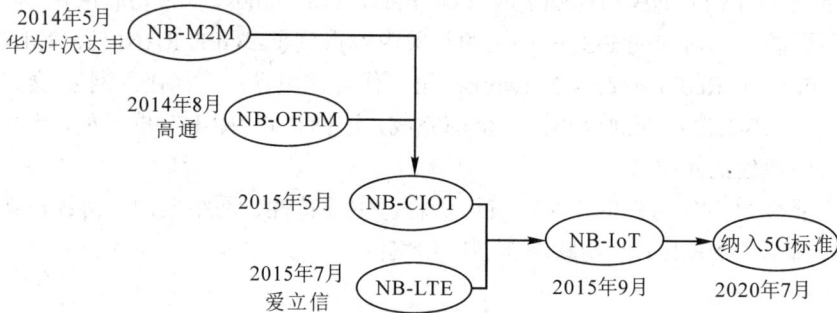

图 2-1　NB-IoT 标准形成过程

2013 年的 LTE-M 技术方案主要有两种思路，即基于现有 GSM 的演进思路和华为技术公司提出的新空口思路，当时的名称为 NB-M2M。

2014 年 5 月，由沃达丰、中国移动、意大利电信、华为、诺基亚等公司支持的 SI"Cellular System Support for Ultralow Complexity and Low Throughput Internet of Things"在 3GPP GERAN 工作组立项，将上述两种思路包含在其中，LTE-M 的名称也演变成了 CIoT(Cellular IoT)。随着工作的进展，在 GERAN 进行标准化研究的 CIoT 得到了越来越多的通信运营商和设备生产厂商的关注。2015 年 5 月，华为和高通两家公司共同宣布了一种融合的解决方案，即上行采用 FDMA(Frequency Division Multiple Access，频分多址)方式，下行采用 OFDMA (Orthogonal Frequency Division Multiple Access，正交频分多址)方式，该融合方案即为 NB-CIoT(Narrow Band Cellular IoT，窄带蜂窝物联网)。

与此同时，爱立信也联合其他几家公司提出了 NB-LTE(Narrow Band LTE，窄带 LTE)的方案。该方案最主要的目的是使用旧的 LTE 实体层部分，并且在相当大的程度上使用上层 LTE 网络，沿用原有的蜂窝网络架构，从而达到快速部署、减少设备升级成本的目的。

2015 年 9 月，经过多轮的角逐和讨论，各方终于达成了一致意见，将 NB-CIoT 和 NB-LTE 两个技术方案再次融合，形成 NB-IoT，NB-IoT 的名称从此正式确立。

2016 年底，3GPP 规范 Release13 最终完成冻结。由此，NB-IoT 以惊人的速度快速占领市场，包括中国在内的很多国家都相继宣布了 NB-IoT 的商用计划，全球 300 多家运营商已经覆盖了全球 90%的移动网络。

我国也与 3GPP 保持同步，开始相关标准的制定工作。2015 年 11 月，在中国通信标准化协会 CCSATC5 WG9#74 次会议上，通过了《面向物联网的蜂窝窄带无线接入总体技术要求》的立项，这标志着国内 NB-IoT 标准化工作正式启动。在 2016 年 6 月初的 CCSA TC5 WG9#77 次会议上，通过了 NB-IoT 系列行标(包含核心网、接入网和终端)的立项工作。2017 年 2 月，中国移动在鹰潭建成了全国第一张地市级全域覆盖的 NB-IoT 网络，这预示着蜂窝物联网已经开始真正的商业应用。2017 年 6 月，中国电信商用了第一张全覆盖的 NB-IoT 网络，所以，2017 年也可以看作 NB-IoT 在中国的商用元年。

随后，NB-IoT 应用在很多物联网垂直行业，包括公共事业、智慧农业、健康医疗、工业互联网等产业的物联网应用。2020 年 7 月，NB-IoT 被 ITU 正式纳入 5G 的协议标准中，这是全球科技产业的一个重大历史时刻。

2.1.2　NB-IoT 的相关缩略语

NB-IoT 的相关缩略语如表 2-1 所示。

表 2-1　NB-IoT 相关缩略语

缩略语	英文全称	中文名	备　　注
M2M	Machine To Machine	机器对机器	3GPP R10 前使用
MTC	Machine Type Communication	机器类通信	3GPP R10 开始使用
eMTC	Enhanced Machine Type Communication	机器类通信增强	3GPP R13 (Cat M1)
LTE-M	LTE-Machine	LTE 机器类通信	泛指用 LTE 支持 MTC/eMTC 的解决方案
CIoT	Cellular Internet of Things	蜂窝物联网	用蜂窝网络优化承载物联网解决方案
NB-IoT	Narrowband Internet of Things	窄带物联网	3GPP R13 多厂家技术的融合
NB-CIoT	Narrow Band Cellular IoT	窄带蜂窝物联网	华为窄带物联网方案
NB-LTE	Narrow Band LTE	窄带 LTE	爱立信窄带物联网方案

2.1.3　NB-IoT 的相关产业链

物联网的产业生态相对于其他传统产业要更庞大一些，它需要从纵向产业链和横向技术标准两个维度、多个环节来进行分析。

对于 NB-IoT 这类低功耗广域网技术的相关产业，目前已经形成了"底层芯片—通信模组—终端设备—运营商—应用"的一条完整的产业链，如图 2-2 所示。

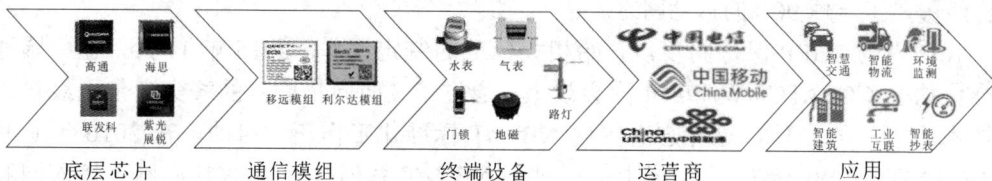

图 2-2　NB-IoT 产业链

在该产业链中，芯片产业在 NB-IoT 的整个产业链中占据着非常重要的位置，几乎所有的主流芯片和模组厂商都有明确的 NB-IoT 支持计划。目前，NB-IoT 主流的芯片有华为海思、高通、联发科、中兴微、紫光展锐等，通信模组有移远模组、利尔达模组等。早在 2014 年，华为就斥资 2500 万美元收购了美国领先的蜂窝物联网芯片和解决方案提供商，并快速推出了 NB-IoT 商用芯片，这也是业内第一款正式商用的 NB-IoT 芯片。随后，华为海域 u-blox、移远等公司合作提供了第一批商用模组。除了芯片之外，华为在 NB-IoT 领域的布局也是全方位的，向全球发布了端到端的 NB-IoT 解决方案，主要包括：Huawei Lite OS 与 NB-IoT 芯片使能的智能化终端方案、平滑演进到 NB-IoT 的 eNodeB 基站、可支持 Core in a Box 或 NFV 切片灵活部署的 IoT Packet Core、基于云化架构并具有大数据能力的 IoT 连接管理平台等。

2.2　NB-IoT 的主要特征

NB-IoT 的主要特征

NB-IoT 技术具有低功耗、深覆盖、低成本和大连接等主要特征，如图 2-3 所示。

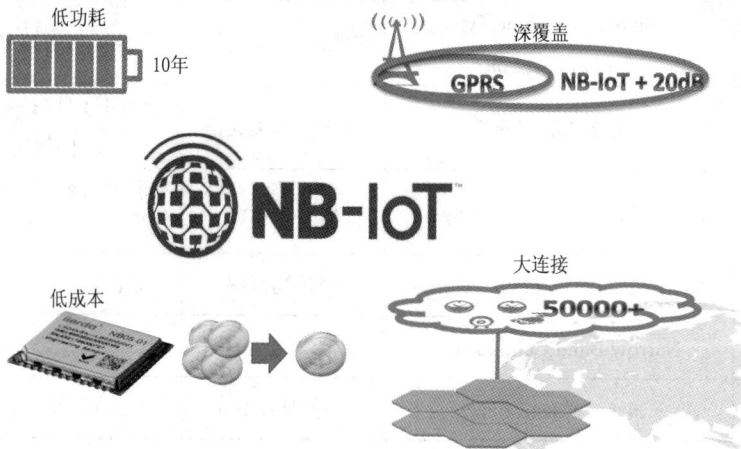

图 2-3　NB-IoT 的主要特征

1. 低功耗

大多数物联网应用限于地理位置或成本，其终端存在接电困难、更换电池不便、设备维护不易等问题，所以低功耗设计是物联网终端能否在特殊的场景中进行商用的一个关键的特性需求。

在 3GPP 标准中，NB-IoT 终端电池的寿命设计目标为 10 年，可通过以下手段来减低功耗：

　　(1) 降低芯片复杂度，以减小工作电流。

　　(2) 简化空口信令，以减少单次传输功耗。

　　(3) PSM(Power Saving Mode，省电模式)功耗仅为 15 μW，而且终端 99%的时间都处于 PSM 状态。

　　(4) eDRX(extended DRX，扩展非连续接收)周期最长为 2.91 h。

　　(5) 采用长周期 TAU(Tracking Area Update，跟踪区更新)，以减少发送位置更新，降低功耗。

　　(6) 仅支持小区选择和重选，以减少测量开销。

2. 深覆盖

　　NB-IoT 的信号覆盖能力比 GSM/GPRS 的大 20 dB，能够覆盖到地下车库、地下室等信号难以到达的地方。GSM/GPRS 的 MCL(Maximum Coupling Loss，最大耦合损耗)是 144 dB，而 NB-IoT 的 MCL 为 164 dB。其中，下行链路主要依靠增大各个信道的最大重复次数(最大值为 2048 次)来获得覆盖上的增加，重复增益值=10lg 重复次数，如图 2-4 所示。此外，下行链路基站的发射功率比终端大很多，这也是下行覆盖保障的一个主要原因。虽然，NB-IoT 的终端上行发射功率(23 dBm = 200 mW)比 GSM/GPRS(33 dBm = 2W)低 10 dB，但是，NB-IoT 通过减少上行传输带宽来提高上行功率的密度，上行带宽最小为 3.75 kHz，且单频发送，下行仍为 180 kHz。同时，增加上行发送数据的重复次数，以使得上行同样可以工作在 164 dB 的最大路径损耗下。上行的最大重复次数可以达到 128 次。

　　此外，NB-IoT 的覆盖广度也可以达到 35 km 的小区半径。

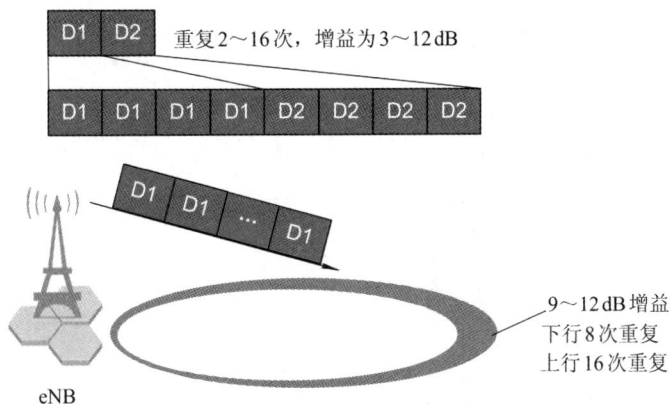

图 2-4　重复增益

3. 大连接

　　NB-IoT 通过窄带、低占空比的话务模型、小包传输优化空口信令开销以及数据传输优化等技术，支持每个小区 5 万个连接数，网络容量非常可观。

4. 低成本

　　NB-IoT 采用简单的调制解调和编码方式，不支持 MIMO，采用单接收射频通路，降低存储器及处理器要求，采用半双工的方式，减少最大带宽，基带复杂度低，采用低采样速率，缓存要求小。此外，还通过降低发射功率、单片 SoC 内置功放、简化协议栈、减少片内 FLASH/RAM 等来降低终端模组的成本。

表 2-2 所示为 R13 Cat NB1 的 NB-IoT 模组与其他通信模组的技术参数对比。

表 2-2　NB-IoT 模组与其他通信模组的技术参数对比

技术参数	模 组 类 型			
	R8 Cat 4	R8 Cat 1	R13 Cat M1	R13 Cat NB1
终端接收机带宽	20 MHz	20 MHz	1.4 MHz	180 kHz
下行峰值速率	150 Mb/s	10 Mb/s	1 Mb/s	170～226 kb/s
上行峰值速率	50 Mb/s	5 Mb/s	1 Mb/s	250 kb/s
终端最大发射功率	23 dBm	23 dBm	20/23 dBm	20/23 dBm
终端接收通路	2	2/1	1	1
双工方式	全双工	全双工	半双工	半双工
部署方式	LTE 带内	LTE 带内	LTE 带内	LTE 带内/保护带/独立
覆盖(MCL)	> 140 dB	> 140 dB	> 155 dB	> 164 dB
移动性	完全移动性	完全移动性	完全移动性	小区重选
相对于 Cat4 的复杂性	100%	80%	20%	15%

2.3　NB-IoT 网络架构

NB-IoT 网络架构

2.3.1　NB-IoT 网络总体架构

　　NB-IoT 的网络架构与 4G 网络架构基本一致,但是,NB-IoT 优化流程在架构上有所增强。NB-IoT 网络的总体架构如图 2-5 所示。

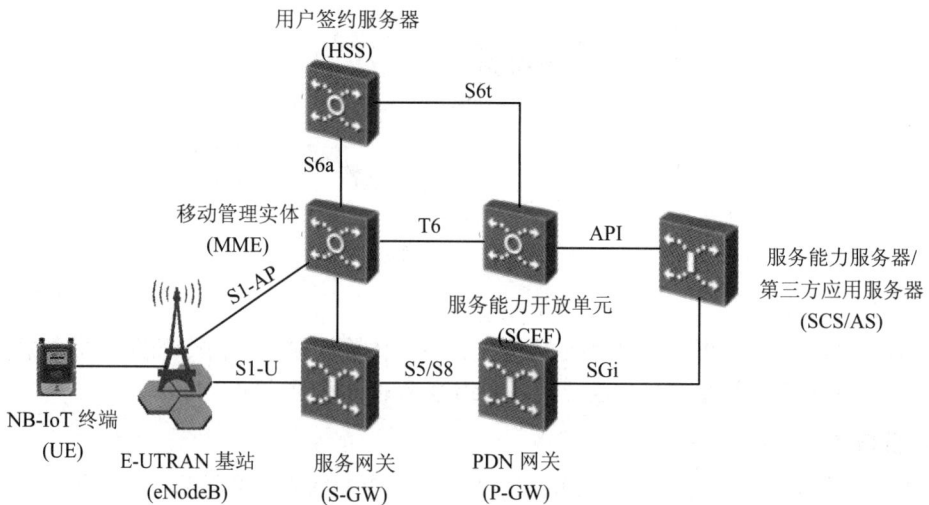

图 2-5　NB-IoT 网络的总体架构

　　NB-IoT 网络架构主要包含 NB-IoT 终端(UE)、E-UTRAN 基站(eNodeB)、服务网关(S-GW)、PDN 网关(P-GW)、移动管理实体(MME)、用户签约服务器(HSS)。此外，为了支持 MTC 和 NB-IoT 而引入的网元(包括服务能力开放单元(SCEF)、服务能力服务器(SCS)和第三方应用服务器(AS)，其中，SCEF 也常被称作能力开放平台)不是必需的。

　　在架构上，NB-IoT 与传统的 4G 网络相比主要增加了服务能力开放单元(SCEF)，用来支持控制面优化方案和非 IP 数据传输，对应地引入了新的接口——MME 和 SCEF 之间的 T6 接口、HSS 与 SCEF 之间的 S6t 接口。

　　在实际部署网络时，为了减少物理网元的数量，可以将 MME、S-GW 和 P-GW 等部分核心网网元合并在一起部署，称为 CIoT 服务网关节点(C-SGN)或 IoT 核心网，如图 2-6 所示。NB-IoT 终端通过空口连接到 eNodeB 基站，eNodeB 承担空口接入处理、小区管理等相关功能，并通过 S1-Lite 接口与 IoT 核心网进行连接，将非接入层数据转发给高层网元进行处理。IoT 核心网承担与终端接入层交互的功能，并将 IoT 业务相关数据转发到 IoT 连接管理平台(即 SCEF)，IoT 连接管理平台汇聚各种接入网得到的 IoT 数据，并根据不同类型转发至相应的应用服务器进行处理。应用服务器是 IoT 数据的最终汇聚点，根据客户的需求进行数据处理等操作。

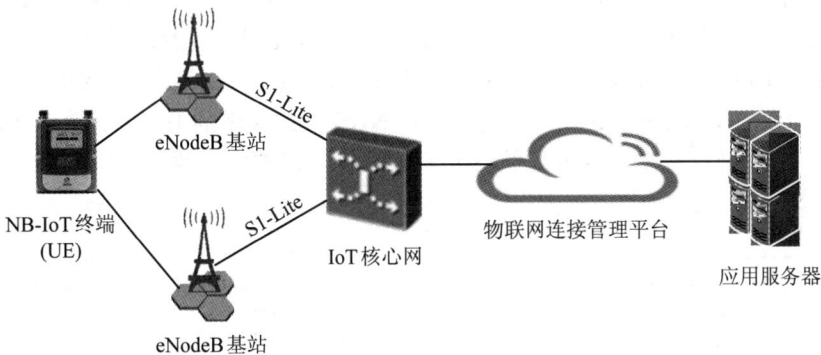

图 2-6　简化的 NB-IoT 网络架构

2.3.2　NB-IoT 协议栈架构

1. NB-IoT 的传输模式

　　NB-IoT 终端的数据通过 NB-IoT 网络传输到应用服务器一般有两种模式，即 CP(Control Plane，控制面)模式和 UP(User Plane，用户面)模式。CP 模式是用于传送控制信令的通道，UP 模式是用于传输用户数据的通道，CP 模式是 UE 必须支持的，而 UP 模式为可选的。这两种模式有 3 条传输路径，分别是：

　　(1)"UE" → "eNodeB 基站" → "MME" → "SCEF" → "应用服务器"路径。该路径属于 CP 模式，它将用户数据放入控制数据里面一起发送，因此称为数据走的控制面。此路径只支持 Non-IP 数据。

　　(2)"UE" → "eNodeB 基站" → "MME" → "S-GW" → "P-GW" → "应用服务器"路径。该路径也属于 CP 模式，将用户数据放入控制数据里面一起发送。该路径的优点在于数据少的时候传输速度快，且不需要建立额外的传输线路。

(3)"UE"→"eNodeB 基站"→"S-GW"→"P-GW"→"应用服务器"路径。该路径属于 UP 模式，它将用户数据与控制信令分开，该路径只传输用户数据。这种路径的优点是数据多的时候传输速度快。手机的数据通信基本用的是这条路径。

目前，NB-IoT 采用的是第二条路径，即将用户数据和控制数据通过一条复用的路径来进行数据传输。下面举例来进行说明。我们把用户数据比作汽车，控制信令比作火车，那么，采用第二条路径的意思就是修一座大桥，火车和汽车都可以同时通过此桥过河，而采用第三条路径的意思就是针对汽车要修一座公路桥，针对火车需要修一座铁路桥，两座桥平行，路线一样，但是汽车和火车需要分开在两座不同的桥上走。

2．NB-IoT 协议栈结构

在 NB-IoT 技术中，UP 模式对 LTE/EPC 协议栈没有修改或增强，而 CP 模式对协议栈有较大的修改和增强。但 UP 模式包含了基于 SGi 的控制面优化方案和基于 T6 的控制面优化方案，这两种方案的协议栈架构的不同，主要体现在 MME 到 P-GW 或 MME 到 SCEF 的不同。

1) 基于 SGi 的控制面优化方案

图 2-7 所示为基于 SGi 的控制面优化方案。其中，NB-IoT 终端的 IP/非 IP(IP/Non-IP)数据包封装在 NAS(Non-Access Stratum，非接入层)数据包中，MME 则执行 NAS 数据包到 GTP-u(GPRS Tunnel Protocol-user，GPRS 隧道传输协议-用户面)数据包的转换。对于上行(UL)小数据传输，MME 将 NB-IoT 终端封装在 NAS 数据包中的 IP/非 IP 数据包，提取并重新封装在 GTP-u 数据包中，并发送给 S-GW。对于下行(DL)小数据传输，MME 从 GTP-u 数据包提取 IP 数据/非 IP 数据，封装在 NAS 数据包中发送给 NB-IoT 终端。

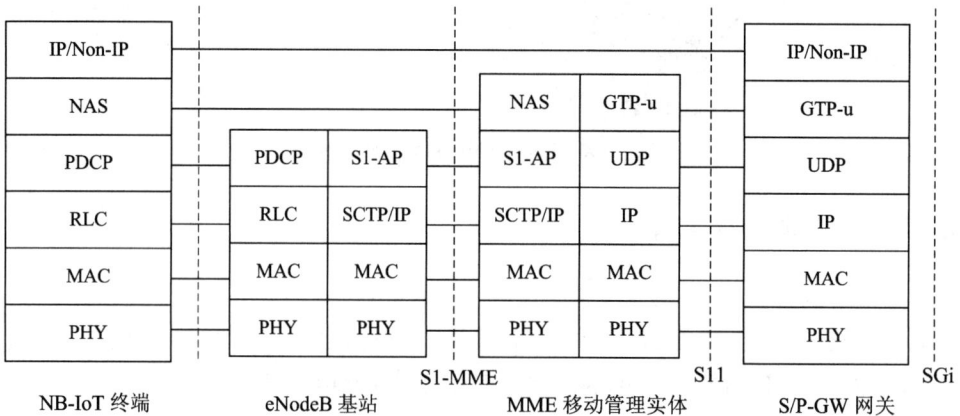

图 2-7　基于 SGi 的控制面优化方案

2) 基于 T6 的控制面优化方案

图 2-8 所示为基于 T6 的控制面优化方案。NB-IoT 终端的 IP/非 IP 数据包封装在 NAS 数据包中，MME 实现 NAS 数据包到 Diameter 数据包的转换。对于上行小数据包的传输，MME 将 NB-IoT 终端封装在 NAS 数据包中的 IP/非 IP 数据包，提取并重新封装在 Diameter 消息的 AVP 中，然后发送给 SCEF。对于下行小数据的传输，MME 则从 Diameter 消息的 AVP 中提取 IP/非 IP 数据包数据，然后封装在 NAS 数据包中发送给 NB-IoT 终端。

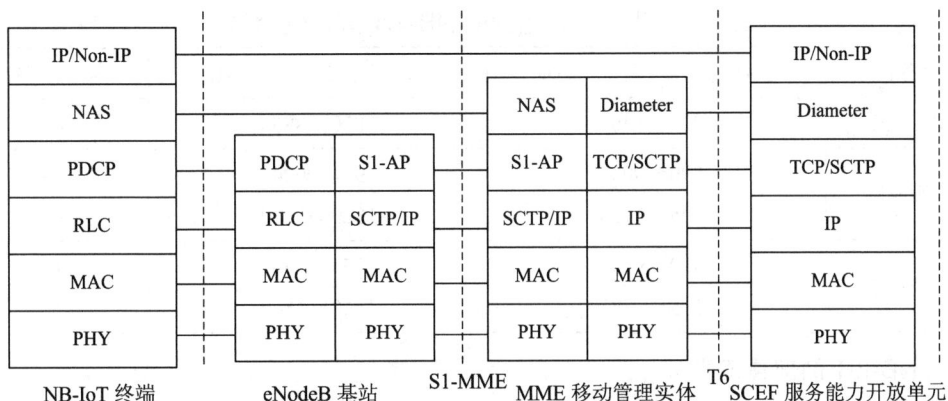

图 2-8 基于 T6 的控制面优化方案

2.4 NB-IoT 部署模式

NB-IoT 部署模式

1. NB-IoT 的工作频段

NB-IoT 技术沿用了 LTE 中定义的频段，3GPP R13 版本为 NB-IoT 指定了 14 个频段，大部分为低频段，如表 2-3 所示。

表 2-3 NB-IoT 频段

频段号(Band)	上行链路频段范围/MHz	下行链路频段范围/MHz	主要应用地区或国家
1	1920~1980	2110~2170	欧洲、亚洲
2	1850~1910	1930~1990	美洲
3	1710~1785	1805~1880	欧洲、亚洲
5	824~849	869~894	美洲
8	880~915	925~960	欧洲、亚洲
12	699~716	729~746	美国
13	777~787	746~756	美国
17	704~716	734~746	美国
18	815~830	860~875	日本
19	830~845	875~890	日本
20	832~862	791~821	欧洲
26	814~849	859~894	—
28	703~748	758~803	—
66	1710~1780	2110~2200	—

我国三大运营商的 NB-IoT 频带使用情况如表 2-4 所示。

表 2-4 我国三大运营商 NB-IoT 频带使用情况

运营商	上行链路频段范围/MHz	下行链路频段范围/MHz	频宽/MHz
中国电信	825～840	870～885	15
中国移动	890～900	934～944	10
	1725～1735	1820～1830	10
中国联通	909～915	954～960	6
	1735～1745	1840～1860	20

2. NB-IoT 的部署模式

NB-IoT 使用 180 kHz 的无线信道带宽,下行使用 15 kHz 子载波频带,上行使用 3.75 kHz 和 15 kHz 两种子载波频带。具体有三种部署模式,如图 2-9 所示,分别是独立部署(Standalone operation)、保护带部署(Guard Band operation)和带内部署(In-Band operation)。

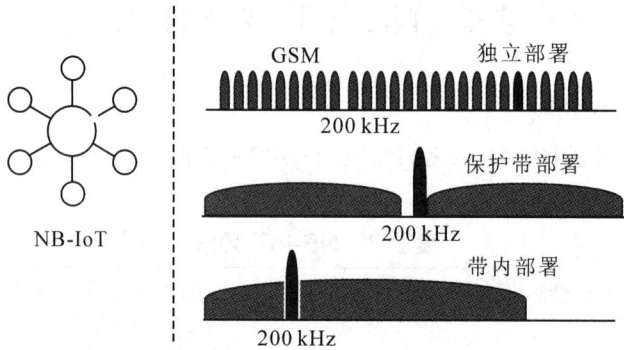

图 2-9 NB-IoT 的三种部署模式

1) 独立部署

独立部署模式不依赖 LTE 网络,且与 LTE 可以完全解耦,适合充分利用 GSM 频段。GSM 的信道带宽为 200 kHz,正好为 NB-IoT 的 180 kHz 辟出空间,而且两边还可以流出 10 kHz 的频带作为保护间隔。

2) 保护带部署

保护带部署模式不占用 LTE 的现有资源,利用 LTE 边缘保护频带中未使用的 180 kHz 带宽的资源块(Resource Block,RB)。

3) 带内部署

带内部署模式占用 LTE 的 1 个 PRB(Physical Resource Block,物理资源块)资源,可与 LTE 同 PCI(Physical-layer Cell Identity,物理层单元标识),也可以与 LTE 不同 PCI。一般情况下,如果采用 IB 的部署模式,则倾向于设置为与 LTE 同 PCI,可利用 LTE 载波中间的任何资源块。

3. 三种部署方式性能比较

如表 2-5 所示,从频谱、带宽、兼容性、覆盖、容量、时延、终端能耗以及产业情况等方面,对这三种部署模式进行比较。

表 2-5　三种部署方式的比较

技术参数	独立部署	保护带部署	带内部署
频谱	独占频谱，不存在与现有系统共存问题	需考虑与 LTE 共存的问题，如干扰规避、射频指标等问题	需考虑与 LTE 共存的问题，如干扰消除、射频指标等问题
带宽	限制较少，单独扩容	未来发展受限，可用频点非常有限	可用频点有限，且扩容会占用更多 LTE 资源
兼容性	配置限制少，兼容性好	需要考虑与 LTE 兼容	需要考虑与 LTE 兼容
基站发射功率	需要使用独立的功率，下行功率较高，可达 20 W	借用 LTE 功率，无须独立的功率，下行功率较低	借用 LTE 功率，无须独立的功率，下行功率较低
覆盖	满足覆盖要求，覆盖略大，有 3 dB 余量	满足覆盖要求，覆盖略小	满足覆盖要求，覆盖最小
容量	综合下行容量约 5 万，容量最优	综合下行容量约为 2.7 万	综合下行容量约为 1.9 万
传输时延	满足时延要求，时延略小，传输效率略高	满足时延要求，时延略大	满足时延要求，时延最大
终端能耗	满足能耗目标，差异不大	满足能耗目标，差异不大	满足能耗目标，差异不大

2.5　NB-IoT 的典型应用

NB-IoT 的典型应用

当前，NB-IoT 在社会公共事业领域以及其他垂直行业都有了越来越多的应用。如图 2-10 所示，NB-IoT 终端采集不同行业应用领域的数据，再通过中国电信、中国移动以及中国联通等通信运营商的基站，将数据上传到云平台，最后通过应用服务器端的管理中心实现应用，如车位监测、井盖异动监测、水位监测、燃气泄漏监测、消防栓压力监测、微气象环境监测、道路积水监测等 NB-IoT 的物联网应用。

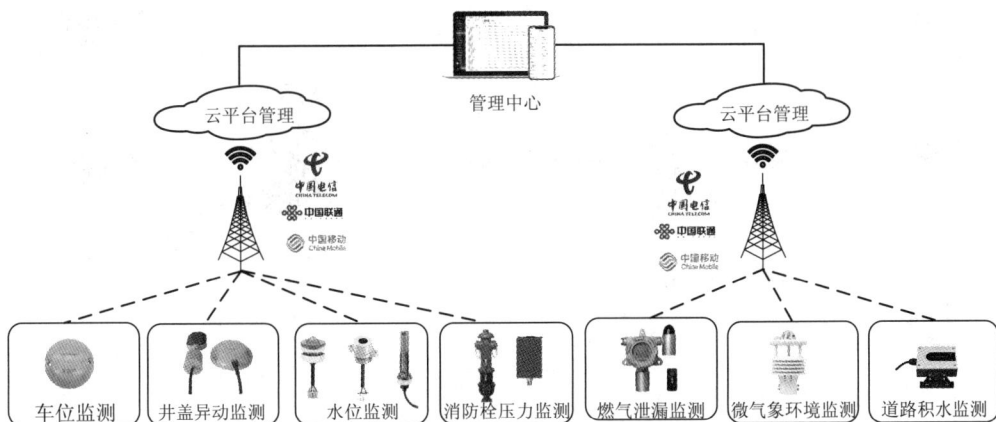

图 2-10　NB-IoT 应用领域

2.5.1　远程抄表

可以说燃气表、水表、电表跟我们的日常生活是息息相关的，传统的抄表都是通过人工方式上门进行抄表统计数据。但是，随着社会的飞速发展，人工抄表也存在着很多弊端，如效率低下、人工成本高、数据记录容易出错、维护管理困难等，另外，业主对陌生人存在戒备心理，导致某些时候抄表无法顺利进行。因此，远程抄表成为一种不错的可选方案，于是，GPRS 远程抄表应运而生，它解决了人工抄表的一系列问题，但是 GPRS 远程抄表也存在着很多不足，导致其无法大面积推广，如通信基站用户容量小、功耗高、信号差等。

基于 NB-IoT 技术的远程抄表方案较好地解决了人工和 GPRS 抄表方案的不足，它不仅实现了远程抄表的功能，同时还具有以下几个优势：

(1) 实现海量终端接入：同样的基站通信，用户容量是 GRPS 方案的 10 倍，相同条件下，NB-IoT 终端模块待机时间可长达 10 年，而且信号覆盖能力强。

(2) 进行终端的快速部署：NB-IoT 终端仪表统一了底层数据协议，这样可以省去大量的协议解析和对接的工作，而且不用 RS485 等布线方式，只要通过一张物联网 Sim 卡即可连接上网，传统的仪表也可以通过 NB-IoT 网关接入到 NB-IoT 网络。

(3) 部署成本低：NB-IoT 仪表采集的数据可以直接上传到 IoT 连接管理平台，省去了网关、采集器等网络层设备，部署成本较低。

上述优势为 NB-IoT 的远程抄表大规模推广和应用奠定了基础，也为燃气、水务以及电力公司的智能化管理提供了支持。基于 NB-IoT 技术的远程抄表方案一般由三个部分组成，分别是前端的 NB-IoT 终端设备(包括气表、水表、电表等)、NB-IoT 网络、数据中心和应用服务器，其拓扑如图 2-11 所示。数据中心和应用服务器可以对城市各区的气表、水表和电表的数据，通过监控中心进行展示，并接入收费系统，由燃气、水务和电力部门的管理中心进行管理，可以实现远程的费用计量，而不需要抄表员实地进行抄表，用户还可以通过用户中心来了解自己的用气、用水以及用电情况。

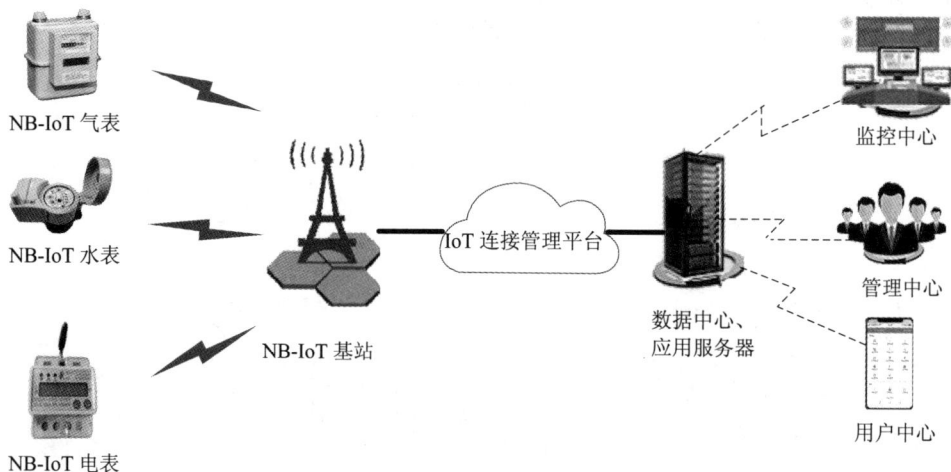

图 2-11　NB-IoT 远程抄表

2.5.2　智慧停车

随着我国城市化进程的快速发展，城市面临着各种挑战，其中，城市车辆保有率的上升给城市的交通带来了巨大的压力，停车难问题日益凸显，乱停车、交通安全事故等现象也会随之上升，更加剧了城市的交通压力，且车主在寻找车位的过程中也增加了城市的能源消耗。因此，如果对城市的停车进行智慧化管理，让车主能够实时、准确地获取空闲车位的信息，让城市管理者高效、便捷地管理好城市的车位，将会对城市的建设和发展起到很大的推动作用。

目前，城市停车管理的痛点在于停车位的数量远远不能满足车辆数日益增长的需求，但是，仍有很多停车位得不到有效利用，空置率较高，且智能化程度也不高。而传统的智能停车系统也存在分散建设，且相互独立，缺乏共享，车位的管理相对复杂，维护成本较高。

如表 2-6 所示，基于 NB-IoT 的城市智慧停车方案与短距离无线停车方案相比，具有很多优势，可以实现以下目标：

(1)"寻位、停车、驶离、扣费"的全程自助，缩短停车耗时，加快停车位资源的利用效率。

(2)快速搜索停车位，迅速定位停车，实现随停随走，缓解城区局部交通拥堵。

(3)利用经济手段，可将政府、小区、商业闲置、闲时车位共享，降低城市建设投入。

(4)形成城市级的共享停车的规模化应用。

表 2-6　NB-IoT 停车方案与短距离无线停车方案的比较

	短距离无线方案	NB-IoT 方案
可靠性和安全性	私有网络，采用非授权频谱，可靠性安全性差	授权频谱，运营商网络保障
安装	中继网关需要安装，部署成本高	无须安装中继网关，车检器即插即用
维护	中继网关维护高空作业，工作量大，且不安全，维护成本高	网络覆盖好，由运营商维护，不存在问题
成本	10～15 个车检器就需要配备一个中继网关，成本高	无须中继网关，成本低
规模化	适合单项目部署	适合大规模快速部署

基于 NB-IoT 的端到端智慧停车解决方案架构，如图 2-12 所示。

基于 NB-IoT 的端到端智慧停车的应用场景主要有道路停车、停车场/库停车以及小区+零散停车位三种。智慧停车的流程如图 2-13 所示，机构或个人通过平台或手机 App 发布共享车位数量、时段和价格，车主可以通过手机 App 查询并预约车位，通过车位导航准确引导车辆至目的停车位，车位探测器监测车辆目标，确定车位占用情况，停车完毕后根据停车时长，支付停车费用。同时，管理部门也可以实时查看辖区内车位情况，提高管理效率。

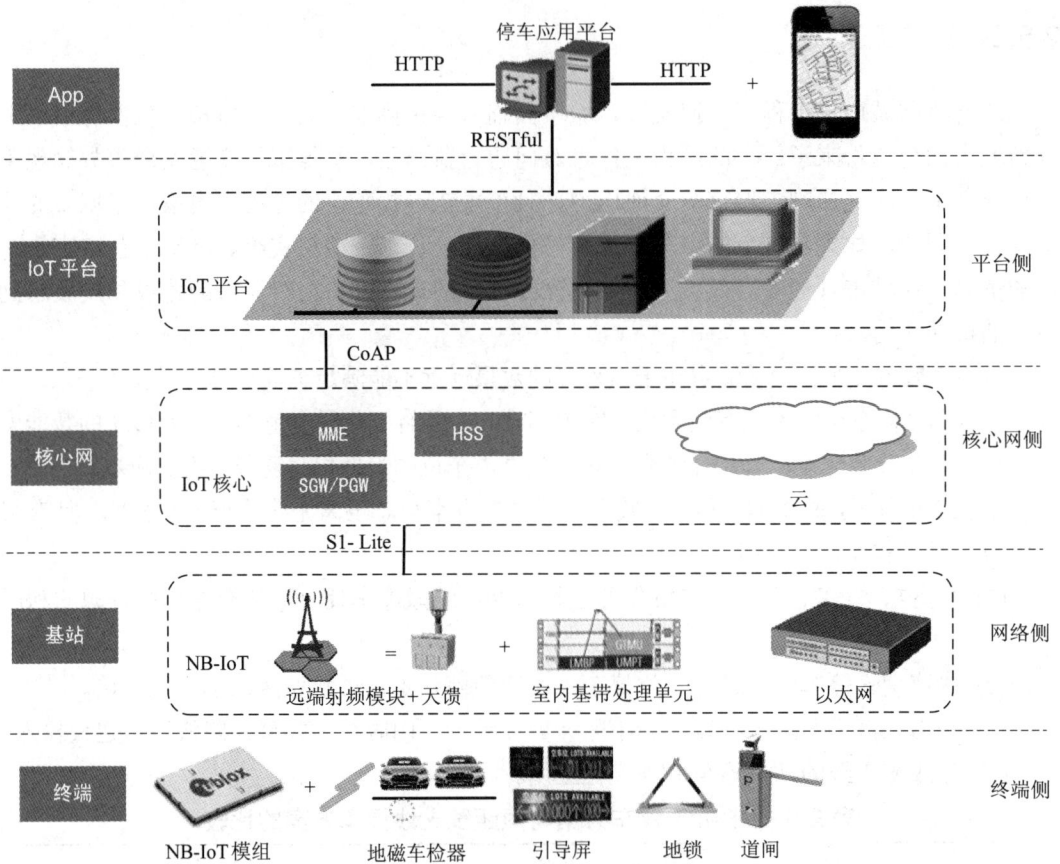

图 2-12　基于 NB-IoT 的端到端停车解决方案架构

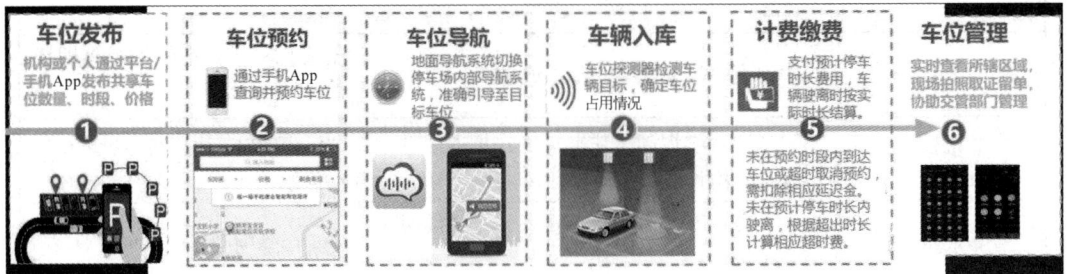

图 2-13　智慧化停车流程

2.5.3　环境监测

随着社会的发展和人们生活水平的不断提高，人们对生活环境要求也在日益提升。党的十八大也提出了提升城镇化水平、加大自然生态系统和环境保护的力度、加强生态文明制度建设，并提出了建设"美丽中国"的概念，由此可见，我国对环境保护方面的重视程度，而环境监测是保护自然环境，提升环境质量的一个重要手段，特别是物联网技术应用于环境监测后，能够利用物联网技术的特点，对时时处处的监控发现的问题做出快速响应，减少环境污染现象的发生。

　　环境监测的主要内容包括水质监测、空气质量监测、扬尘监测、噪声监测、排污监测以及火灾监测等，这些监测一般都有覆盖范围广、环境复杂且需要连续监测等需求，因此，传统的监测，往往不能满足实际需求。而基于 NB-IoT 技术的环境监测能较好地满足这些需求。

　　基于 NB-IoT 的环境监测系统的架构如图 2-14 所示，底层为各种环境监测设备，监测采集的数据通过 NB-IoT 传输网络传输到监控平台，实现环境数据的管理、用户鉴权、预警、远程控制、安全管理以及 GIS 地图管理等功能。

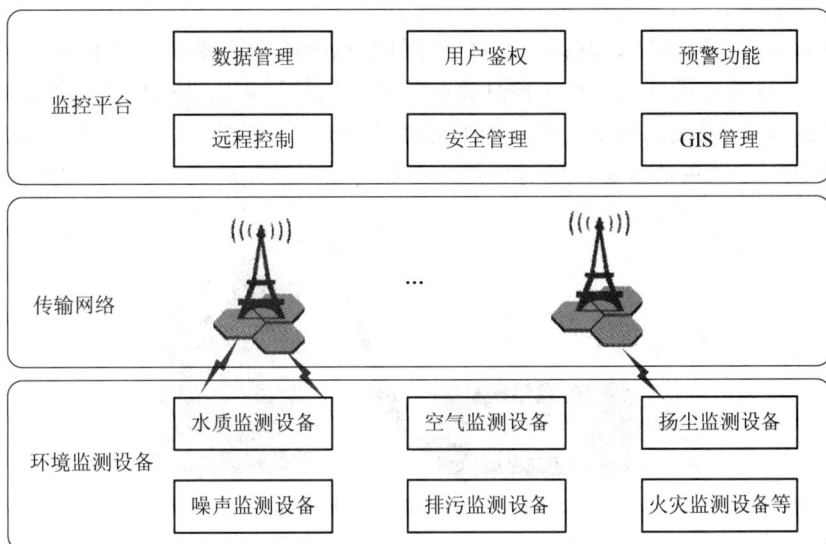

图 2-14　基于 NB-IoT 的环境监测系统的架构

2.5.4　智慧路灯

　　随着物联网技术的蓬勃发展及应用，城市建设也逐渐由传统型城市向智慧城市进行转变。路灯设施作为城市建设的一个重要组成部分，不仅能够实现城市及市政服务能力的提升，作为智慧城市的一个重要路口，也可以促进"智慧市政"和"智慧城市"在城市照明业务方面的落地。但是，目前传统的城市路灯管理系统存在着较多的不足：

　　(1) 能源浪费。当城市进入深夜，人们开始休息时，街道的人流量减少，对于某些路段可能不需要过多的照明，否则可能存在能源浪费的情况。

　　(2) 控制不灵活。传统的路灯通常采用多灯控制的方式，即一个开关控制一条路甚至多条路的路灯，这样无法对单灯进行控制，只能大面积地控制路灯的开关，控制不灵活。

　　(3) 维护效率低、工作量大。传统的路灯一般通过人工巡检，需要大量的人力，而且城市的路灯数量庞大，覆盖范围广，所以对路灯的实时状况无法及时获取，因此，路灯的故障维修、排查效率是非常低的。

　　基于 NB-IoT 的智慧路灯方案能够解决传统路灯方案中的不足，并可以实现以下功能：

　　(1) 实现单灯控制。每个路灯节点支持多样化的控制方式，可以根据需要来对路灯进行控制，控制方式灵活。

(2) 根据环境的光照强度，自动调整路灯亮度。通过设置亮度的阈值，白天可以自动关闭路灯，晚上则自动打开路灯，还可以在深夜根据人流量来调节路灯的亮度。通过这种自动的控制方式，实现低功耗的节能减排。

(3) 故障自动报警，GPS 精确定位。通过向手机 App、微信小程序、Web 平台实时发送路灯的故障信息，让管理人员精确获取故障路灯的位置，快速进行修复。

(4) 实时采集路灯节点的工作状态、电压、电流、功率、耗电量、环境光照度等数据，上传到路灯管理系统平台，通过大数据分析，获取路灯的耗电量、用电以及节能的趋势，为管理者提供决策依据。

基于 NB-IoT 的智慧路灯方案中，每个路灯节点一般都需要安装一个单灯控制器(如图 2-15 所示)来管理路灯的开关，负责路灯相关状态数据的采集以及运行状态的监测，并通过 NB-IoT 网络将这些采集的数据上报到 IoT 连接管理平台，路灯管理业务平台通过向 IoT 连接管理平台订阅这些数据信息，同时还可以下发对路灯控制的指令。具体的网络架构如图 2-16 所示。

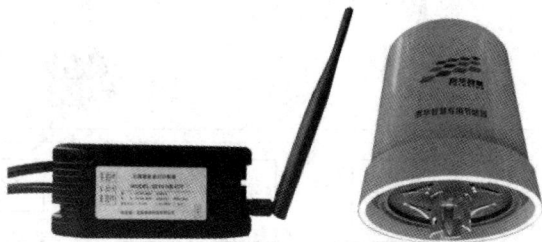

图 2-15　NB-IoT 单灯控制器

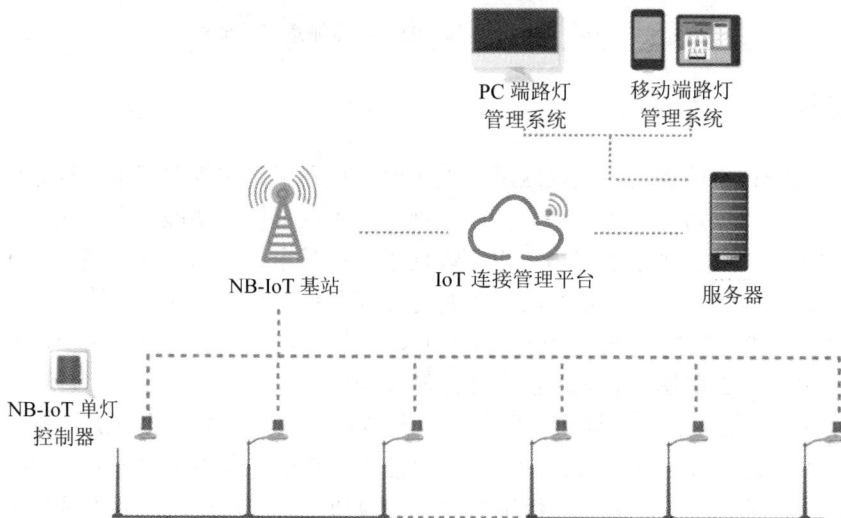

图 2-16　基于 NB-IoT 智慧路灯网络拓扑

在路灯管理系统的软件管理平台中，可以通过多种地图的展示方式显示每个路灯的 GIS 位置信息，如图 2-17 所示；可以批量进行灯控操作，如图 2-18 所示；查看路灯运行状态及统计信息，如图 2-19 所示；实时获取路灯故障的告警信息以便快速定位及设施维护，如图 2-20 所示。

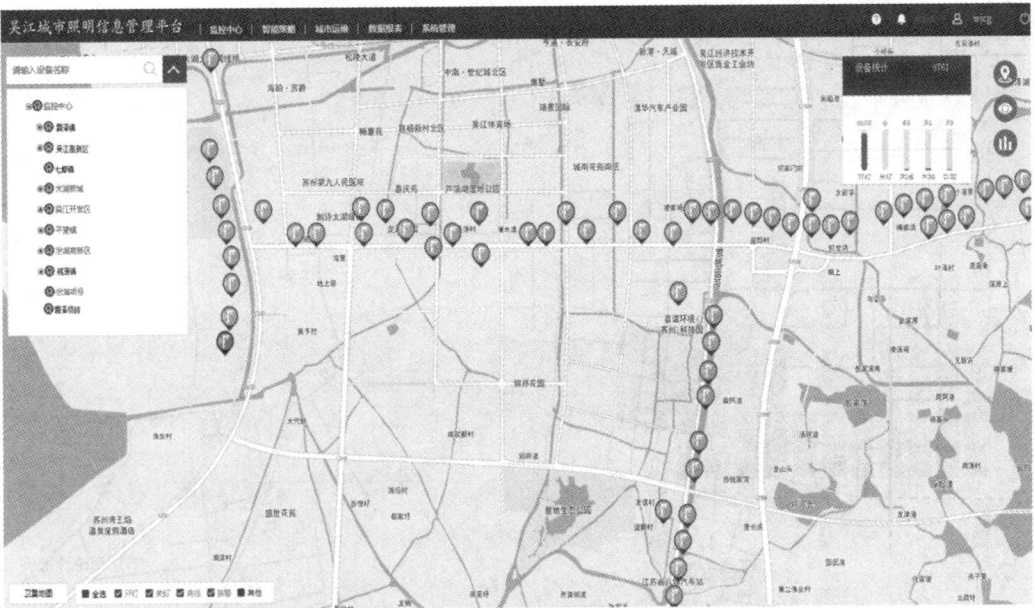

图 2-17　智慧路灯系统关键管理平台

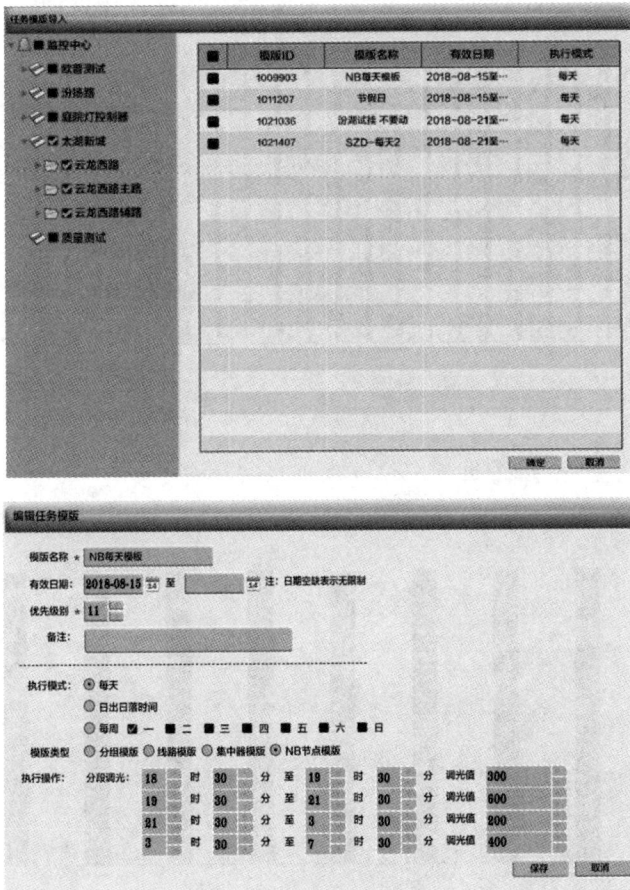

图 2-18　批量进行灯控操作

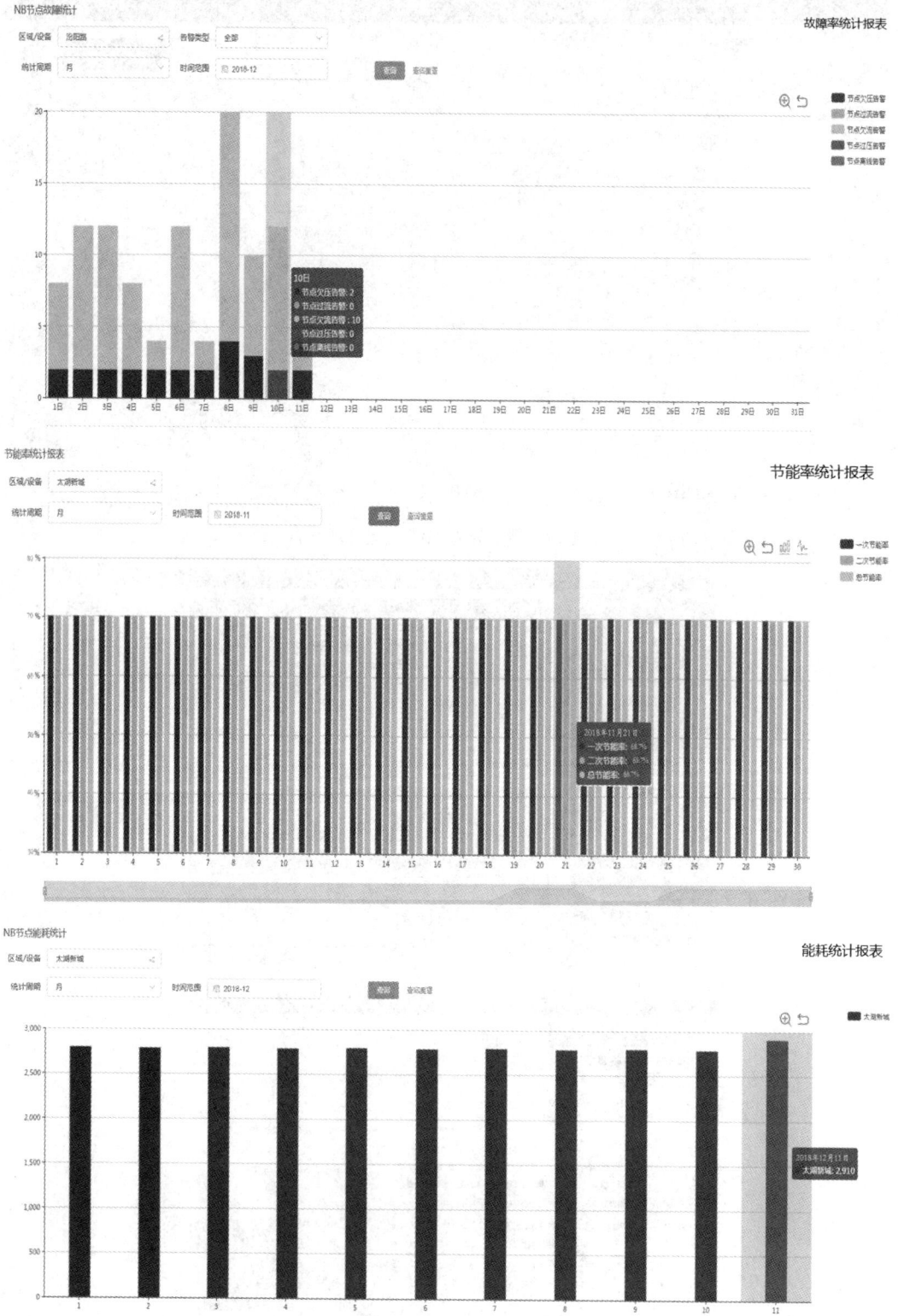

图 2-19　路灯运行状态统计信息

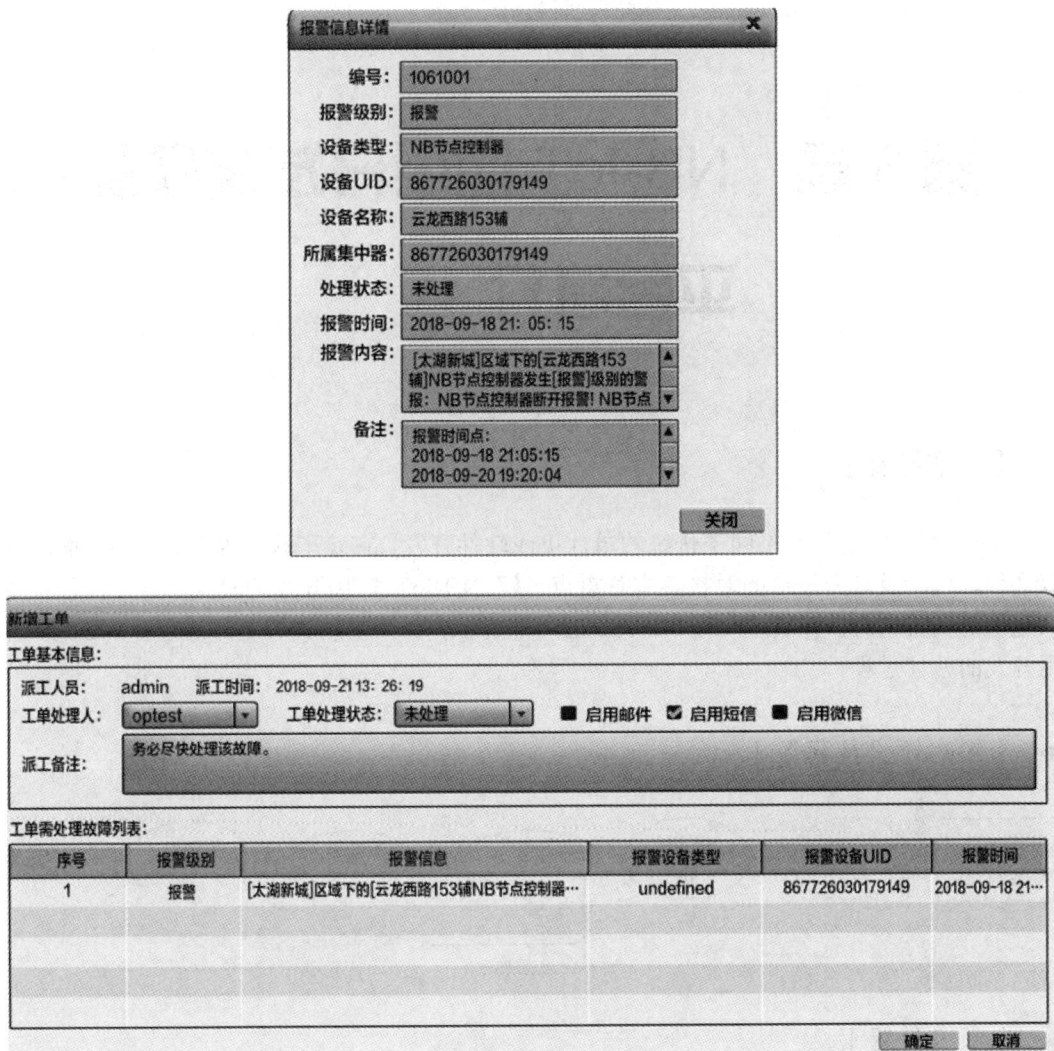

图 2-20　故障报警及工单处理

习　　题

1. NB-IoT 技术的主要特征是什么？
2. 简述 NB-IoT 的传输模式。
3. 我国国内三大运营商的 NB-IoT 频带使用情况是怎样的？
4. NB-IoT 有哪些部署模式？在性能方面有哪些不同？

第 3 章　NB-IoT 应用开发及实验平台简介

◆ 【本章导览】

NB-IoT 的应用开发不同于传统的单片机或软件开发，它除了涉及硬件、软件方面的内容之外，还涉及与云平台的对接。本章重点讲解 NB-IoT 应用开发的模式、开发流程及本书选用的实验平台，并通过一个 NB-IoT 应用部署示例，来帮助读者更好地理解 NB-IoT 应用开发的整体过程。

◆ 【本章知识结构图】

◆ 【学习目标】

通过本章内容的学习，学生应该：

(1) 能说出 NB-IoT 应用开发中端、管、云、服的含义。

(2) 能说出并理解 NB-IoT 应用开发的流程。

(3) 能认识实验平台中各元器件和模块，并能说出其功能。

(4) 会阅读电路原理图。

(5) 熟悉 NB-IoT 应用开发的过程。

3.1　NB-IoT 应用开发模式

NB-IoT 应用开发模式

2020 年 7 月，NB-IoT 正式被接受为 ITU IMT-2020 5G 技术标准。NB-IoT 作为物联网领域新兴的通信技术，其完整的物联网体系架构如图 3-1 所示。

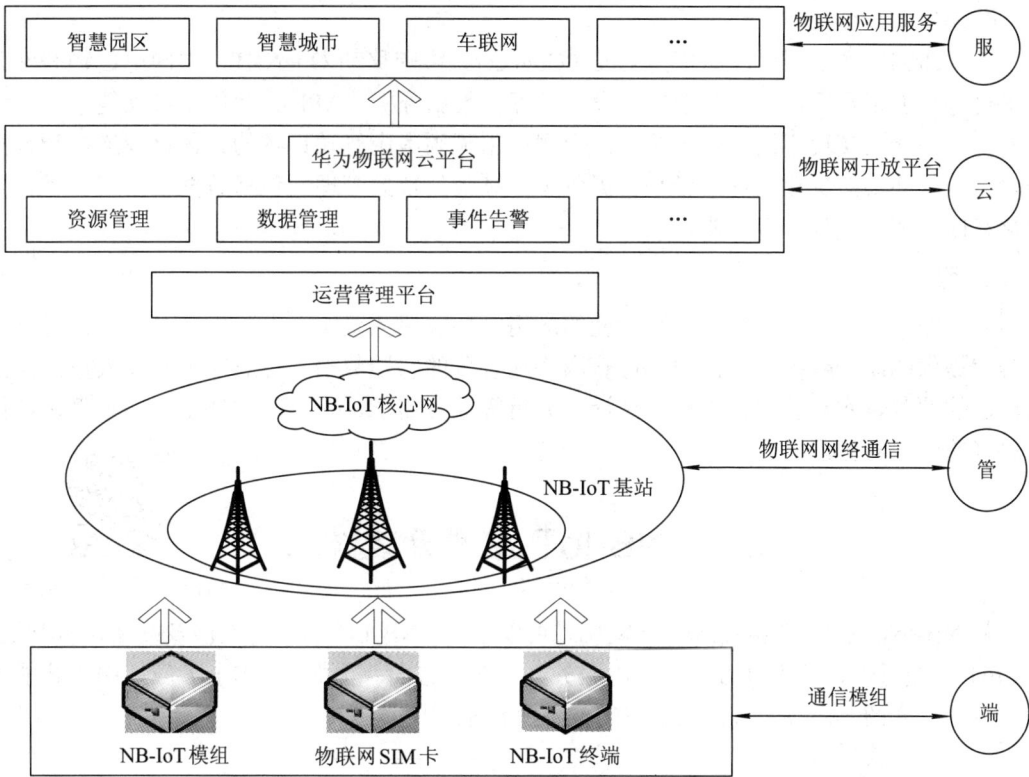

图 3-1　NB-IoT 物联网体系架构

从图 3-1 中可以看出，一个完整的 NB-IoT 应用涉及终端设备、网络通信、云端平台、应用服务四个方面。这正是 NB-IoT 应用开发的"端-管-云-服"开发模式。

1. 端

端，即物联网终端设备，如电表、气表、智能锁等。终端设备通常包括 NB-IoT 通信芯片、模组、传感器接口、无线传输接口、外围电路等，其内置嵌入式软件，提供外部环境感知能力和 NB-IoT 通信能力。终端设备的系统结构如图 3-2 所示。

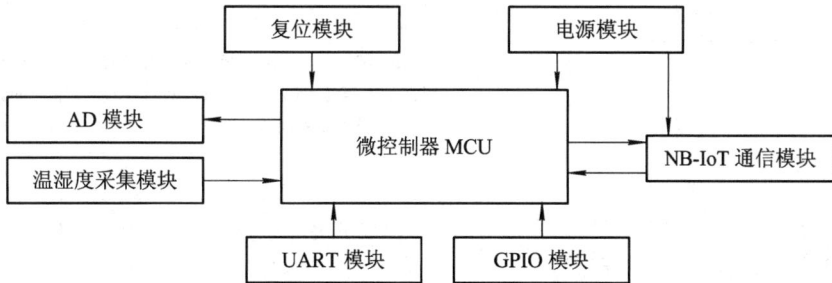

图 3-2　终端设备的系统结构图

2. 管

管，即通信管道，包括 NB-IoT 基站和核心网。它是整个物联网通信的基础，主要提供各种网络和设备的接入、会话管理、小区管理等功能，并为终端设备感知到的数据或上层下发给终端设备的命令提供数据传输通道。

3. 云

云，即物联网云平台，如华为 OceanConnect、中国移动 OneNET、中国电信物联网开放平台等。云平台提供了连接管理、设备管理、数据分析、API 开放等基础功能，通过统一的协议和接口实现不同终端的接入。上层应用无须考虑终端设备的具体物理连接和数据传输，实现终端对象化管理；云平台提供灵活高效的数据管理，包括数据采集、分类、结构化存储、使用量分析等功能。

4. 服

服，即应用服务，包括各垂直行业的应用软件或服务系统。上层应用服务软件通过云平台上提供的统一数据访问接口，可获取终端设备的感知数据。行业应用开发人员只需聚焦自己的业务，实现管理、查询、统计、分析等业务需求，使物联网技术在其垂直领域得到更好的应用与体现。

3.2　NB-IoT 应用开发流程

NB-IoT 应用开发流程

从 NB-IoT 的"端-管-云-服"开发模式可以看出，NB-IoT 应用开发涉及终端设备开发、NB-IoT 无线通信、云平台对接、应用服务开发四个方面。下面以 NB-IoT 应用中的智能水表为例进行介绍。图 3-3 为智能水表的业务流程示意图。

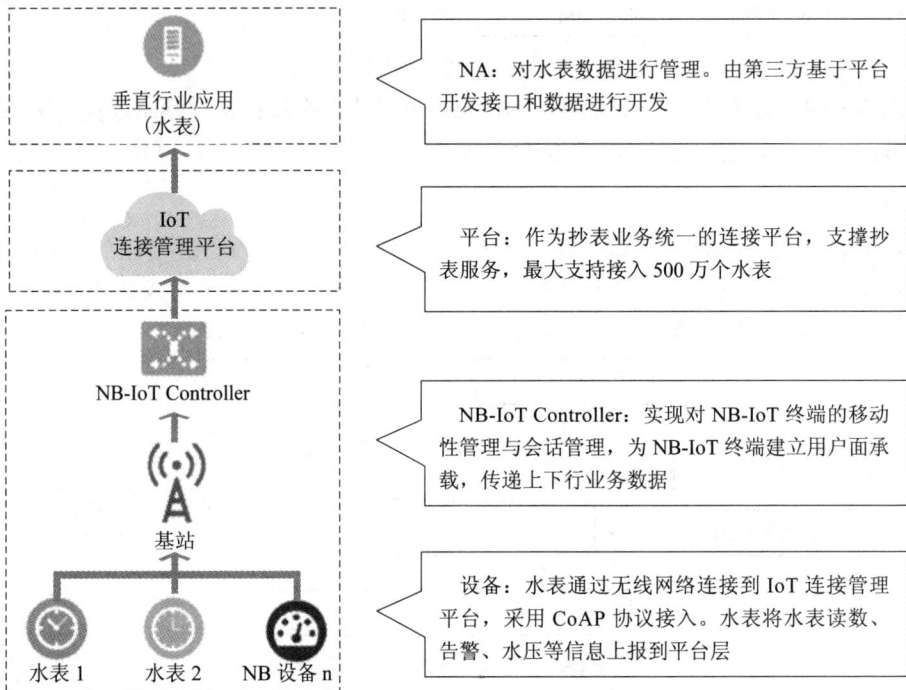

NA：对水表数据进行管理。由第三方基于平台开发接口和数据进行开发

平台：作为抄表业务统一的连接平台，支撑抄表服务，最大支持接入 500 万个水表

NB-IoT Controller：实现对 NB-IoT 终端的移动性管理与会话管理，为 NB-IoT 终端建立用户面承载，传递上下行业务数据

设备：水表通过无线网络连接到 IoT 连接管理平台，采用 CoAP 协议接入。水表将水表读数、告警、水压等信息上报到平台层

图 3-3　智能水表的业务流程示意图

由于运营商(如中国电信、中国移动)所提供的 NB-IoT 基础通信和物联云平台已经完成了大量的底层工作，因此利用"端-管-云-服"开发模式进行 NB-IoT 应用开发时，开发者只需关注三部分工作：一是终端侧开发(硬件终端)；二是平台侧开发(物联网云平台)；三是

应用侧开发(手机 App 或 Web 应用)。

1. 终端侧开发

终端侧开发主要是在选定的硬件设备上完成终端业务代码开发、网络接入调试等，如水表计量的计算感知、通过 NB-IoT 进行读数上报等。其本质是特定硬件平台上的嵌入式软件的开发。

2. 平台侧开发

平台侧开发即在物联网云平台上进行产品模型的定义和编解码插件的开发，主要是完成设备的 Profile 文件的配置。设备的 Profile 文件是用来描述一款设备是什么、能做什么以及如何控制该设备的文件。一个设备的 Profile 文件主要包括设备的基础信息和设备的服务信息。设备的基础信息包括厂商名称、设备类型、协议类型等；设备的服务信息定义了设备上报的业务数据或下发给设备的命令数据。

3. 应用侧开发

应用侧开发主要完成上层应用服务通过云平台接口接入应用服务器，获取相关的业务数据，进而实现垂直行业应用需求。其本质是移动 App 或 Web 应用开发。

3.3　实验平台介绍

实验平台介绍

本节主要介绍本书使用的开发实验平台硬件资源，以方便读者快速熟悉实验平台的功能，进而实现产品原型的快速开发和方案验证。开发实验平台硬件资源主要包括开发板、传感器和必备配件三部分，如图 3-4 所示。

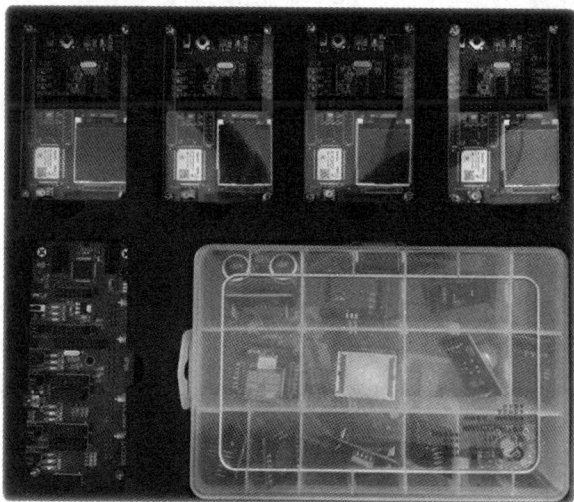

图 3-4　开发实验平台硬件资源

3.3.1　开发板

本书使用的实验开发板如图 3-5 所示，主要包括显示面板、NB-IoT 核心板和开发底板三部分。

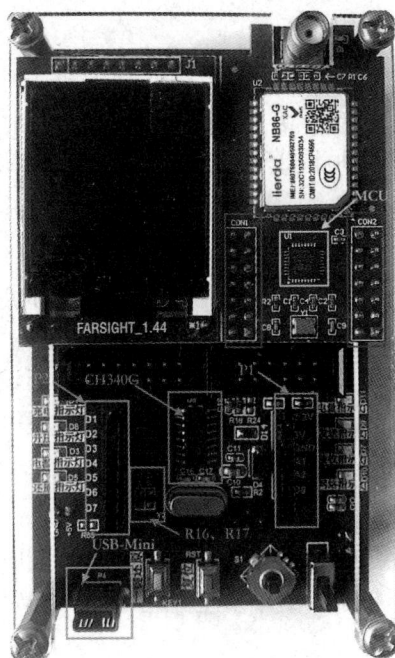

图 3-5　实验开发板

1. 显示面板

显示面板上集成了一块薄膜晶体管液晶显示器(Thin Film Transistor-Liquid Crystal Display，TFT-LCD)，液晶显示器大小为 1.44 英寸(注：1 英寸≈2.54 厘米)，分辨率为 128×128，工作温度在 −20～70℃之间，通过 SPI 协议与微控制器进行通信。薄膜晶体管液晶显示器具有品种多、功耗低、无辐射、易集成等优点。

2. NB-IoT 核心板

NB-IoT 核心板上集成了 NB-IoT 通信模块和微控制单元(Micro Controller Unit，MCU)。NB-IoT 通信模块的作用是与移动网络运营商通信基础设施进行通信。微控制单元是把中央处理器、存储器、定时器/计数器(timer/counter)、各种输入/输出接口等都集成在一块集成电路芯片上的微型计算机设备。

本书使用的 NB-IoT 通信模块是利尔达 NB86-G，支持 3GPP TR45.820 和其他 AT 扩展指令，内嵌 UDP、IP、COAP 等网络协议栈，工作温度在 −30～85℃之间，支持 Band5(850 MHz)和 Band8(900 MHz)两种模式。

本书使用的 MCU 是意法半导体的 STM32F051K86，其采用高性能 ARM Cortex-M0 的 32 位 RISC 内核，最高工作频率为 48 MHz，内嵌 64 KB FLASH、8 KB SRAM，并广泛集成增强型外设和 I/O 口，所有器件提供标准的通信接口(最多 2 个 I^2C、2 个 SPI、1 个 I^2S、1 个 HDMI CEC、2 个 USART)，具有 1 个 12 位 ADC、1 个 12 位 DAC、最多 5 个通用 16 位定时器、1 个 32 位定时器和 1 个高级控制 PWM 定时器。

3. 开发底板

开发底板上主要包括 LED 指示灯、ST-Link 下载器接口、USB-Mini 接口、复位按键、传感器扩展接口、电源开关等。

3.3.2　传感器与执行器

传感器，也称为换能器，是一种装置。其任务是检测周围环境中的事件或变化，并将这些物理现象(如温度、光、空气湿度、运动、化学物质等)转换成可输出的信号，然后对其进行有意义的解读。

执行器被视为与传感器功能相反的工具，通过解读从控制系统发出的信号并将其转换成机械运动。执行器是通过各种简单的动作来改变其物理环境，包括但不限于打开和关闭阀门、改变其他设备的位置或角度、激活它们发出声音或光等。

本书涉及的传感器和执行器主要包括风扇、触摸按键、光敏传感器、温湿度传感器和人体红外传感器，如图 3-6 所示。按照传感器(或执行器)与 MCU 通信方式的不同，本书使用的传感器模块类型分为开关型、模数转换型和其他类型三种。风扇、触摸按键、人体红外传感器属于开关型，是通过 I/O 的控制或反馈的；光敏传感器属于模数转换型，是通过ADC 采集数据的；温湿度传感器属于其他类型，是以单总线方式与 MCU 进行通信的。

图 3-6　各类传感器

3.3.3　必备配件

必备配件主要包括 ST-Link 连接线、USB 转串口连接线、NB-IoT 模块天线及 NB-IoT SIM 卡，如图 3-7 所示。这些都是进行应用开发时必备的配件。

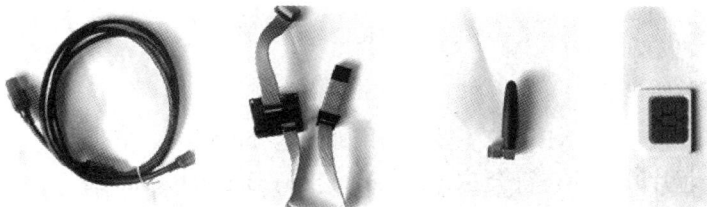

图 3-7　必备配件

3.4 终端设备原理图详解

终端设备原理图详解

　　本节介绍各开发板和传感器模块的原理图，通过原理图来熟悉各单元的电气连接，进一步了解它们的工作原理，为后续实践章节的学习打下基础。

1. MCU 基础电路

　　NB-IoT 核心板的主控芯片型号是 STM32F051K86，采用高性能的 ARM Cortex-M0 的 32 位 RISC 内核，工作于 48 MHz 频率，高速的嵌入式闪存(FLASH 64K 字节，SRAM 8 KB)，并广泛集成增强型外设和 I/O 口。所有器件提供标准的通信接口(最多 2 个 I^2C、2 个 SPI、1 个 I^2S、1 个 HDMI CEC、2 个 USART)、1 个 12 位 ADC、1 个 12 位 DAC、最多 5 个通用 16 位定时器、1 个 32 位定时器和 1 个高级控制 PWM 定时器。其基础电路如图 3-8 所示。

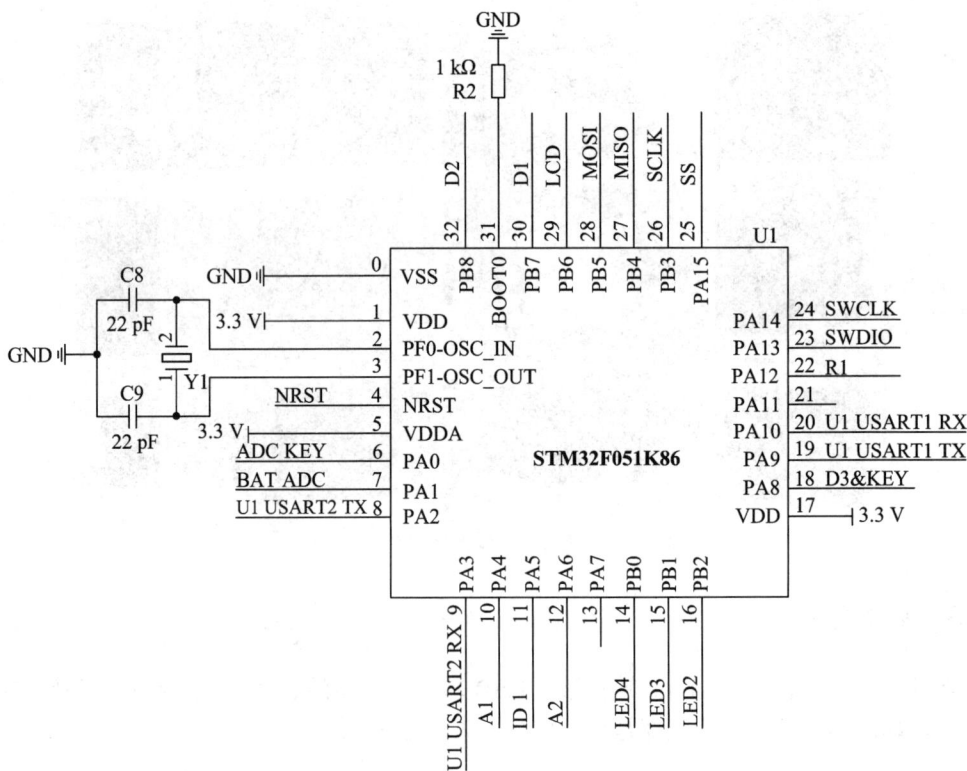

图 3-8　MCU 基础电路

2. NB-IoT 模块电路

　　NB-IoT 核心板上的 NB-IoT 模块采用利尔达 NB86-G。它是一款基于海思半导体 Boudica Hi2115 芯片开发的，符合 3GPP 标准，支持 Band01、Band03、Band05、Band08、Band20、Band28 等主流频段，具有体积小、功耗低、传输距离远、抗干扰能力强等特点。其电路原理图如图 3-9 所示。

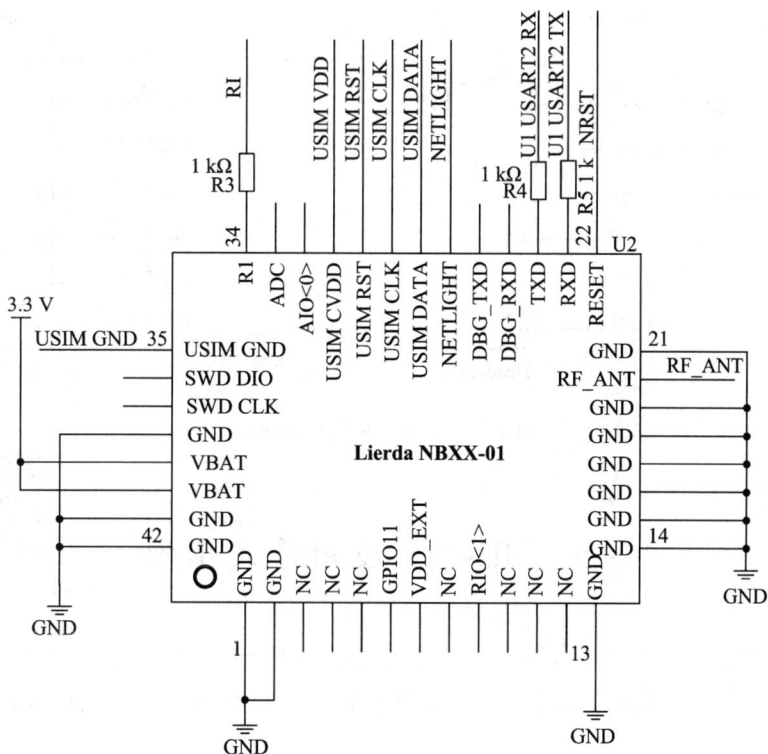

图 3-9　NB-IoT 模块原理图

3. 核心板底座

核心板底座是连接 NB-IoT 核心板和一键还原底板的接口,它使得 NB-IoT 核心板上的 MCU 可以和一键还原底板上的传感器、LED 灯、按键、串口等接口进行数据交互。其原理图如图 3-10 所示。

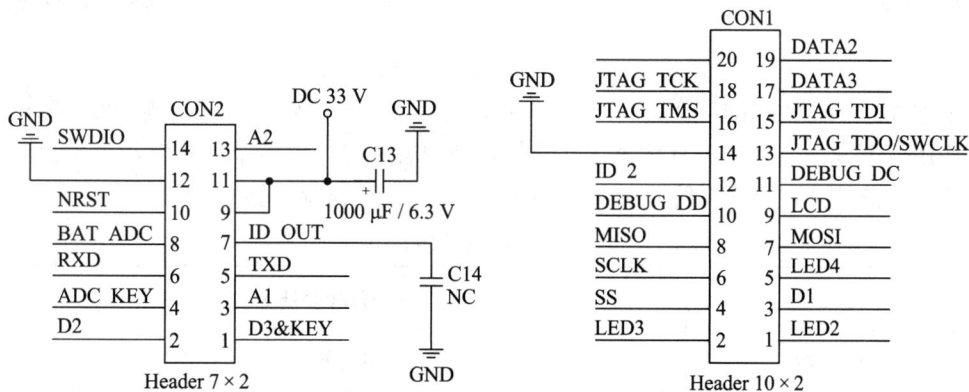

图 3-10　核心板底座原理图

4. 传感器模块扩展接口

传感器模块扩展接口位于一键还原底板上,用于连接各类传感器模块,原理图如图 3-11 所示。

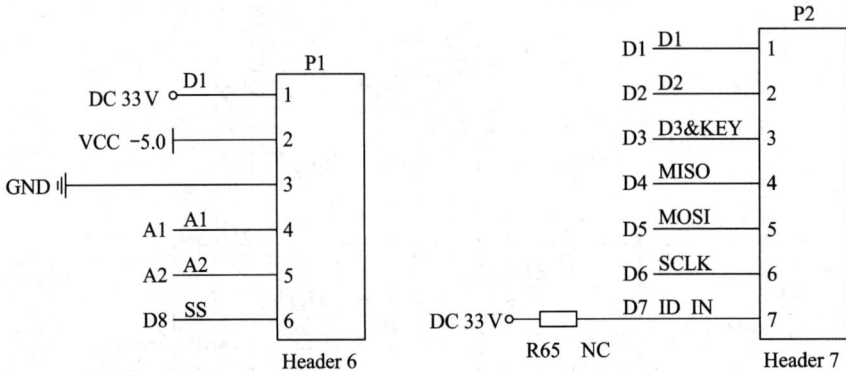

图 3-11　传感器模块扩展接口

3.5　NB-IoT 应用开发示例

NB-IoT 应用开发示例

　　本小节通过一个温湿度感知案例向读者展示一下 NB-IoT 应用开发的流程。目的是让读者对 NB-IoT 应用的开发过程有一个感性和整体上的认识，方便后续章节内容的深入学习。

　　温湿度感知案例的功能是硬件终端设备利用温度传感器，将感知到的温度数据通过 NB-IoT 网络发送给物联网云平台，上层用户可以通过 Web 应用或手机 App 查看温度数据。应用的业务流程如图 3-12 所示。

图 3-12　温湿度感知 NB-IoT 应用业务流程

　　根据 3.2 节的 NB-IoT 应用开发流程可知，此应用开发主要包含终端侧开发、平台侧开发和应用侧开发三个部分，具体每个部分的详细内容将在后面章节中讲解，这里读者只需要有个感性的认知，不必细究具体制作步骤。本应用开发的环境如表 3-1 所示。

表 3-1　应用开发环境

MCU 芯片	STM32F051K86
NB-IoT 模组	利尔达 NB86-G
物联网云平台	华为 OceanConnect 物联网云平台
终端开发工具	RealView MDK + STM32CUBEMX
应用开发工具	华为 OceanBooster Web 应用开发平台

1. 终端侧开发

终端侧开发即对硬件设备的开发。对于此示例应用首先是利用传感器感知数据，再将数据按照平台侧编解码插件的格式进行封装，然后利用硬件终端主控芯片上的串口通信向 NB-IoT 模组发送相关的 AT 指令，完成终端设备与物联网云平台对接，实现终端与云平台的互通。假设设备终端的 NB-IoT 模块已经完成了入网设置，然后在 STM32CUBEMX 中进行串口和定时器的配置，则在 Keil 工程中逻辑代码如下：

```
if (isTimeoutFlag == 1)
{
    isTimeoutFlag = 0;
    DHT11_TEST();          //每隔 5 秒采集一次温湿度数据
    char buf[]={0};
    sprintf(buf, "AT+NMGS=3,00%02x%02x\r\n", (uint8_t)ucharT_data_H, (uint8_t)ucharRH_data_H);
    HAL_UART_Transmit(&huart2, (uint8_t*)buf, 18, 100); //向 NB-IoT 模块发送数据上报 AT 指令
}
```

以上代码含义是：每间隔 5 s，让温湿度传感器感知一次数据，并将数据按照平台侧编解码插件的格式进行格式化，向 NB-IoT 模块发送数据上报的 AT 指令。

程序编写完成后经过编译，如果没有错误就可以进行程序的烧录。此时需要将终端设备通过 ST-Link 线与计算机进行连接，计算机识别出设备之后，就可以点击 Keil IDE 中的烧录按钮进行程序的烧录。

2. 平台侧开发

平台侧开发在物联网云平台上进行，主要是进行产品属性的定义和编解码插件开发，根据应用上报的数据或者上层下发的指令来完成产品属性或服务的配置，如图 3-13 和图 3-14 所示。

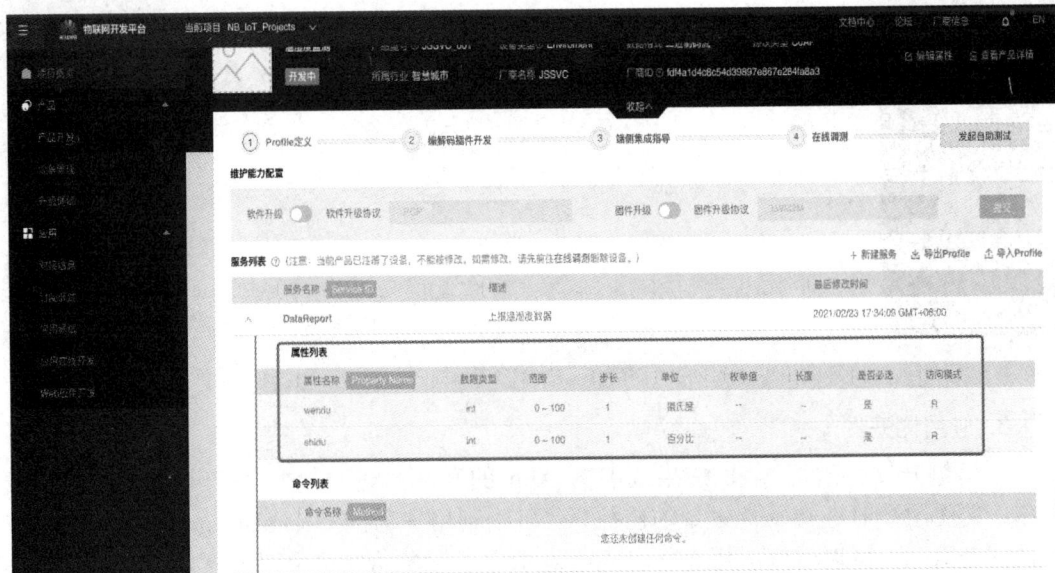

图 3-13　产品属性定义

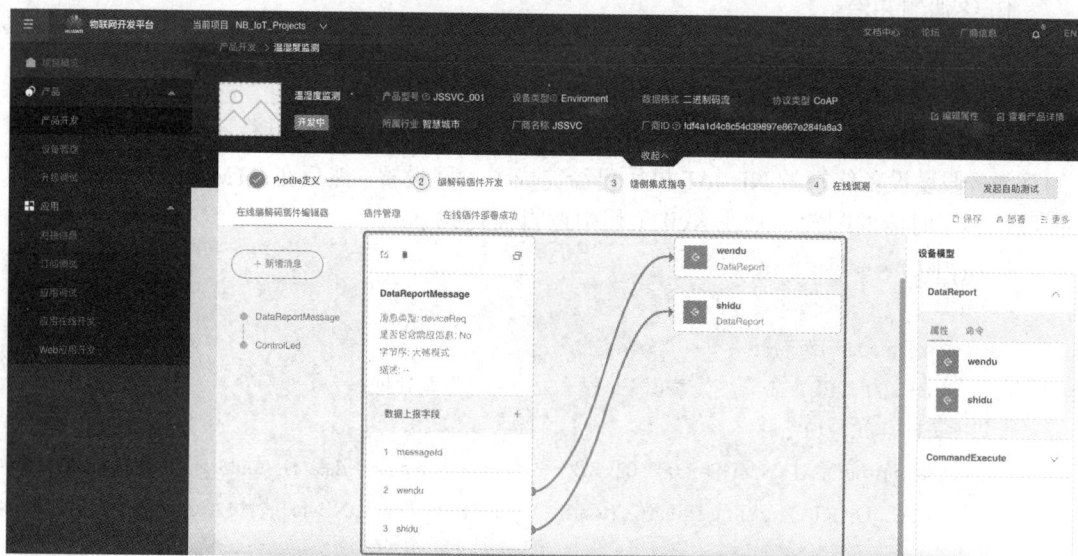

图 3-14　编解码插件开发

产品模型和编解码插件开发部署完成之后，需要将终端设备在云平台上与对应产品进行绑定，绑定成功，数据才能成功地上报到云平台或接收云平台下发的命令。设备绑定前，要通过 AT 指令向 NB-IoT 模块中设置云平台的 IP 地址，然后在云平台的设备管理功能里面新增真实设备，填写设备的名称和标识(通常用 IMEI 作为设备唯一标识)，完成设备的绑定，如图 3-15 所示。

图 3-15　设备绑定

3. 应用侧开发

应用侧开发本质是 Web 应用或手机 App 的开发，通过云平台提供的 API 接口或 SDK，实现用户对远端硬件设备的监控。也可以利用华为的 OceanBooster 平台，进行应用的快速开发，可以看到应用页面上已经展示出了设备感知到的温湿度数据，如图 3-16 所示。

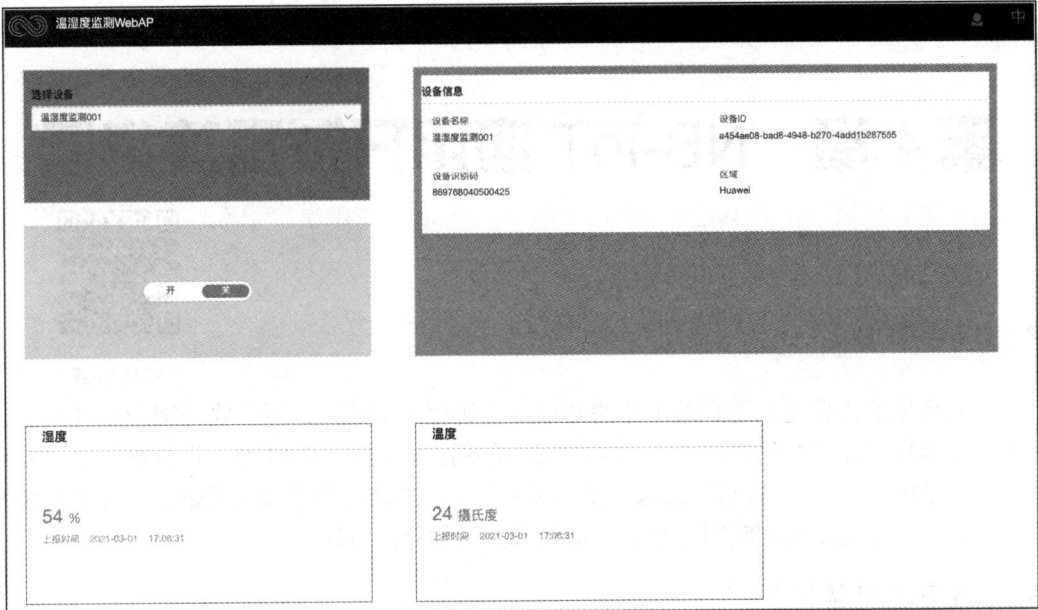

图 3-16　温湿度感知应用

习　　题

1. NB-IoT 应用开发的模式是什么？
2. 说说云-管-端-服开发模式中，各环节的含义是什么？
3. 一个完整的 NB-IoT 应用涉及哪三侧的开发？
4. 本书使用的实验开发板由哪几部分组成？

第 4 章　NB-IoT 应用开发环境搭建

◆ 【本章导览】

　　开发环境的搭建是应用开发工作的基础,在进行"端-管-云-服"物联网应用开发前,必须首先掌握开发环境的搭建方法。本章介绍设备程序开发工具 MDK、设备端程序可视化硬件配置辅助开发工具 STM32CubeMX、测试工具串口调试助手和相关驱动软件的安装及配置,还介绍了常用的物联网云平台及华为云账号的获取方法。

◆ 【本章知识结构】

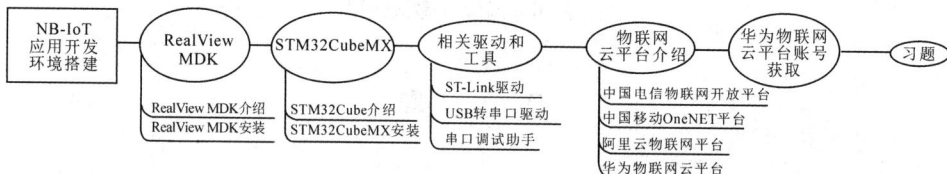

```
NB-IoT          RealView      STM32CubeMX    相关驱动和     物联网      华为物联网
应用开发   ——   MDK      ——              ——   工具      —— 云平台介绍 —— 云平台账号  —— 习题
环境搭建                                                              获取

        RealView MDK介绍   STM32Cube介绍   ST-Link驱动   中国电信物联网开放平台
        RealView MDK安装   STM32CubeMX安装  USB转串口驱动  中国移动OneNET平台
                                         串口调试助手   阿里云物联网平台
                                                       华为物联网云平台
```

◆ 【学习目标】

　　通过对本章内容的学习,学生应该:

(1) 了解设备端程序开发工具 RealView MDK,并掌握其安装方法。

(2) 了解设备端程序可视化硬件配置辅助开发工具 STM32CubeMX,并掌握其安装方法。

(3) 掌握 NB-IoT 物联网应用开发相关驱动的安装。

(4) 掌握串口调试助手软件的使用方法。

(5) 熟悉常见的物联网云平台。

(6) 掌握华为物联网云平台账号的获取方法。

4.1　RealView MDK

　　RealView MDK 开发工具源自德国 Keil 公司,被全球超过 10 万的嵌入式开发工程师验证和使用,是 ARM 公司目前最新推出的针对各种嵌入式处理器的软件开发工具。

　　RealView MDK 有 4 点突出特性:

　　• RealView MDK 的 micro Vision3 工具可以自动生成完善的启动代码,并提供图形化的窗口。无论对于初学者还是有经验的开发工程师,都能大大节省时间,提高开发效率。

　　• RealView MDK 的设备模拟器可以仿真整个目标硬件,包括快速指令集仿真、外部信号和 I/O 仿真、中断过程仿真、片内所有外围设备仿真等。开发工程师在无硬件的情况下即可开始软件开发和调试，使软硬件开发同步进行，大大缩短了开发周期。而一般的 ARM 开发工具仅提供指令集模拟器，只支持 ARM 内核模拟调试。

- RealView MDK 的性能分析器可以辅助查看代码覆盖情况、程序运行时间、函数调用次数等高端控制功能，轻松地进行代码优化。
- RealView 编译器编译的代码更小，性能更好。

4.1.1　RealView MDK 介绍

RealView MDK 是 ARM 公司最先推出的基于微控制器的专业嵌入式开发工具。它采用了 ARM 的最新技术工具 RVCT，集成了享誉全球的 μVision IDE，因此特别易于使用，同时具备非常高的性能。μVision IDE 是一个窗口化的软件开发平台，它集成了功能强大的编辑器、工程管理器以及各种编译工具(包括 C 编译器、宏汇编器、链接/装载器和十六进制文件转换器)。μVision IDE 包含以下功能组件，能加速嵌入式应用程序开发过程。

(1) 可根据开发工具配置的设备数据库。

(2) 用于创建和维护工程的工程管理器。

(3) 集汇编、编译和链接过程于一体的编译工具。

(4) 用于设置开发工具配置的对话框。

(5) 真正集成高速 CPU 及片上外设模拟器的源码级调试器。

(6) 高级 GDI 接口(可用于目标硬件的软件调试和 Keil ULINK 仿真器的连接)。

(7) 用于下载应用程序到 Flash ROM 中的 Flash 编程器。

(8) 完善的开发工具手册、设备数据手册和用户向导。

μVision IDE 开发工具界面如图 4-1 所示。

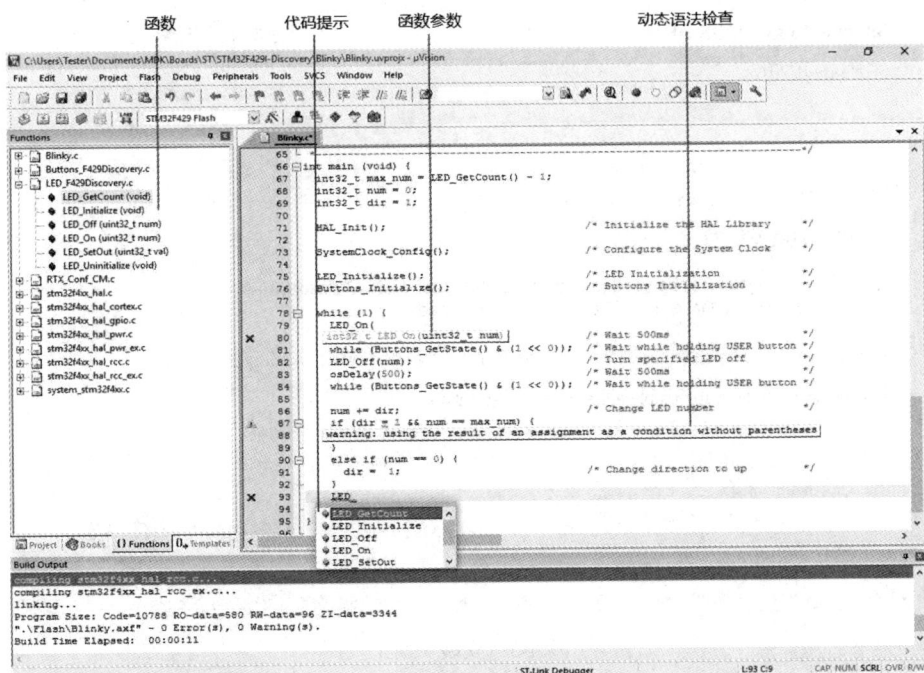

图 4-1　μVision IDE 开发工具界面

μVision IDE 提供了以下两种工作模式：

(1) 编译模式(Build Mode)：用于维护工程文件和生成应用程序。

(2) 调试模式(Debug Mode)：既可以用功能强大的 CUP 和外设仿真器测试程序，也可使用调试器经 Keil ULINK USB- JTAG 适配器(或其他 AGDI 驱动器)连接目标系统来测试程序。例如，colink 仿真器能用于下载应用程序到目标系统的 Flash ROM 中，并且可以进行仿真操作。

4.1.2　RealView MDK 安装

RealView MDK 的具体安装步骤如下：

(1) 在计算机硬盘上找到 MDK 的安装文件，如图 4-2 所示。

Keil.STM32F0xx_DFP.1.4.0	2016/3/1 13:51	uVision Software...	22,256 KB
Keil.STM32F1xx_DFP.2.1.0	2016/9/28 13:56	uVision Software...	49,406 KB
Keil.STM32F4xx_DFP.2.7.0	2015/12/28 15:18	uVision Software...	400,255 KB
MDK521a	2016/8/18 16:52	应用程序	619,262 KB

图 4-2　MDK 安装文件

(2) 以管理员权限运行 MDK521a.exe 文件，弹出如图 4-3 所示的对话框。之后，点击"Next"按钮。

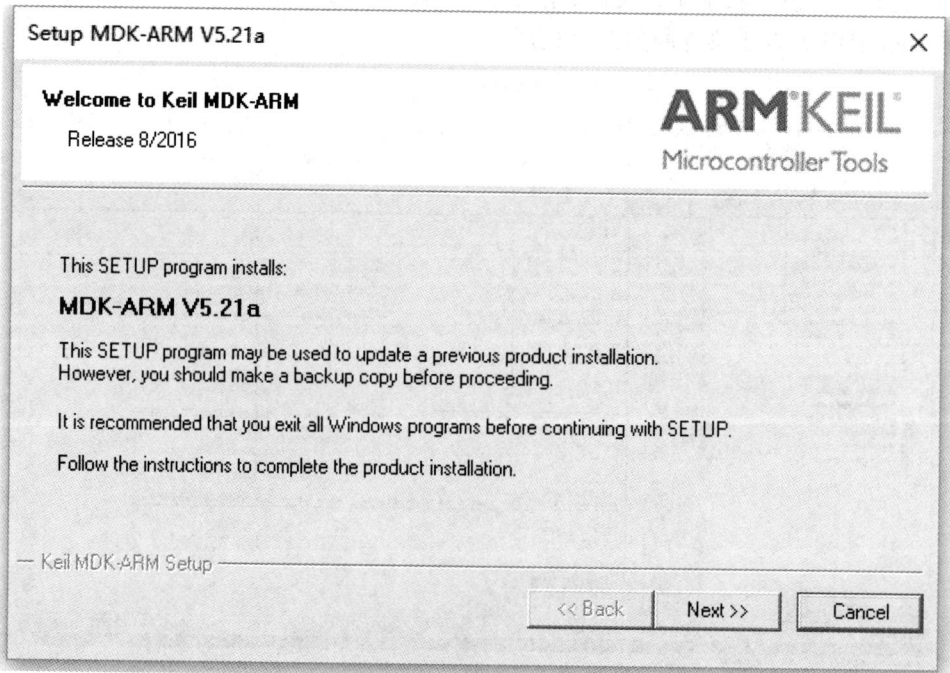

图 4-3　安装页面 1

(3) 勾选同意复选框，之后点击"Next"按钮，如图 4-4 所示。

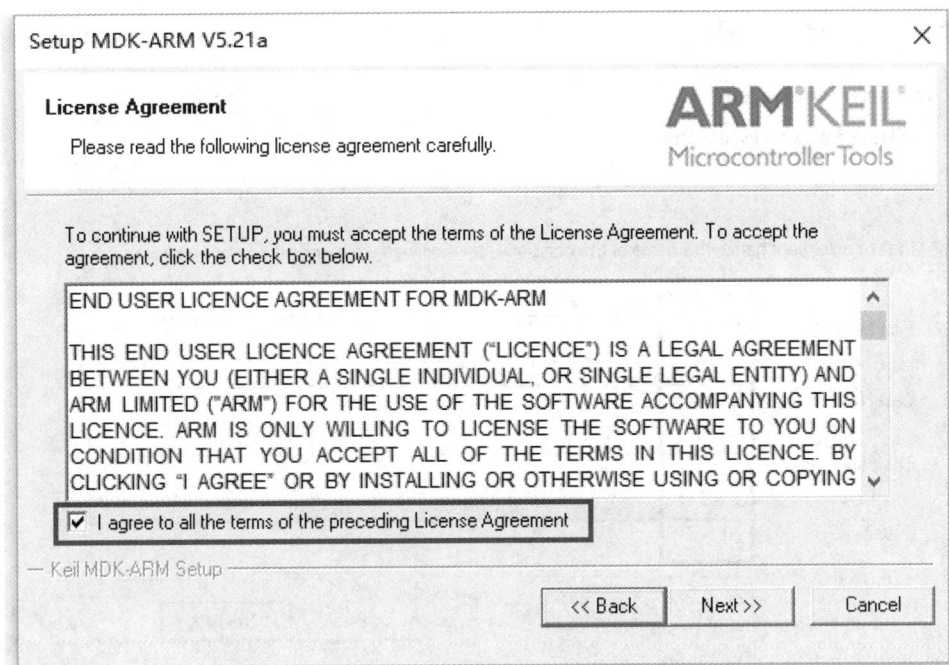

图 4-4　安装页面 2

(4) 选择 MDK 软件安装的位置，同时导入固件安装包，之后点击 "Next" 按钮，如图 4-5 所示。

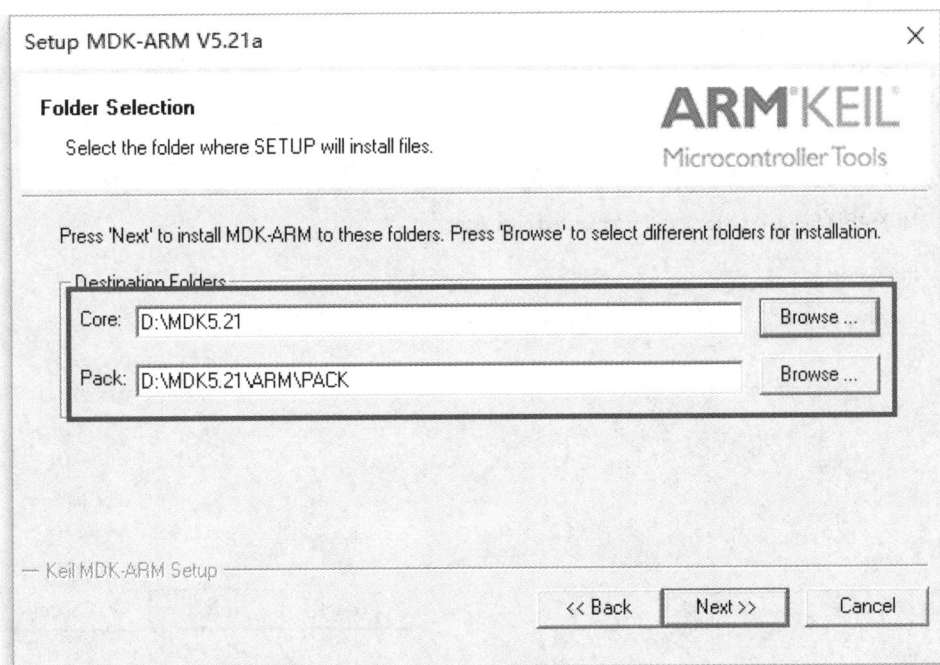

图 4-5　安装页面 3

(5) 填写相关信息，之后点击 "Next" 按钮，如图 4-6 所示。

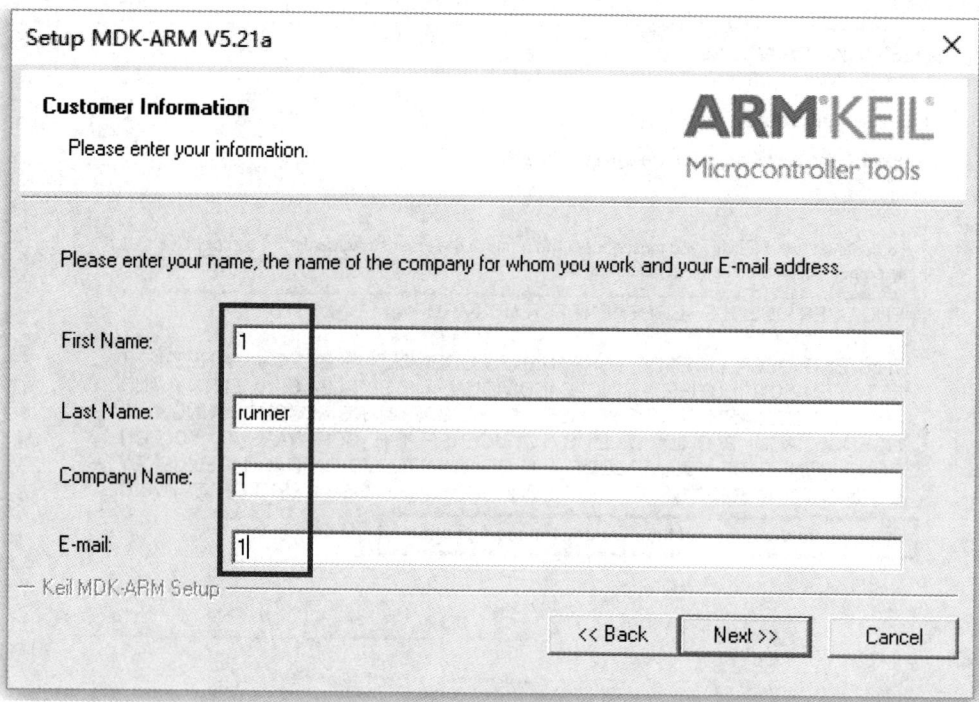

图 4-6　安装页面 4

(6) 等待安装成功,如图 4-7 所示。

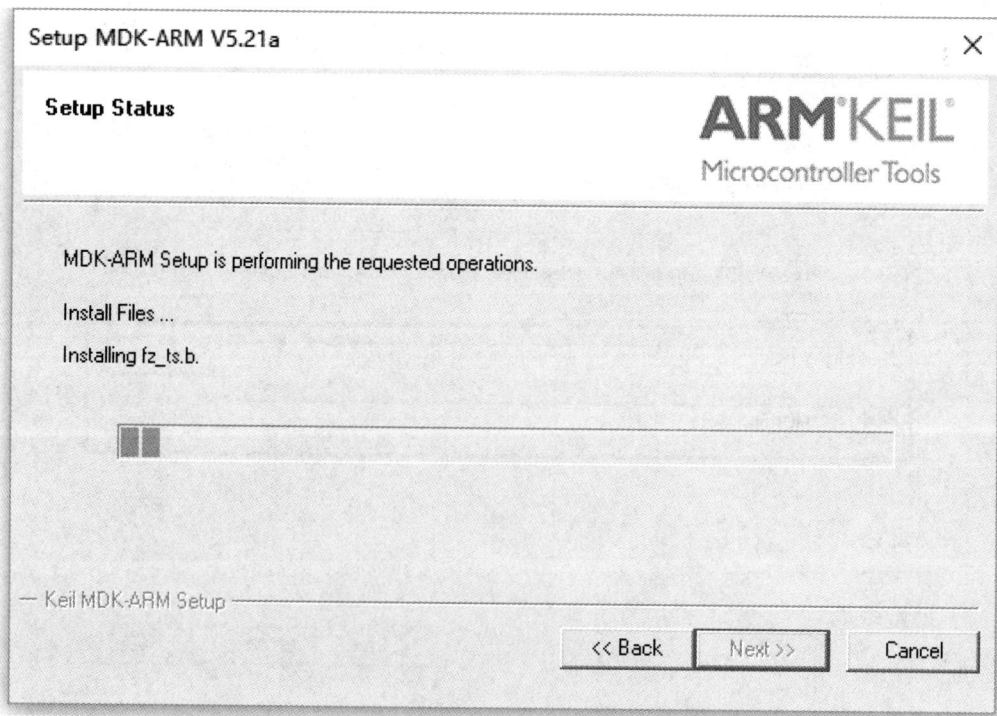

图 4-7　安装页面 5

(7) 点击"Finish"按钮,完成软件的安装,如图 4-8 所示。

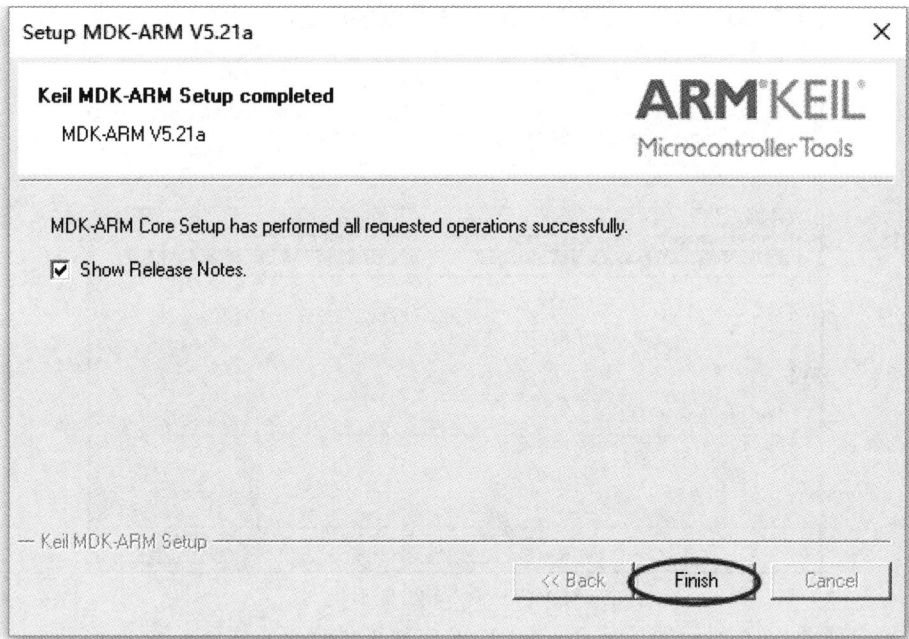

图 4-8　安装页面 6

(8) 完成安装后，会自动下载 DFP 包。此处我们先不安装 DFP 包，直接关闭 KEIL 软件。

(9) 注册软件。选择"File"→"License Management…"，如图 4-9 所示。

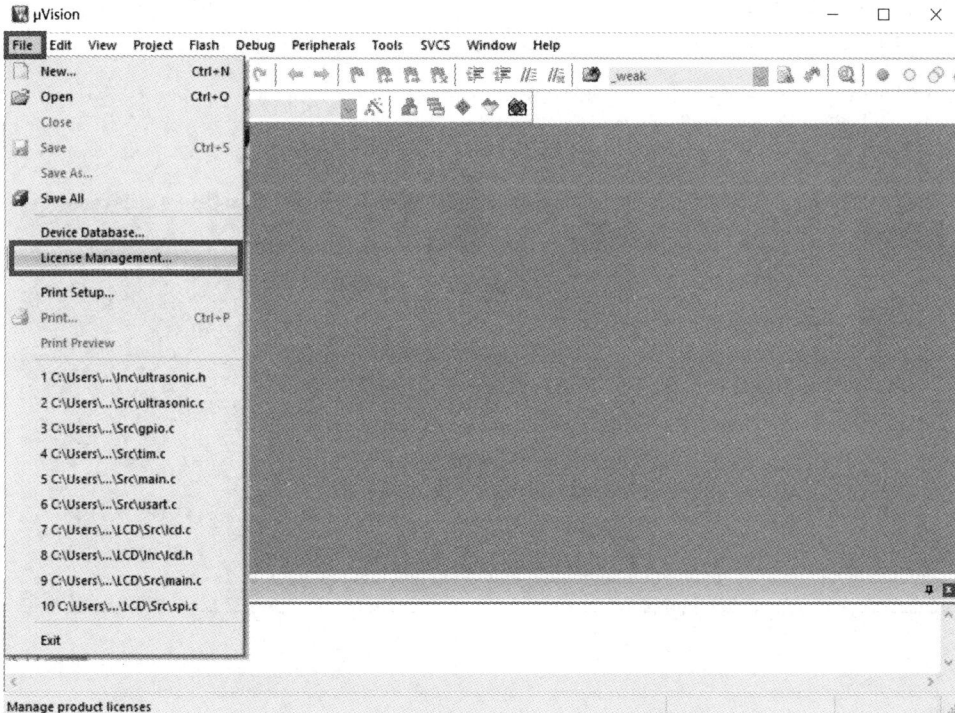

图 4-9　软件注册

(10) 购买并注册 MDK-Keil5，如图 4-10 所示。

图 4-10　输入软件注册码

(11) 出现图 4-10 所示的显示后，MDK 的安装工作就算完成了。

(12) 安装 DFP 安装包。DFP(Device Family Pack)是表明软件包包含对单片机设备的支持。安装对应的 DFP 包之后，在创建工程的时候就可以选择对应的芯片了；如果没有这个 DFP 包，则选择不了芯片，不能对相应的芯片编译及链接。DFP 安装包安装有以下两种方式：

方式一：在线安装。

① 打开 Keil 5 软件，点击"Pack Installer"按键，如图 4-11 所示。

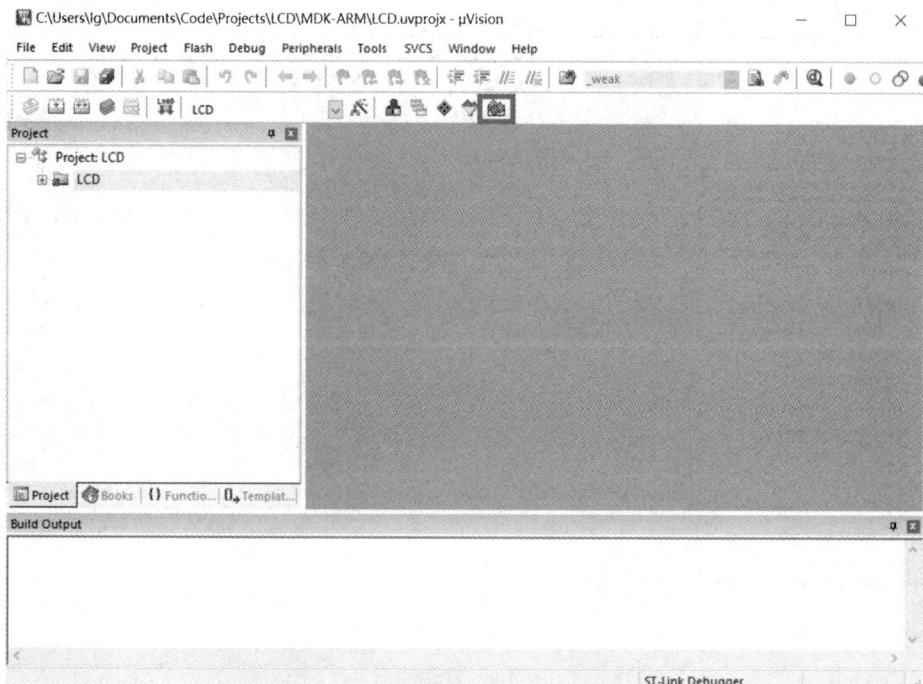

图 4-11　安装 DFP 包

② 点击"Packs"菜单中"check for Updates"子菜单，等待更新完成。

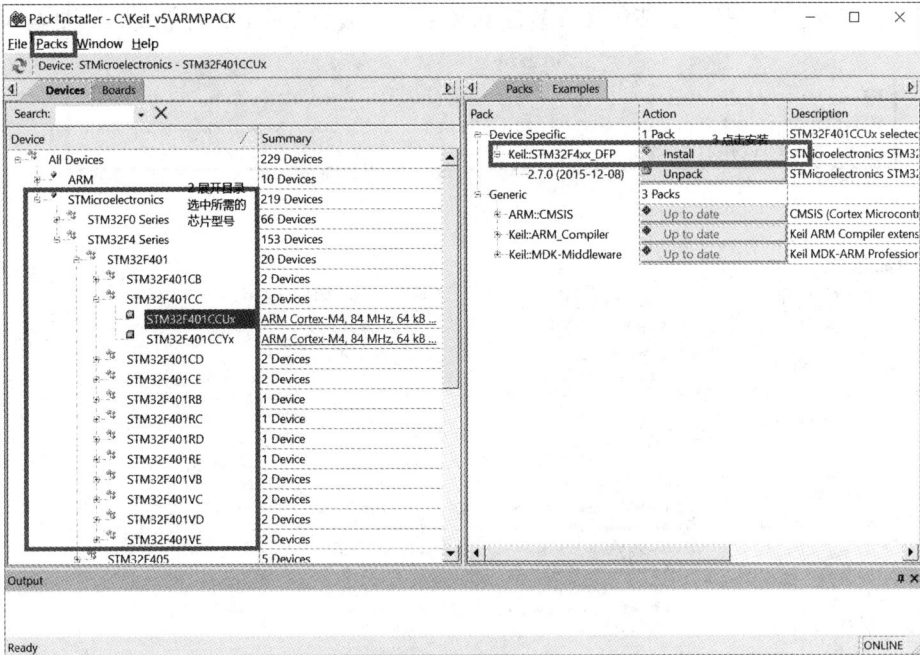

图 4-12　检查 Packs 更新

更新完成后，找到 STMicroelectronics，单击 STMicroelectronics 前面的加号，展开其目录，找到自己的芯片型号后(如图 4-12 中左侧位置所示)，然后进行安装(如图 4-12 中右侧位置所示)。

③ 等待安装完成，如图 4-13 所示。

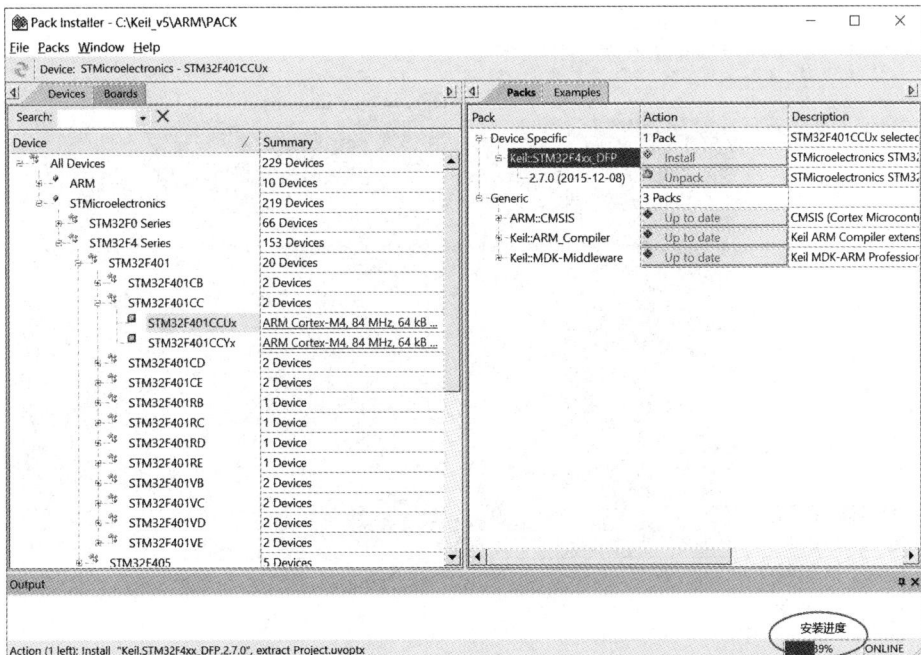

图 4-13　等待安装完成

方式二：离线安装。

① 将我们提供的三个安装包文件复制到 Keil 的安装目录下，复制完成后如图 4-14 所示。

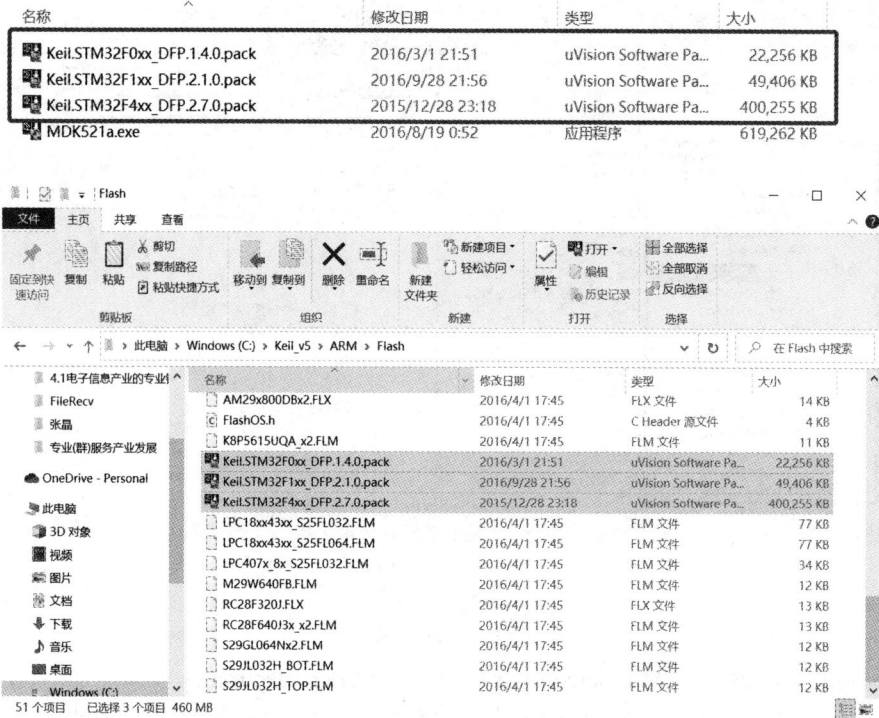

图 4-14　复制安装包

② 打开 Keil 5 软件，点击"Pack Installer"按键，如图 4-15 所示。

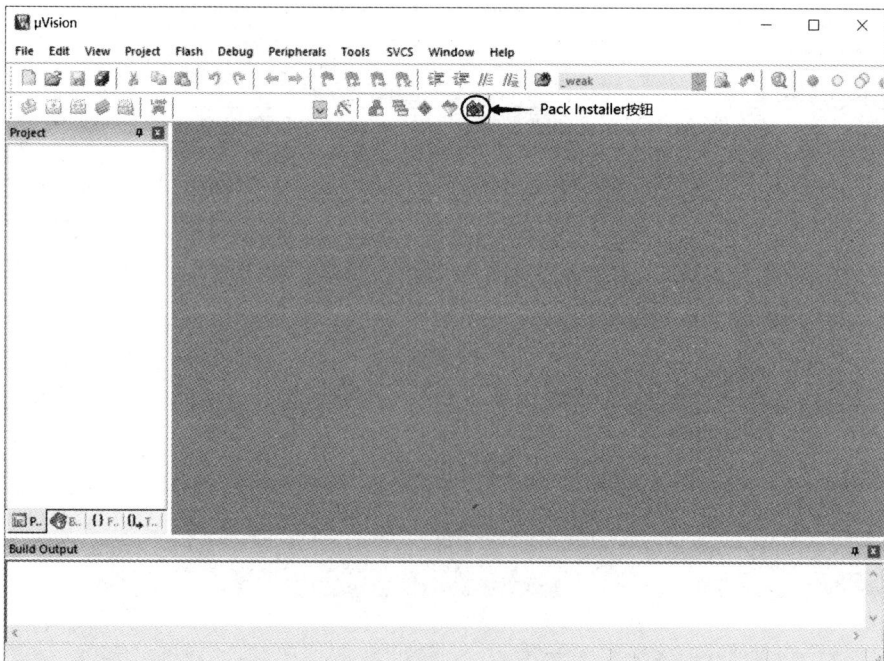

图 4-15　安装 DFP 包

③ 点击 "Files" 菜单后选择 "Import" 子菜单, 如图 4-16 所示。

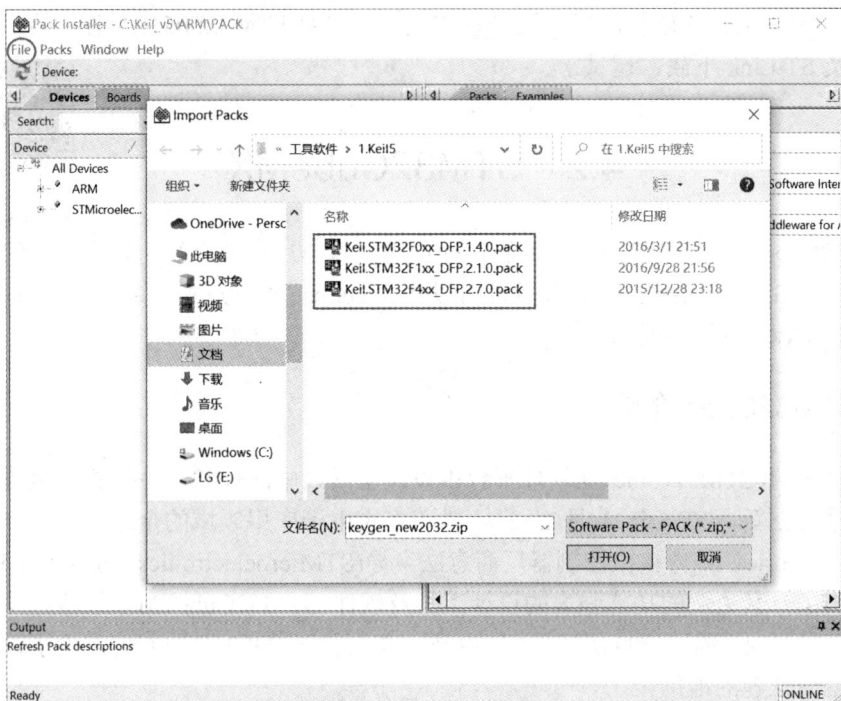

图 4-16　导入 DFP 包

找到 Keil 的安装目录后选择安装文件(刚才拷贝的文件), 点击 "打开"。

④ 等待安装完成, 如图 4-17 所示。

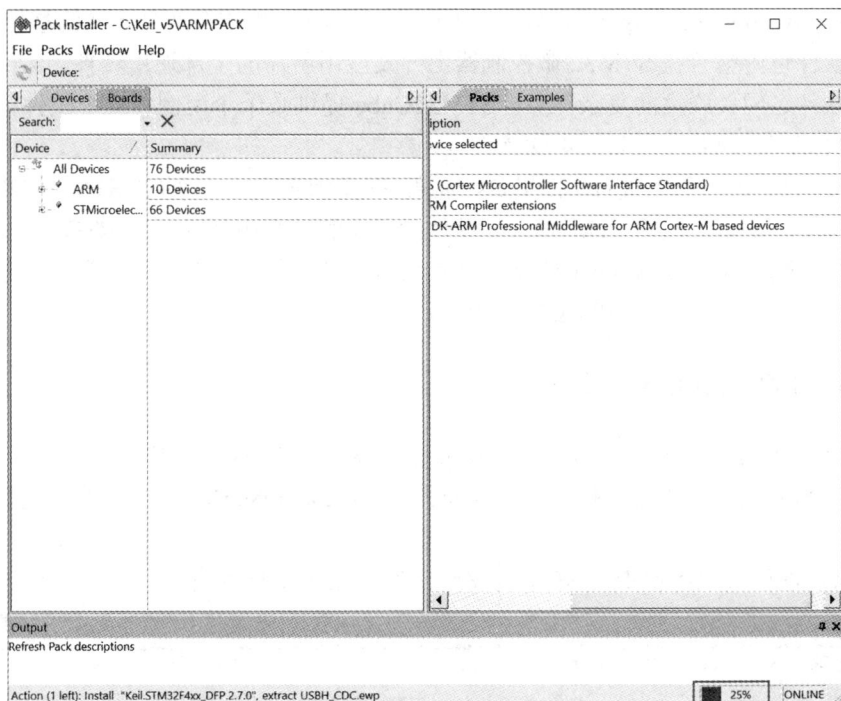

图 4-17　等待安装完成

⑤ 安装完成，关闭对话框。

至此，MDK Keil 5 软件的安装及设置完成，可以对 STM32F051K8 芯片的工程进行编译、连接及 ST-Link 下载、调试了。

4.2　STM32CubeMX

STM32CubeMX

STM32CubeMX 是 ST 公司推出的一种自动创建单片机工程及初始化代码的工具，适用于旗下所有 STM32 系列产品。此软件可以作为 eclipse 插件形式安装，也可以单独运行，但需要安装 JAVA 运行环境。

4.2.1　STM32Cube 介绍

功能强大的 STM32Cube 新软件平台由设计工具、中间件和硬件抽象层组成，让客户能够集中精力创新，2014 年 3 月 10 日，横跨多重电子应用领域的全球领先的半导体供应商——ARM Cortex-M 内核微控制器厂商意法半导(STMicroelectronics，ST)针对 STM32 微控制器推出了一套免费的功能强大的设计工具及软件 STM32CubeTM。该新开发平台可简化客户的开发项目，缩短项目研发周期，并进一步强化 STM32 微控制器在电子设计人员心目中解决创新难题的地位。

STM32Cube 开发平台包括 STM32CubeMX 图形界面配置器及初始化 C 代码生成器和各种嵌入式软件。配置器和初始化工具能够一步一步地引导用户完成微控制器配置，而嵌入式软件将为用户省去整合不同厂商软件的烦琐工作。嵌入式软件包括一个新的硬件抽象层(Hardware Abstraction Layer，HAL)，用于简化代码在 STM32 产品之间的移植过程。通过在一个软件包内整合在 STM32 微控制器上开发应用所需的全部通用软件，该平台根除了评估每个软件之间关联性的复杂任务。STM32Cube 提供数千个用例和一个软件更新功能，方便用户快捷高效地获取最新版本的软件。

STM32Cube 是一个全面的软件平台，涵盖 ST 产品的每个系列(如 STM32CubeF1 针对的是 STM32F1 系列)，包括 STM32Cube 硬件抽象层和一套中间件组件(RTOS、USB、FS、TCP/IP、Graphics 等)，STM32Cube 平台会针对 STM32 系列产品自动生成项目的初始化 C 语言代码，兼容 IAR、KEIL 和 GCC 编译器。

4.2.2　STM32CubeMX 安装

在安装 STM32CubeMX 之前需要安装 Java SDK 开发工具包。没有 Java SDK 的支持，STM32CubeMX 就无法正常工作。这里安装的是 JavaSetup8u51.exe，下面给出具体的安装步骤。

(1) 以管理员权限运行 Java SDK 的安装文件，如图 4-18 所示。

jre-8u51-windows-i586.exe	2015/12/25 17:24	应用程序	36,474 KB
SetupSTM32CubeMX-4.16.1.exe	2016/9/1 13:02	应用程序	188,404 KB

图 4-18　Java SDK 安装文件

(2) 如果想改变 Java 工具包的安装路径，就需要将"更改目标文件夹"选项勾选上，如图 4-19 所示。

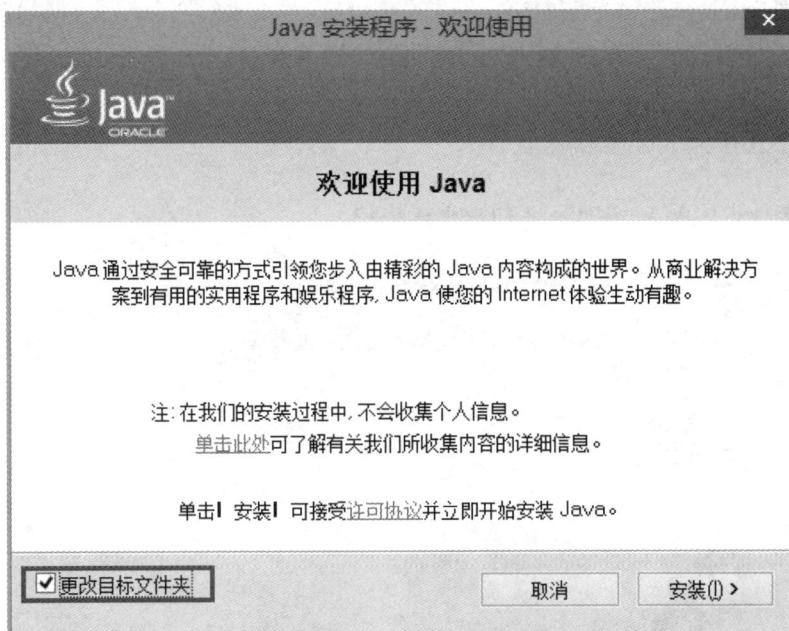

图 4-19　更改 Java 工具包的安装路径

(3) 根据需要修改目标文件夹的路径，将 Java 工具包安装到 STM32CubeMX 的安装文件夹中，然后点击"下一步"，如图 4-20 所示，即可开始 Java SDK 的安装。

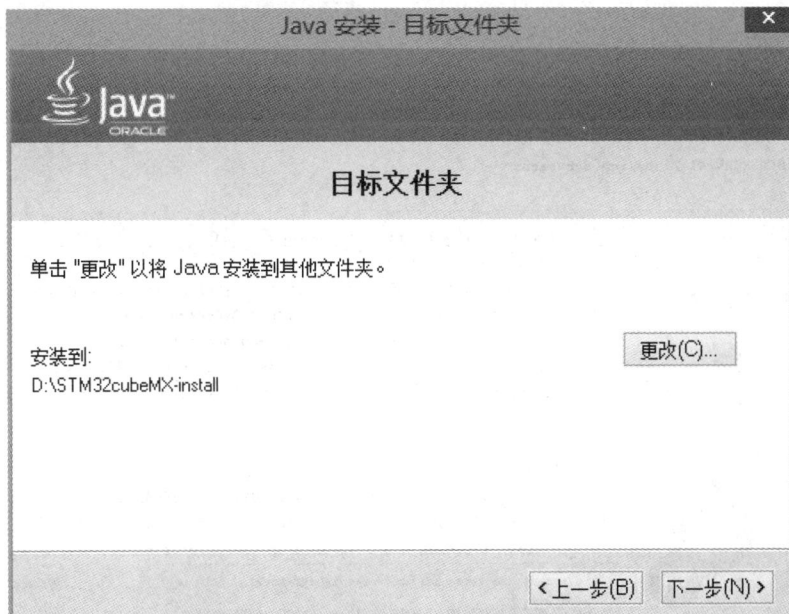

图 4-20　修改目标文件夹

(4) 点击"安装"，开始 Java SDK 的安装，大约需要两分钟的时间。

下面介绍 STM32CubeMX 的安装。

(1) 以管理员权限运行 STM32CubeMX 安装文件，如图 4-21 所示。

| 🖬 jre-8u51-windows-i586.exe | 2015/12/25 17:24 | 应用程序 | 36,474 KB |
| 🗗 SetupSTM32CubeMX-4.16.1.exe | 2016/9/1 13:02 | 应用程序 | 188,404 KB |

图 4-21　STM32CubeMX 安装文件

(2) 点击"Next"按钮，进行下一步操作，如图 4-22 所示。

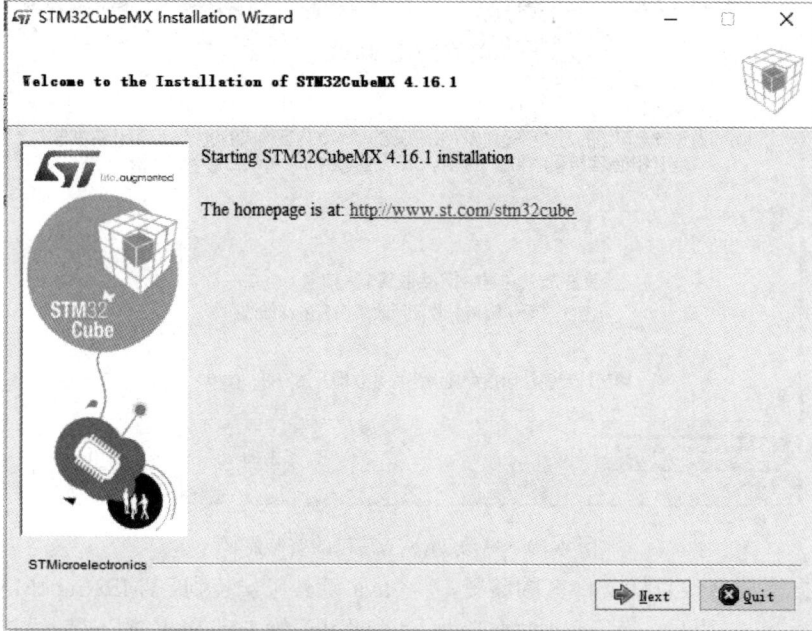

图 4-22　跳转下一步

(3) 勾选同意选项，点击"Next"，进行下一步操作，如图 4-23 所示。

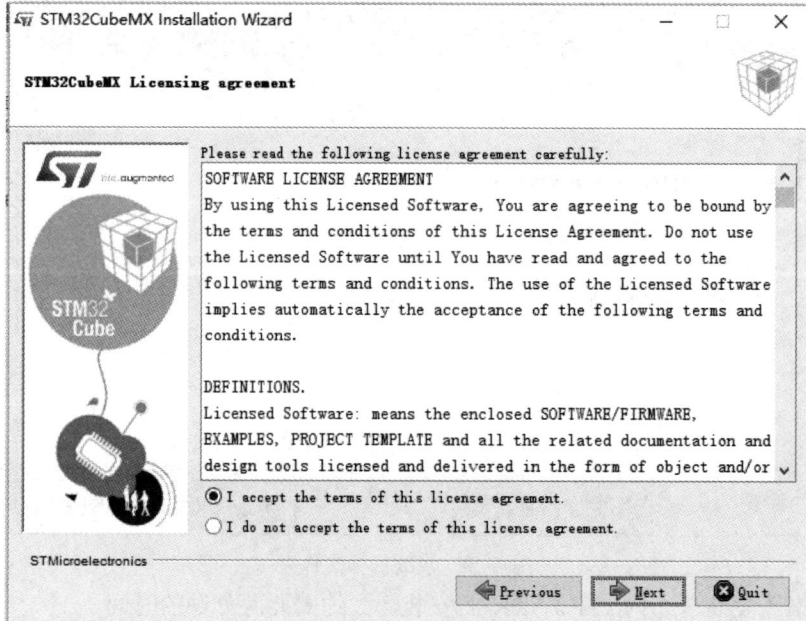

图 4-23　勾选同意选项

(4) 选择对应的安装目录(安装目录中不含中文和空格)，点击"Next"，进行下一步操作，如图 4-24 所示。

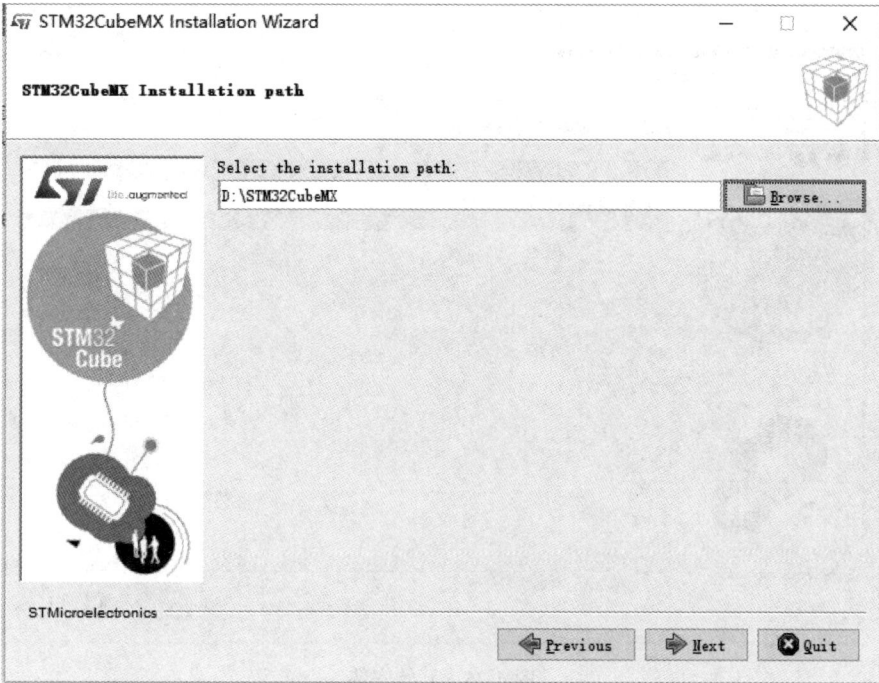

图 4-24　更改安装目录

(5) 这里设置默认选项，直接点击"Next"，进行下一步操作即可，如图 4-25 所示。

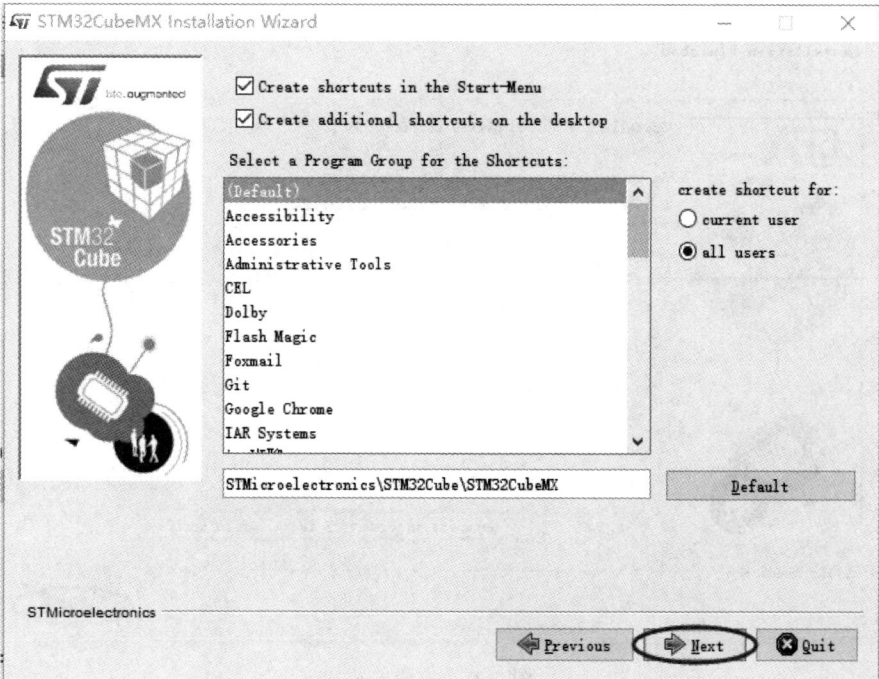

图 4-25　默认配置

(6) 等待安装完成，点击 "Next"，进行下一步操作，如图 4-26 所示。

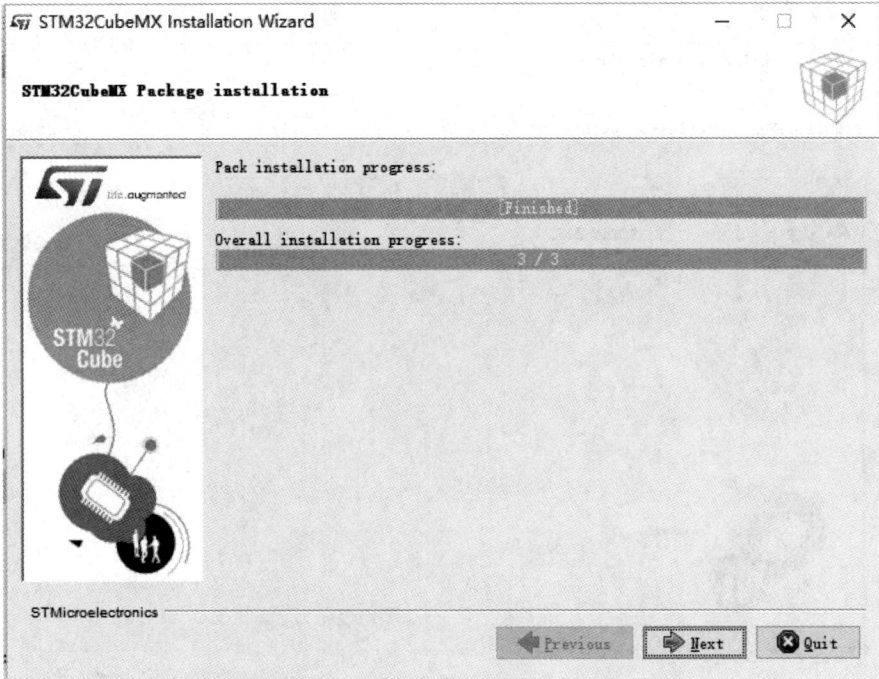

图 4-26 开始安装

(7) 点击 "Done"，完成 STM32CubeMX 的安装工作，如图 4-27 所示。

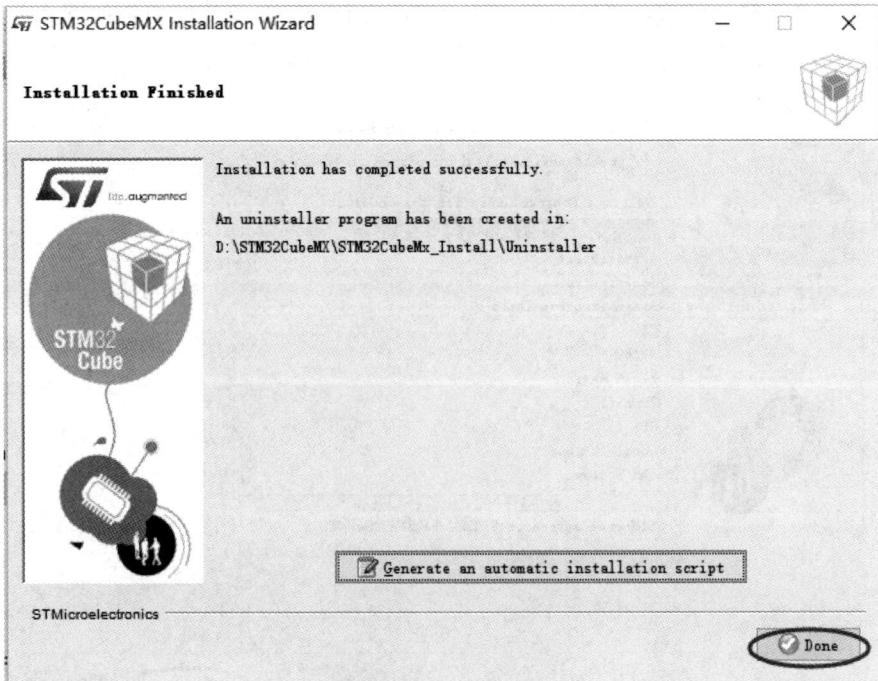

图 4-27 完成安装

至此，STM32CubeMX 软件就安装好了，接下来需要为该图形化软件配置对应的固件库，具体的配置过程如下：

首先，将下载好的固件库放到 STM32CubeMX 软件的安装目录的同级目录中。双击桌面的 STM32CubeMX 的快捷图标，先在工具栏中点击"Help"→"Updater Settings"，然后在 Repository Folder 中选择 STM32CubeMX 软件安装目录的同级目录，点击"OK"，如图 4-28 所示。

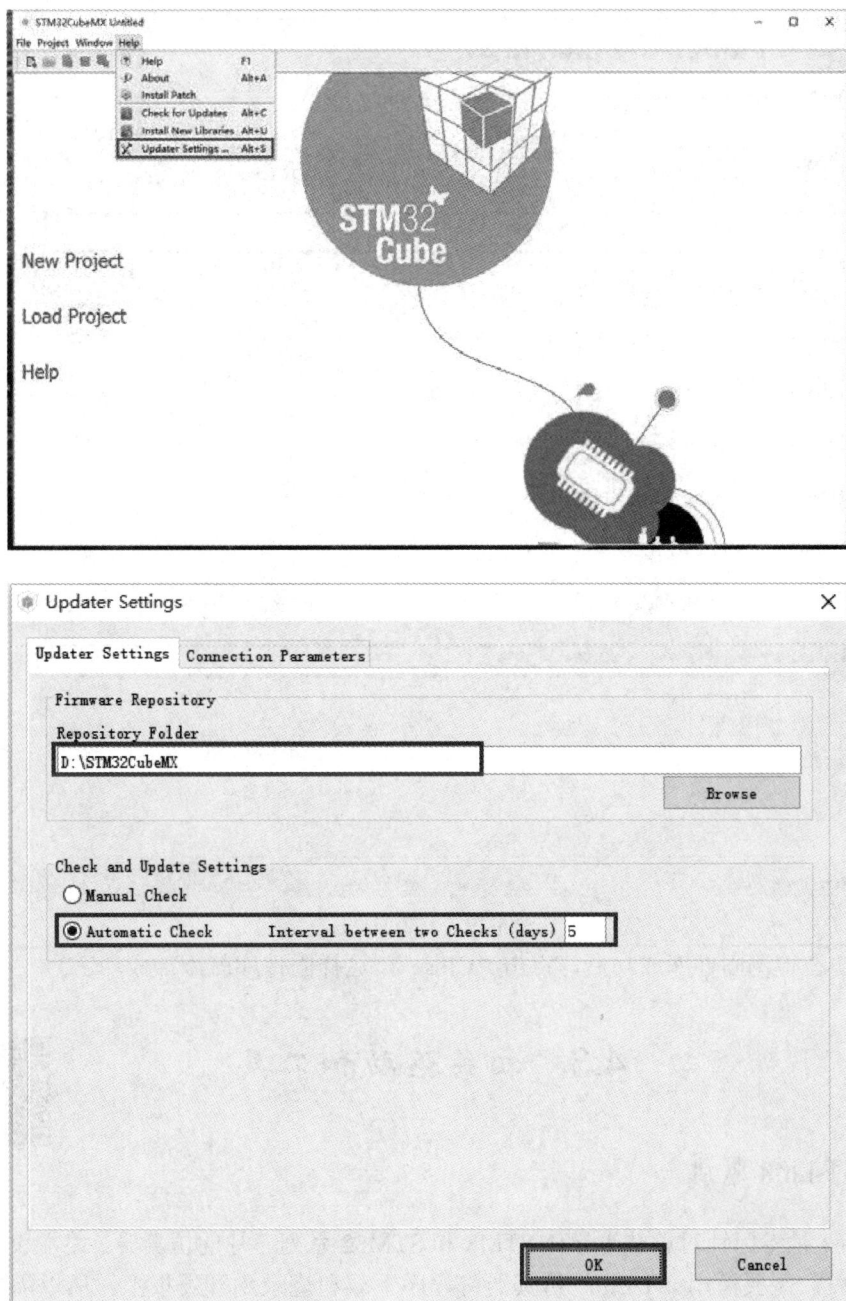

图 4-28　更改固件库目录

然后，点击工具栏"Help"→"Install New Libraries"，开始检测识别我们的固件库，如果没有这个操作的话，在生成工程的时候，它会提示安装对应的固件库，那样又会浪费很多时间，所以这里的操作是很有必要的。如果事先已经把 M4 的固件库(就是前面提到的固件库)复制到 STM32CubeMX 软件安装目录的同级目录中，那么只需点击 Check，等待其检测完毕，出现如图 4-29 现象即可。如果没有拷贝，请先将固件库拷贝到对应的地方再进行此项操作。

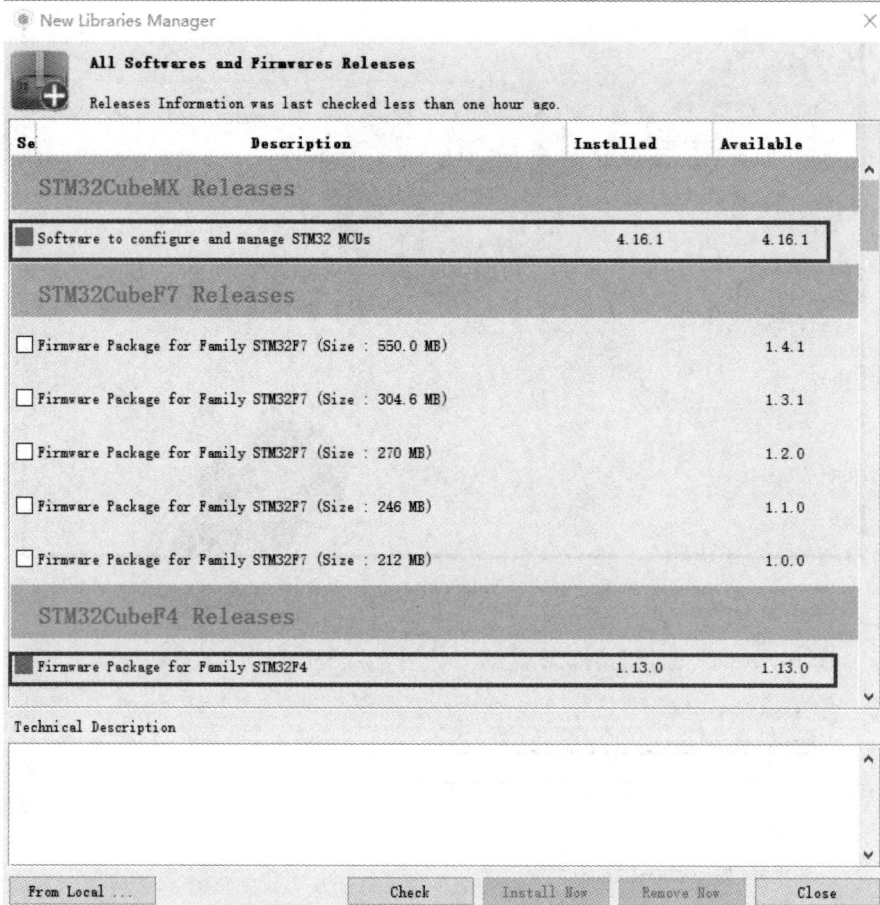

图 4-29　安装固件库

最后，在检测固件库成功后，点击"Close"，这样固件库就添加成功了。

4.3　相关驱动和工具

相关驱动和工具

4.3.1　ST-Link 驱动

ST-Link 是专门针对意法半导体 STM8 和 STM32 系列芯片的仿真器。终端设备程序开发完成之后，需要借用 ST-Link 仿真器将程序下载和烧录到开发板上，所以需要先安装 ST-Link 驱动程序，具体安装步骤如下：

(1) 查看电脑的操作系统，选择与之相匹配的驱动安装文件，如图 4-30 所示。

st-link_v2_usbdriver_for Windows 8			文件夹
st-link_v2_usbdriver_for Windows 7, Vista and XP.zip	10,426,328	10,426,328	WinRAR ZIP 压
st-link_v2_usbdriver_for Windows 8.zip	481,831	481,831	WinRAR ZIP 压

图 4-30　ST-Link 驱动安装程序

(2) 双击相应的安装文件，在弹出的安装向导界面中点击"Next"，如图 4-31 所示。

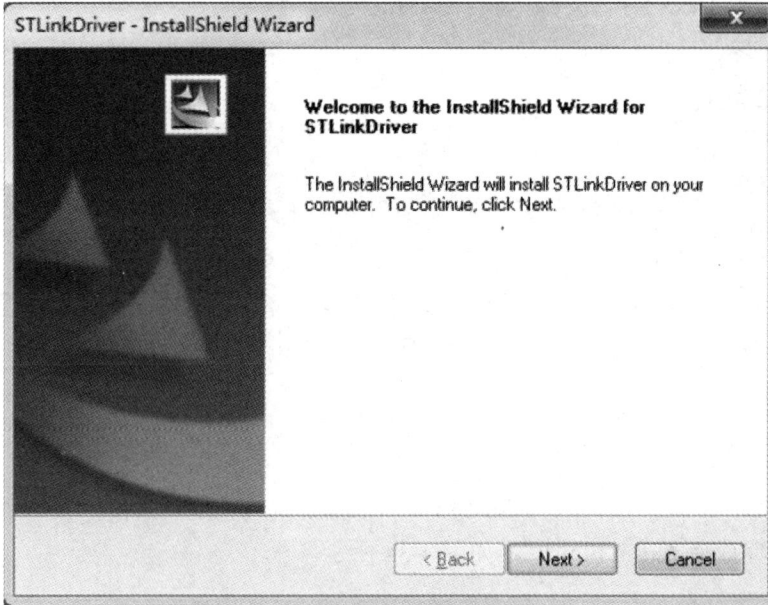

图 4-31　安装向导

(3) 选择安装路径后点击"Next"，如图 4-32 所示。

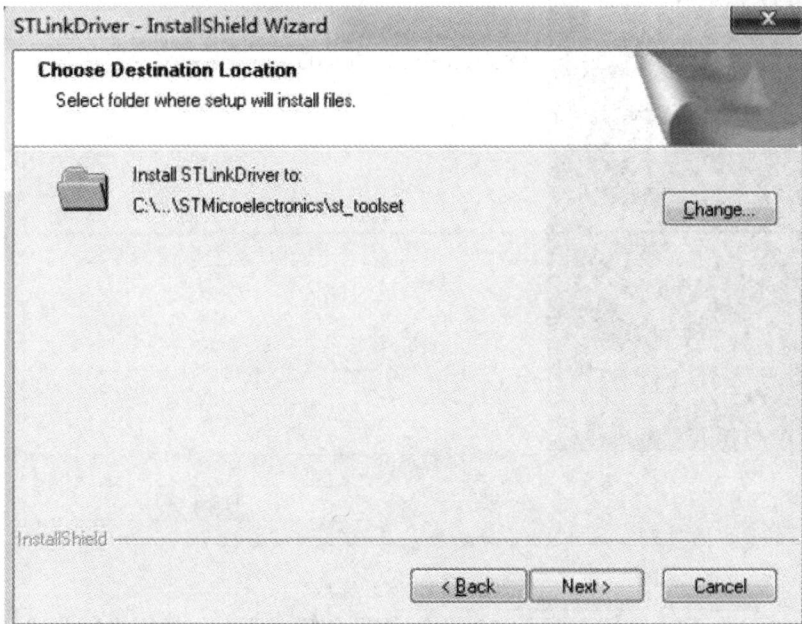

图 4-32　选择安装目录

(4) 等待程序的安装完成，如图 4-33 所示。

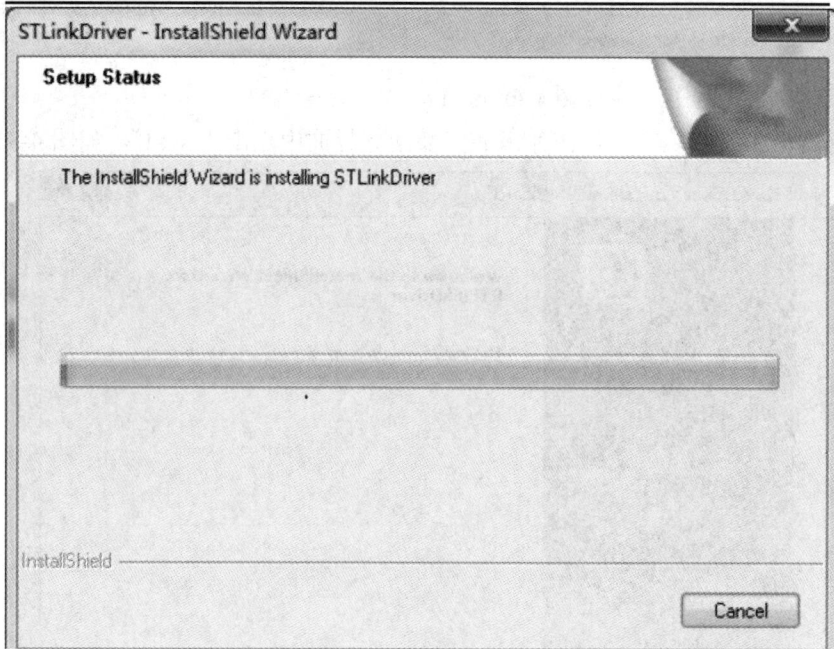

图 4-33　等待安装完成

(5) 安装完成后点击"Finish"，如图 4-34 所示。

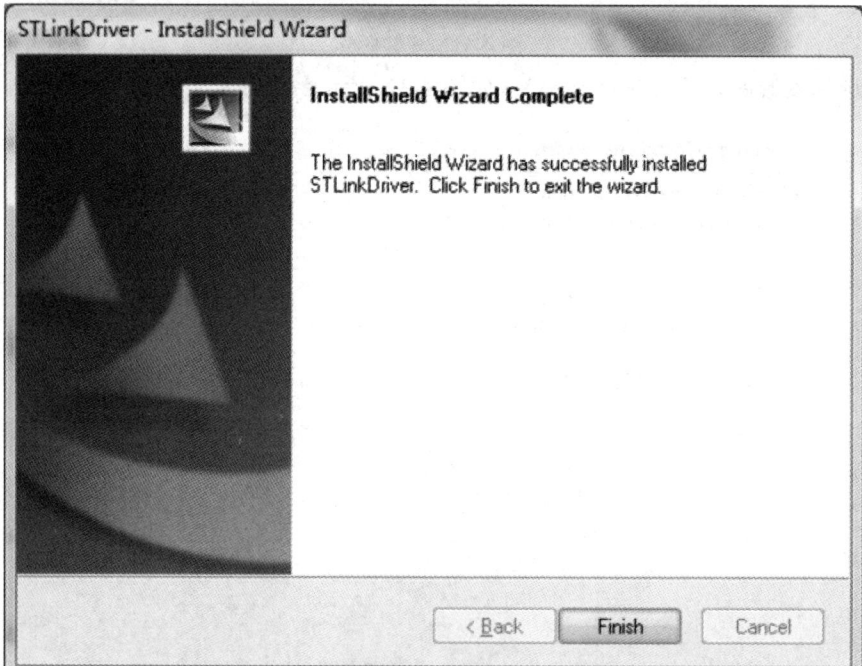

图 4-34　安装完成

(6) 在 ST-Link 与电脑连接时，打开电脑的设备管理器中"常用串行总线管理器"，显示 STMicroelectronics STLink dongle，则表示安装成功，如图 4-35 所示。

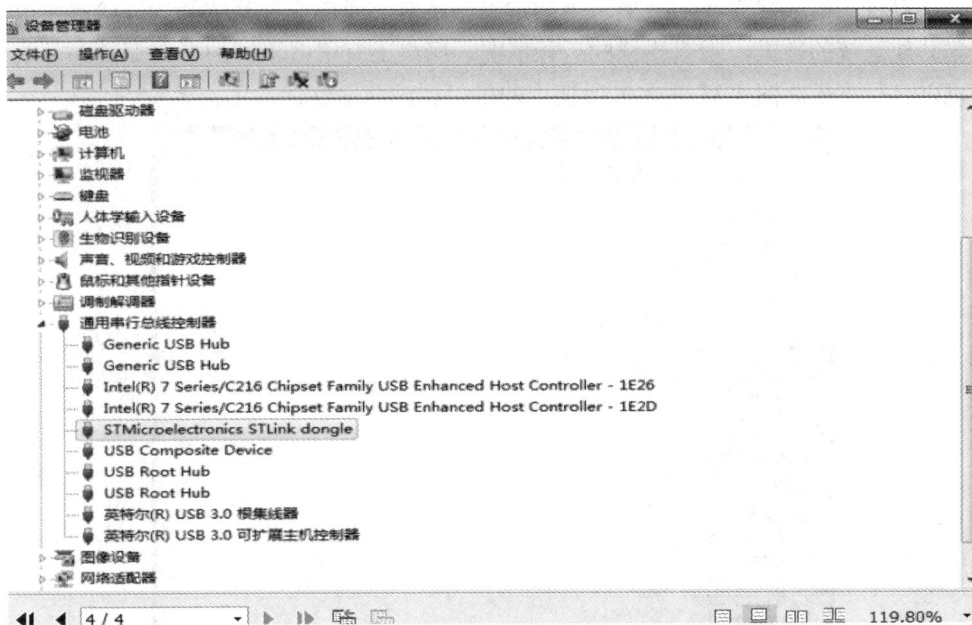

图 4-35　查看驱动安装成功

　　注意：如果正常安装驱动软件后，"常用串行总线管理器"中没有发现 STMicroelectronics STLink dongle，而是在别的项目发现新设备，ST-Link 是不能正常使用的，这与操作系统环境有关。此时可以尝试换一个 USB 口，如果所有的 USB 口都不能使用，则需卸载驱动软件，重新安装，如果还没有解决，请尝试更换电脑，或重装系统。

4.3.2　USB 转串口驱动

　　串口是 STM32 最常用的外设接口之一，也是嵌入式开发中重要的外设接口。许多传感器模块都通过标准的串口为控制器提供数据。在本书选用的 NB-IoT 开发板上，也是通过串口实现 NB-IoT 模组与 STM32 控制器的信息交互和系统状态的打印功能。通过对 STM32 串口功能配置，利用 STM32 接收计算机端上位机下发的数据，再将数据发送至计算机的上位机，显示在计算机屏幕上，实现串口发送与接收的功能。NB-IoT 开发板与计算机的串口连接是通过 USB 连接线通信的，这就需要安装 USB 转串口驱动。安装方法为：直接双击运行"CH341SER.EXE"文件，在弹出的界面中点击"安装"按钮即可，等待串口驱动安装完成，如图 4-36 所示。

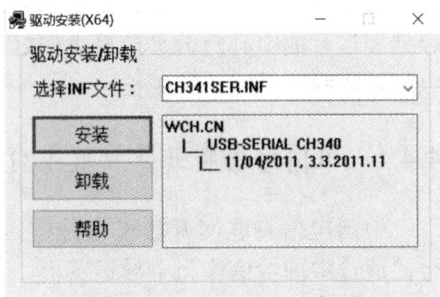

图 4-36　USB 转串口驱动安装

4.3.3　串口调试助手

　　串口调试助手是一款通过计算机串口(包括 USB 口)收发数据并且显示的应用软件，一般用于计算机与嵌入式系统的通信，借助它来调试串口通信或者系统的运行状态。也可用于采集其他系统的数据，观察系统的运行情况。网络上有很多不同的串口调试助手软件，读者可以自行下载。图 4-37 是本书所使用的串口调试助手软件，免安装。

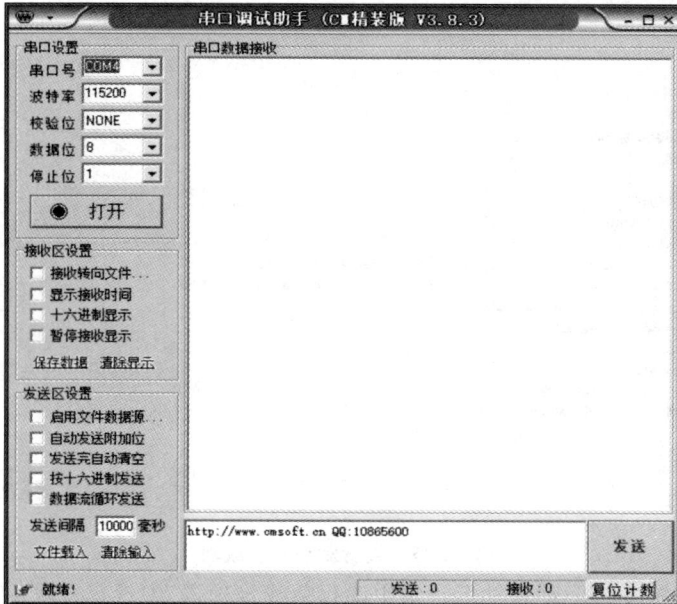

图 4-37　串口调试助手软件

4.4　物联网云平台介绍

物联网云平台介绍

在物联网应用架构中，用移动端或 PC 端和非同一个局域网下的其他硬件设备直接通信，或者不同的硬件设备之间的通信，都需要用位于互联网上的服务器进行中转处理，这类服务器资源就是物联网云端。

云平台为用户提供创建内聚物联网系统所需的基础设施。它们是所有后端流程和数据存储和运行的中心。云平台最大的好处之一是其可扩展性，无论起点有多小，云平台都可以随着物联网系统一起成长。

4.4.1　中国电信物联网开放平台

中国电信物联网开放平台是中国电信针对国际物联网业务所打造的物联网专业化平台，通过中国电信作为主导运营商，联合全球运营商合作伙伴，向企业提供从生产部署到服务变现"全生命周期"的全球物联网连接管理与自服务功能，为全球客户的物联网业务提供有效的支撑保障。图 4-38 为中国电信物联网开放平台服务架构。

中国电信物联网专业平台服务的特点是：构建行业领先的物联网开放平台，为客户提供强大的物联网能力应用服务，重塑客户业务流程，挖掘业务价值，降低运营成本。平台服务的内容有：用户信息查询、业务受理、系统管理、地图定位、后向流量池管理、其他信息查询等。

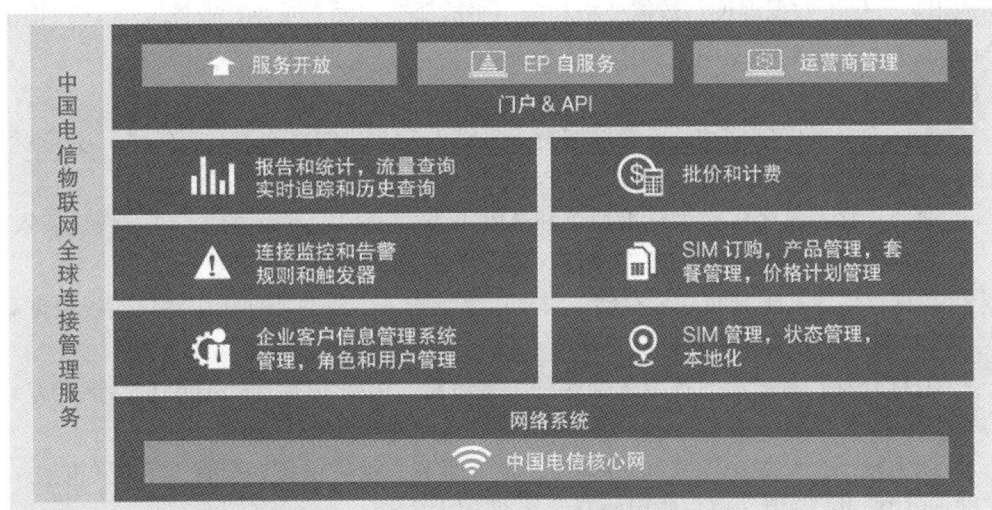

图 4-38　中国电信物联网开放平台服务架构

中国电信为客户提供更为适合物联网使用场景的内容计费模式,具备生命周期(测试期、沉默期、计费期)、定向和非定向、限区域、流量池、前后向组合等多种计费模式。客户可通过中国电信物联网开放平台自主管理业务工作状态、通信状态等,除满足客户自主管理需求,通过中国电信物联网专用平台,可以进一步为客户提供对于运营数据的储存与大数据分析服务。中国电信提供专属账号及 API 接口,涵盖了从物联网业务的开发、产品的生产、物流的分发、业务和产品的使用、长期变现等各个环节的系统对接需求,使得物联网连接管理与物联网服务和产品紧密配合,实现完全的自动化业务流程。中国电信为不同客户的使用需求及业务场景提供定制化的物联网卡产品,从消费级插拔卡、贴片卡到工业级插拔卡、贴片卡,更能结合客户具体业务需求提供电子卡或 eSIM 等物联网卡产品。

4.4.2　中国移动 OneNET 平台

OneNET 是由中国移动打造的 PaaS 物联网开放平台。平台能够帮助开发者轻松实现设备与设备连接,快速完成产品开发部署,为智能硬件、智能家居产品提供完善的物联网解决方案。OneNET 平台作为连接数据的中心,能适应各种传感网络和通信网络,并将面向智能家居、可穿戴设备、车联网、移动健康、智能创客等多个领域开放。OneNET 致力于开发者的体验,逐步提升云服务体量,着手用户运营,深化运维管理和云端大数据分析,协同产业上下游,长期发展以"大连接、云平台、轻应用、大数据"为架构的平台级服务,打造用户导向的物联网生态环境。作为"云管端"核心布局的 OneNET 秉承中国移动的发展理念。

OneNet 平台支持各类传感网络和通信网络,通过支持多种协议解决智能硬件产品设备接入、消息路由等连接类刚性需求,还可以对智能硬件的网络状态、终端状态、流量情况、位置信息进行全面的管理和监控。OneNet 平台在提供设备连接服务和数据中心服务的基础上进行开放合作,面向智能硬件创客和创业企业推出硬件社区服务,面向中小企业客户物联网应用需求提供数据展现、数据分析和应用生成服务，面向重点行业领域/大客户推出行业 PaaS 服务和提供行业应用定制化开发服务。

OneNET 八大功能：

· 专网专号：中国移动基于物联网特点打造的专业化网络通道，提供"云-管-端"一体化的智能管道和支撑系统，支持工业级、车规级的专网卡和通信模组。

· 海量连接：基于多类型标准协议和 API 开发，满足海量设备的高并发快速接入。

· 在线监控：实现终端设备的监控管理、在线调试、实时控制功能。

· 数据存储：基于分布式云存储、消息对象结构、丰富的数据调用接口实现数据高并发读、写库操作，有效保障数据的安全。

· 消息分发：将采集的各类数据通过消息转发、短/彩信推送、App 信息推送方式快速告知业务平台、手机用户、App 客户端，建立双向通信的有效通道。

· 能力输出：汇聚中国移动短/彩信、位置服务、视频服务、公有云等核心能力，提供标准 API 接口，缩短终端与应用的开发周期。

· 事件告警：打造事件触发引擎，用户可以基于引擎快速实现应用逻辑编排。

· 数据分析：基于 Hadoop 等提供统一的数据管理与分析能力。

OneNET 物联网专网已经应用于环境监控、远程抄表、智慧农业、智能家电、智能硬件、节能减排、车联网、工业控制、物流跟踪等多种商业领域。物联网开放平台 OneNET 通过打造接入平台、能力平台、大数据平台能力，满足物联网领域设备连接、协议适配、数据存储、数据安全、大数据分析等平台级服务需求。

4.4.3　阿里云物联网平台

阿里云物联网平台为设备提供安全可靠的连接通信能力，向下连接海量设备，支撑设备数据采集上云；向上提供云端 API，服务端通过调用云端 API 将指令下发至设备端，实现远程控制。物联网平台也提供了其他增值能力，如设备管理、规则引擎等，为各类 IoT 场景和行业开发者赋能。

设备连接物联网平台，与物联网平台进行数据通信。物联网平台可将设备数据流转到其他阿里云产品中进行存储和处理，如图 4-39 所示。

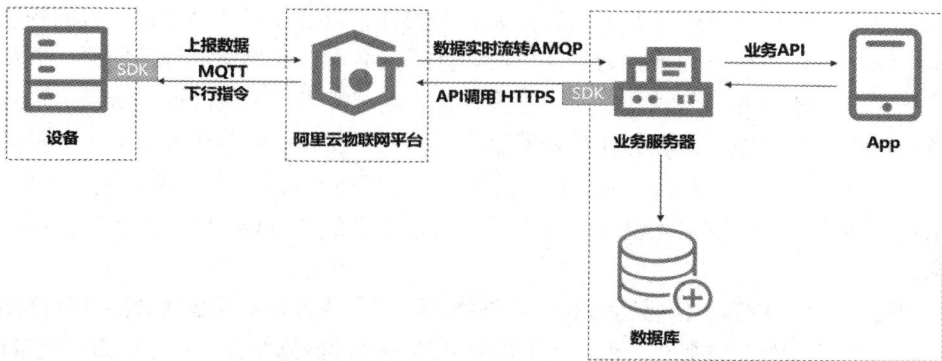

图 4-39　阿里云物联网平台数据流

物联网平台主要具备设备接入、设备管理、规则引擎等能力，为各类 IoT 场景和行业开发者赋能。平台还提供 IoT SDK，设备集成 SDK 后，即可安全接入物联网平台，使用设备管理、数据流转等功能。

4.4.4　华为物联网云平台

华为物联网云平台是华为公司基于物联网、云计算和大数据等技术打造的开放生态环境。华为物联网云平台围绕着华为 IoT 连接管理平台，提供了 170 多种开放 API 和系列化 Agent，帮助伙伴加速应用上线，简化终端接入，保障网络连接，实现与上下游伙伴产品的无缝连接，同时提供面向合作伙伴的一站式服务，包括各类技术支持、营销支持和商业合作。

华为物联网云平台主要功能包括连接管理、设备管理、应用使能三个方面，在端侧基于 LiteOS 操作系统构建其生态伙伴，并且无缝集成其在通信层的 NB-IoT 生态系统，从而形成其完整的"1+2+1"物联网战略：

1：即 1 个开源物联网操作系统 Huawei LiteOS，实现在云管端全面布局。

2：即 2 种连接方式，包括有线和无线连接，如 NB-IOT/5G 和敏捷物联网络(物联网关、智慧家庭网关)等方式。

1：即 1 个统一开放的物联网平台，包含数据管理、设备管理和运营管理。

基于华为物联网云平台立足物联网 PaaS 平台的几大难题，如物联网集成与开发挑战、产业生态构建挑战、安全与数据隐私挑战、端到端全面运维挑战等，从而提出连接来承上启下，实现四大能力强化：快速便捷的设备集成能力、灵活敏捷的应用使能能力、安全可靠的连接管理能力、高效精细的端到端运维能力。图 4-40 是华为物联网云平台功能架构。

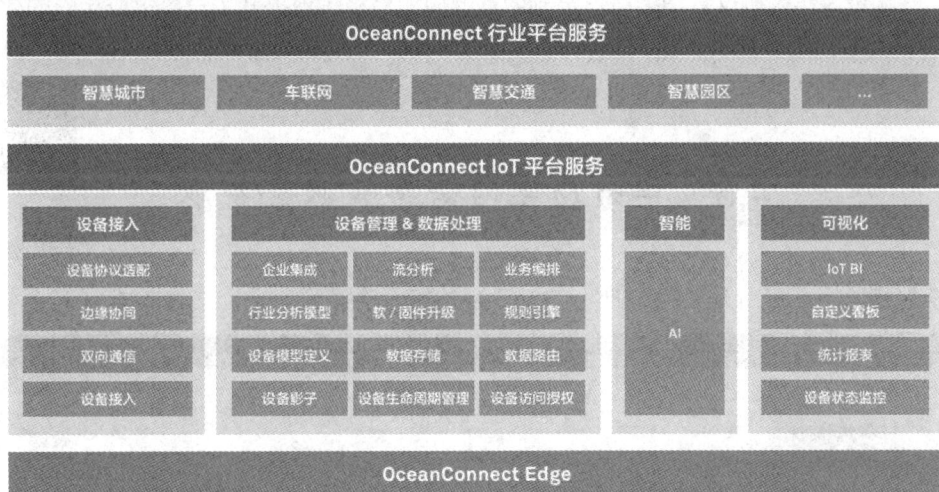

图 4-40　华为物联网云平台功能架构

华为物联网云平台的特点：

(1) 应用预集成的解决方案与生态链构建：以基于云化的 IoT 连接管理平台为核心，同时支持公有云和私有云部署，面向企业/行业、家庭/个人领域提供一系列的预集成应用，包括智慧家庭、车联网、公共事业、油气能源等；华为立足于构建一个与合作伙伴共赢的生态链，越来越多的应用正在加入华为物联网平台，共同构建一个智能的全连接世界，创造更大的商业价值。

(2) 接入无关(任意设备、任意网络、多协议适配)：支持无线、有线等多种网络连接方式接入，可以同时接入固定、移动(2G/3G/4G/NB IoT)网络；丰富的协议适配能力，支持海量多样化终端设备接入；Agent 方案简化了各类终端厂家的开发，屏蔽各种复杂设备接口，实现终端设备的快速接入；同时华为可以提供预集成 Agent 的室内外物联网敏捷网关，真正做到给客户提供端到端的物联网基础平台，让客户聚焦于自身的业务；华为平台帮助客户实现了应用与终端的解耦合，帮助客户不再受限于私有协议对接，获得灵活地分批建设系统的自由。

(3) 强大的开放与集成能力：网络 API、安全 API、数据 API 三大类 API，帮助行业集成商和开发者实现强大的连接安全，数据的按需获取和个性化的用户体验；华为 IoT 连接管理平台的集成框架安全、可靠，可以实现与现网网元、IT 系统的快速集成；华为的生态构建支持，可以给各位应用厂商提供零成本的云调试对接环境，快速体验华为 API 并完成新产品的集成。

(4) 大数据分析与实时智能：实现了云端平台、边缘网关、智能终端的分层智能与控制，提供规则引擎等智能分析工具。

(5) 支持全球主流 IoT 标准：华为 IoT 连接管理平台支持全球主流 IoT 标准协议及功能实现，包括权威平台规范 oneM2M、ETSI 等。在家庭网络领域，遵循了 ZWave/ZigBee/Bluetooth/Allseen/Thread 等标准，同时华为推出了 Hi-Link 家庭网络标准。在车联网领域，遵循了 JT/T 808 等标准规范。

华为 IoT 云服务支持终端设备直接接入物联网平台，也可以通过工业网关或者家庭网关接入。工业网关、家庭网关或智能设备可以通过内嵌 Agent 的 SDK 将设备接入物联网平台，解决了终端设备接入协议复杂多样、定制困难的问题，极大地提升了设备集成接入的效率。

华为 IoT 云服务提供丰富的设备管理能力，用户可以通过管理门户或者调用 API 的方式，对设备进行管理。

4.5　华为物联网云平台账号获取

华为物联网云平台账号获取

华为物联网云平台是华为云推出的 IoT 设备接入连接管理平台，如图 4-41 所示。

图 4-41　IoT 设备接入连接管理平台

IoT 设备接入连接管理平台通过开放的 API 和系列 Agent 实现与上下游产品的无缝连接，给客户提供端到端的高价值行业应用。华为物联网云平台开发账号的获取方法如下：

(1) 创建华为云账号。

打开华为云官方网站 https://www.huaweicloud.com/，点击右上角的"注册"按钮，进行华为云账号的注册，如图 4-42 所示。

图 4-42　华为官方网站

填写相关注册信息，如图 4-43 所示。

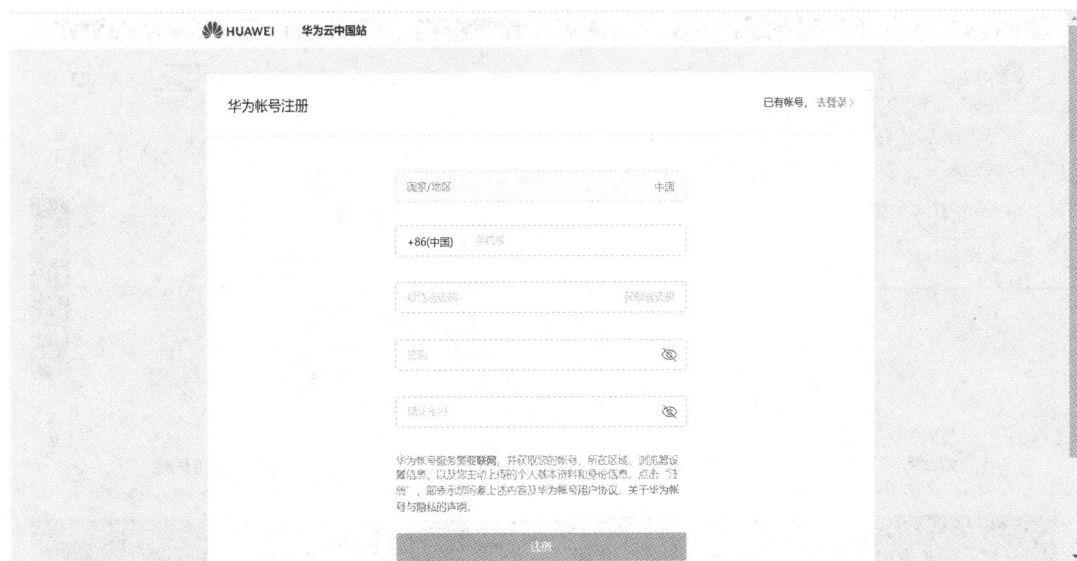

图 4-43　注册信息填写界面

(2) 进行实名认证。

注册完成之后，登录账号。然后将鼠标放置在账号名称上，在下列菜单里面点击"账号信息"链接，如图 4-44 所示。进入后点击左侧"实名认证"，选择"个人账号"，根据提示进行实名认证。

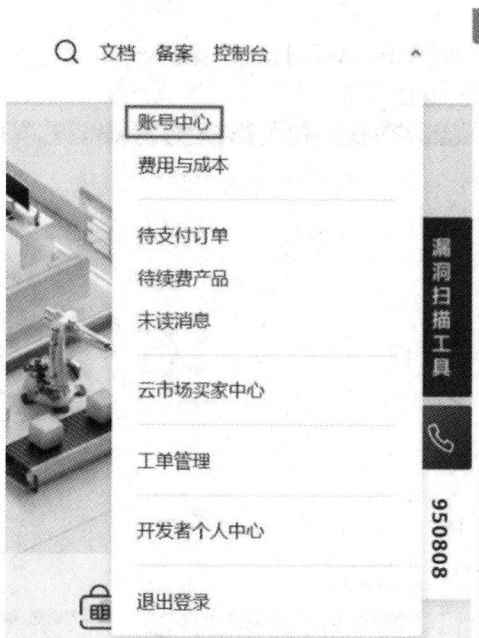

图 4-44　实名认证

(3) 进入华为物联网云平台。

实名认证完成之后，点击"控制台"菜单，如图 4-45 所示。

图 4-45　控制台

在服务列表里面搜索"物联网"，选择 IoT 物联网分类下面的"设备接入 IoTDA"，进入华为物联网云平台，如图 4-46 所示。

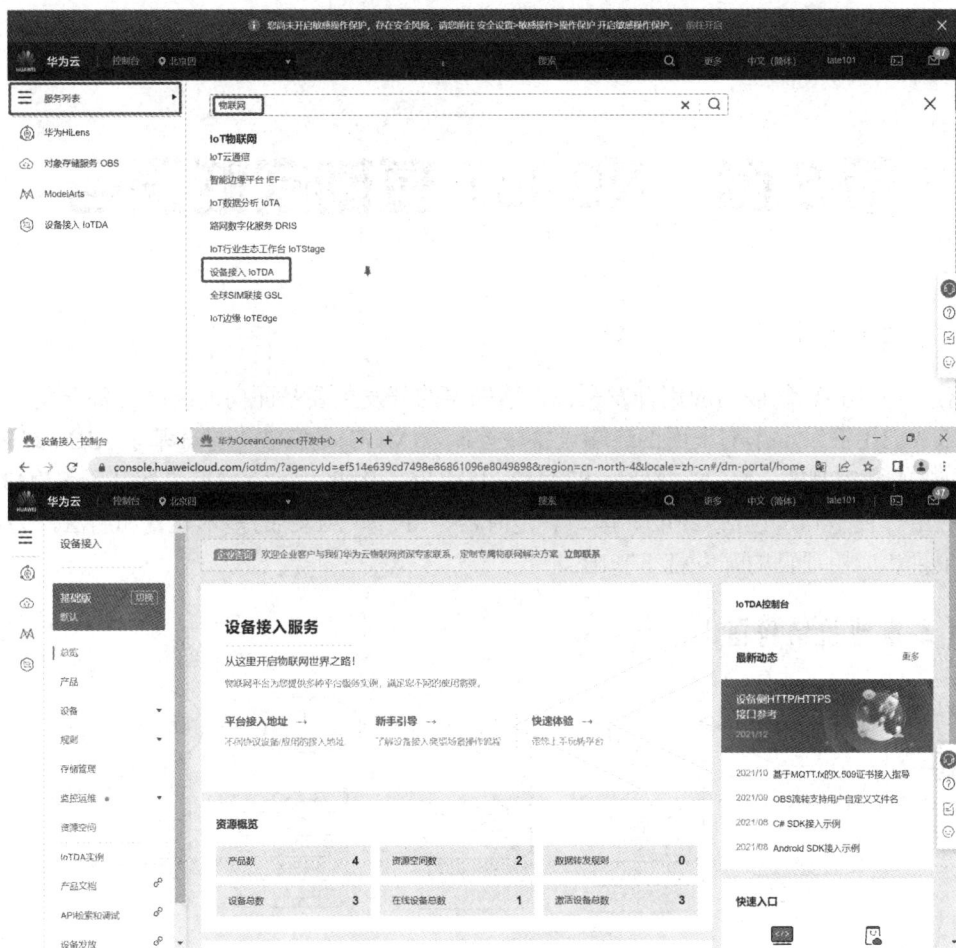

图 4-46　进入华为物联网云平台

习　　题

1. NB-IoT 物联网应用开发环境搭建涉及的软件和工具有哪些?
2. 完成 NB-IoT 物联网应用开发环境的搭建。
3. 简述常见的物联网云平台。
4. 完成华为物联网云平台账号的创建。

第5章　NB-IoT基础实践项目

◆ **【本章导览】**

对于 NB-IoT 物联网应用开发来说，感知层的开发主要是面向的终端设备开发，也就是嵌入式应用开发。本书采用的终端设备微控制器(MCU)是意法半导体基于 ARM Contex-M0 内核的微控制器，MCU 型号为 STM32F051K86。因此，本章主要讲解基于 STM32 嵌入式应用开发基础，包括 GPIO、串口、定时器、SPI 和 ADC 的基本配置和用法，为后续进阶项目和应用项目的开发打下基础。

◆ **【本章知识结构图】**

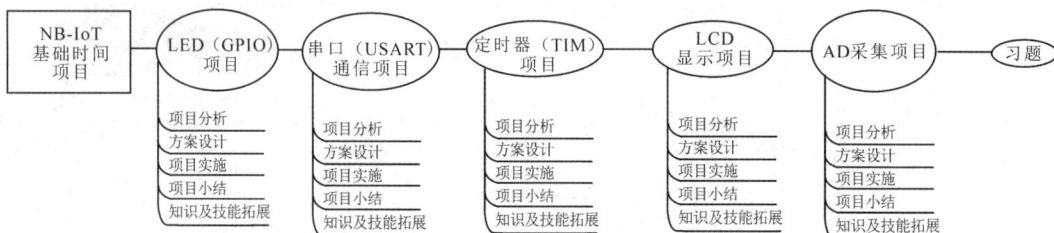

◆ **【学习目标】**

通过本章内容的学习，学生应该：

(1) 掌握 STM32 嵌入式应用开发方法。

(2) 掌握 GPIO 配置方法，会通过 GPIO 进行 LED 控制。

(3) 掌握串口配置和使用方法。

(4) 掌握定时器配置和使用方法。

(5) 掌握 SPI 配置和使用方法，会利用 SPI 接口进行 LCD 显示。

(6) 掌握 ADC 配置和使用方法，会利用 ADC 接口进行电压采集。

5.1　LED(GPIO)项目

LED(GPIO)项目

GPIO 口是 STM32 系列 MCU 的一个通用模块，几乎所有的 STM32 项目开发都要使用到该模块。通过 GPIO 口的操作可以实现对控制型传感器(如风扇、继电器)的控制，也可以检测引脚型传感器(如触摸传感器)的状态。

5.1.1　项目分析

LED(发光二极管)常用作设备的状态指示灯,STM32F051K8 微控制器通过 GPIO 端口输出控制信号,可控制 LED 的亮灭状态。NB-IoT 实验箱中的人体红外传感器、触摸按键、风扇传感器、蜂鸣器、光电开关传感器、继电器、霍尔传感器都是通过 GPIO 端口进行控制或检测的。

1. STM32F051K8 微控制器的 GPIO 概述

GPIO(General Purpose Input &Output)即通用输入/输出端口,是微控制器中最常见同时也是最常用的外设,微控制器通过 GPIO 引脚与外部设备(例如 LED)相连来实现相应的控制或检测。STM32F051 系列微控制器最多拥有 55 个 GPIO 引脚,NB-IoT 实验箱中采用的 STM32F051K8 微控制器拥有 27 个 GPIO 引脚,分成 A、B、F 三组,A 组即 GPIOA 端口,包含 16 个引脚(PA0～PA15),B 组即 GPIOB 端口,包含 9 个引脚(PB0～PB8),F 组即 GPIOF 端口,包含 2 个引脚(PF0～PF1)。

2. GPIO 端口的工作模式

GPIO 端口的每个位可以由软件分别配置成以下 8 种模式。

(1) 浮空输入(Input Floating):IO 的电平状态是不确定的,完全由外部输入决定。在该引脚悬空的情况下读取的该端口的电平是不确定的。由于输入阻抗比较大,由此这种输入模式用于标准的通信协议(如 I^2C、USART)的接收端。

(2) 上拉输入(Input Pull-Up):IO 内部上拉电阻输入,外部无输入时保持高电平 1。这种模式常用于按键输入,上拉电阻可以保证无按键时微控制器能读到的是 1,有按键时读到的是 0。

(3) 下拉输入(Input Pull-Down):IO 内部下拉电阻输入,外部无输入时保持低电平 0。常用于按键输入,下拉电阻可以保证无按键时微控制器能读到的是 0,有按键时读到的是 1。无论上拉输入还是下拉输入,这两种模式都能保证在按键按下后微控制器能检测到一个明确的电平变化。

(4) 模拟输入(Analog):IO 口用作 ADC 采样时,作为模拟信号输入端,如电压直接输入。

(5) 开漏输出(Output Open-Drain with Pull-Up or Pull-Down Capability):只可以输出强低电平,当输出高电平时,IO 口为高阻态,需要依靠外接上拉电阻拉高,才能输出高电平。上拉电阻的阻值决定了逻辑电平转换速度,阻值越大,速度越低,功耗越小。这种模式适合于进行电流型驱动,其吸收电流的能力相对强(一般在 20 mA 以内),通常用于输出电平转换。

(6) 推挽输出(Output Push-Pull with Pull-Up or Pull-Down Capability):可以输出低电平为 0 V,高电平为 3.3 V,具有较强的负载能力和开关速度,常用于连接数字器件,如 LED、蜂鸣器的直接驱动。

(7) 复用推挽输出(Alternate Function Push-Pull with Pull-Up or Pull-Down Capability):和普通推挽输出模式的功能基本一致,只是 IO 口被片上外设占用,由片上外设控制,如串行数据发送。

(8) 复用开漏输出(Alternate Function Open-Drain with Pull-Up or Pull-Down Capability):和普通开漏输出模式的功能基本一致,只是 IO 口被片上外设占用,由片上外设控制,如 I^2C、

SMBUS 总线发送。

3. GPIO 端口的输出速度

I/O 口输出模式下有三种输出速度可选(2 MHz、10 MHz、50 MHz)，芯片内部在 I/O 口的输出部分设计了多个响应速度不同的输出驱动电路，用户可以通过选择速度来选择合适的驱动电路，达到最佳的噪声控制和降低功耗的目的。例如后面章节中将学习的串口，当选择波特率 115 200 b/s 时选择 2MHz 就足够了，既省电同时噪声也小。

4. LED 电路原理分析

LED 电路原理如图 5-1 所示。三个 LED 发光二极管的阳极(正极)通过 470 Ω 限流电阻连接到了高电平直流电源 3.3 V，阴极(负极)与 PB 口的 PB0、PB1 和 PB2 连接。发光二极管加正向电压时导通发光，反之不发光。因此，必须在 PB0~PB2 输出低电平，LED 灯才能点亮，当 PB0~PB2 输出高电平时，LED 不发光，我们可以通过编程控制 PB0~PB2 的输出值(0 或 1)来控制 LED 的亮灭状态。

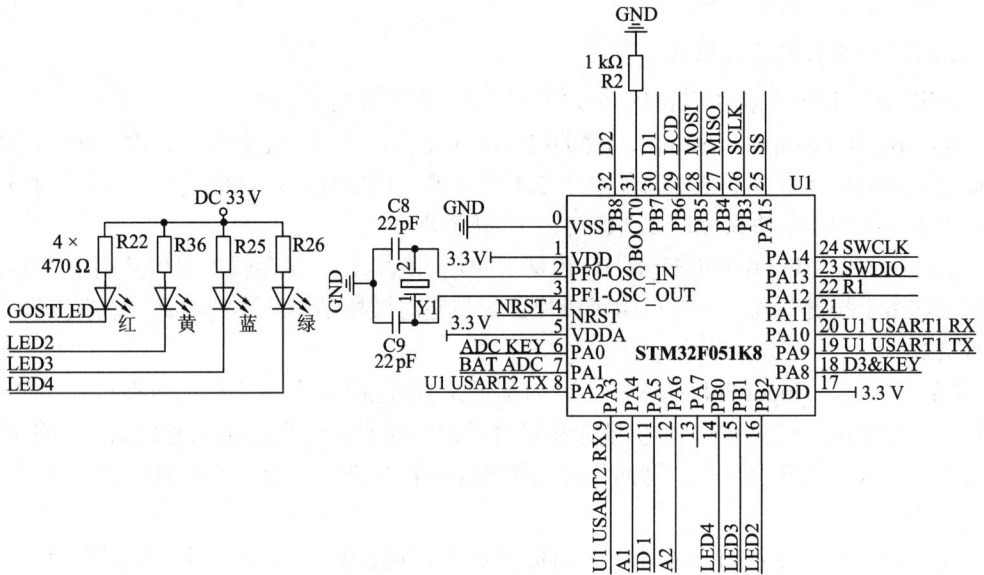

图 5-1　LED 电路原理

5.1.2　方案设计

项目功能：通过 GPIO 端口中的 PB 口控制三盏 LED 灯闪烁，闪烁要求亮 1 s，灭 1 s。闪烁实现流程如下：

(1) PB1-PB2 引脚输出低电平，LED 点亮。

(2) 延时 1 s。

(3) PB1-PB2 引脚输出高电平，LED 熄灭。

(4) 延时 1 s。

(5) 跳至第一步循环执行，如此就可以实现 LED 闪烁。

延时 1 秒的函数可以调用 HAL 库函数 HA_Delay(1000)来实现。

但是，为了让 STM32F051K8 微控制器的 PB 口工作必须进行相应的配置，我们称之为模块的初始化，设置 PB1、PB2 引脚的高低电平可以通过调用 STM32 的库函数完成。采用库函数操作 IO 口的基本步骤如下：

(1) 使能 IO 口时钟。不同的 IO 组，调用的时钟使能函数不一样。

(2) 初始化 IO 口模式。调用函数 GPIO_Init()。

(3) 操作 IO 口，输出高低电平。

尽管库函数的设计符合 CMSIS 标准(ARM Cortex 微控制器接口标准)，但是使用者仍然需要花大量时间熟悉库函数的结构、函数的调用规则、参数的定义规则等。为了方便初学者的使用，微控制器厂商意法半导(STMicroelectronics，ST)针对 STM32 微控制器推出一个免费的功能强大的软件平台 STM32Cube。该平台包括 STM32CubeMX 图形界面配置器、初始化 C 代码生成器和各种类型的嵌入式软件。配置初始化工具能够一步一步地引导用户完成微控制器配置，大大简化了客户的开发项目，缩短了项目研发周期，并进一步强化 STM32 微控制器在电子设计人员心目中解决创新难题中的地位。

STM32Cube 是一个全面的软件平台，包括了 ST 产品的每个系列(如 STM32CubeF1 针对 STM32F1 系列)。平台包括了 STM32Cube 硬件抽象层和一套中间件组件(RTOS、USB、FS、TCP/IP、Graphics 等)，C 代码生成器涵盖 STM32 初始化部分，兼容 IAR、KEIL 和 GCC 等各种编译器。本章所有的项目都采用 STM32Cube 软件平台来完成。

5.1.3　项目实施

本项目首先使用 STM32CubeMX 软件以图形化的方式对 STM32F0 芯片进行配置，然后由 STM32CubeMX 软件生成包含初始化代码的项目文件；然后使用 MDK-Keil 5 软件根据 5.1.2 中的项目功能修改源代码，并且编译生成可执行文件；最后使用 ST-Link 仿真器下载并运行项目，观察项目运行效果。

(1) 进入 STM32CubeMX，新建 LED 工程，配置 STM32F0 芯片，自动生成代码。

① 打开 STM32CubeMX 软件，其界面如图 5-2 所示。

图 5-2　打开 STM32CubeMX 软件界面

② 新建工程。

点击图 5-3 中的 NEW Project，出现图 5-3 新建项目配置界面，在此界面中选择项目使用的芯片所属系列参数，将 Series 下拉列表设为 STM32F0，Lines 下拉列表设为 STM32F0x1，Package 下拉列表设为 UFQFPN32，点击 MCUs List:5 Items 下方表格的最后一行，选择项目中采用的具体芯片 STM32F051K8Ux。设置完成，点击界面下方的 OK 按钮，弹出项目主界面，如图 5-4 所示。

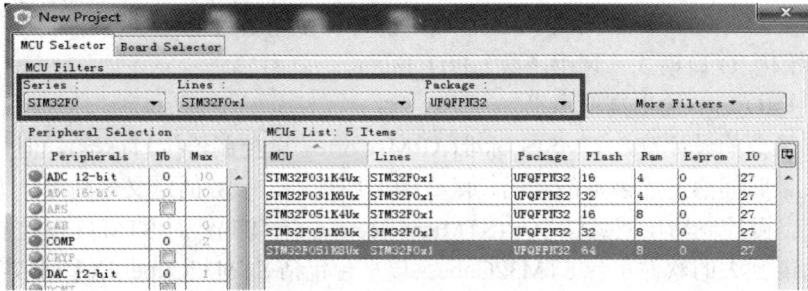

图 5-3 新建项目配置界面

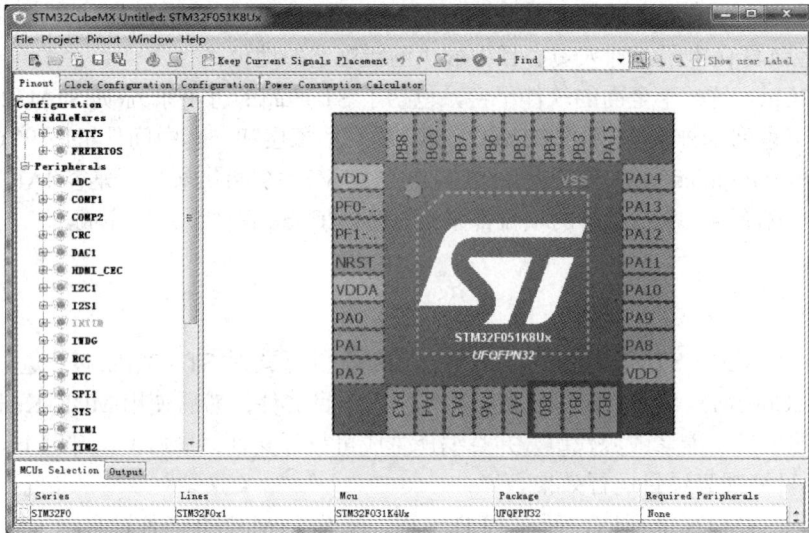

图 5-4 项目主界面

③ 配置使用 GPIO 口引脚的工作模式。

在图 5-4 界面中芯片图片下方引脚中找到实验中将用于控制 LED 闪烁的 PB0～PB2 引脚，分别单击 PB0、PB1、PB2，选择出现列表中的 GPIO_OUTPUT 选项，如图 5-5 所示，将它们设置为输出模式。

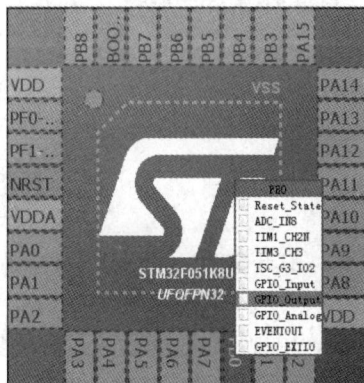

图 5-5 引脚模式选择

④ 自动生成初始化代码。

点击 Project 菜单，Generate Code 选项，或者单击工具栏上 🔧 按钮，出现软件工程设置界面，如图 5-6 所示。在此界面的 Project 页中输入项目名称 LED，项目代码存放的路径(必须为全英文路径)，项目代码所使用编译器的类型 MDK-ARM V5，芯片型号STM32F051K8Ux，软件固件库的版本 STM32Cube FW_F0 V1.7.0。设置完此界面中的 Project页后，点击 Code Generater 页，选中 Generated files 中的第一项，如图 5-7 所示。此选项在工程生成源代码的时候，会将每个外围设备生成对应的.c/.h 文件，便于维护，勾选完这个选项后，点击"Ok"按钮，系统自动生成源代码工程。

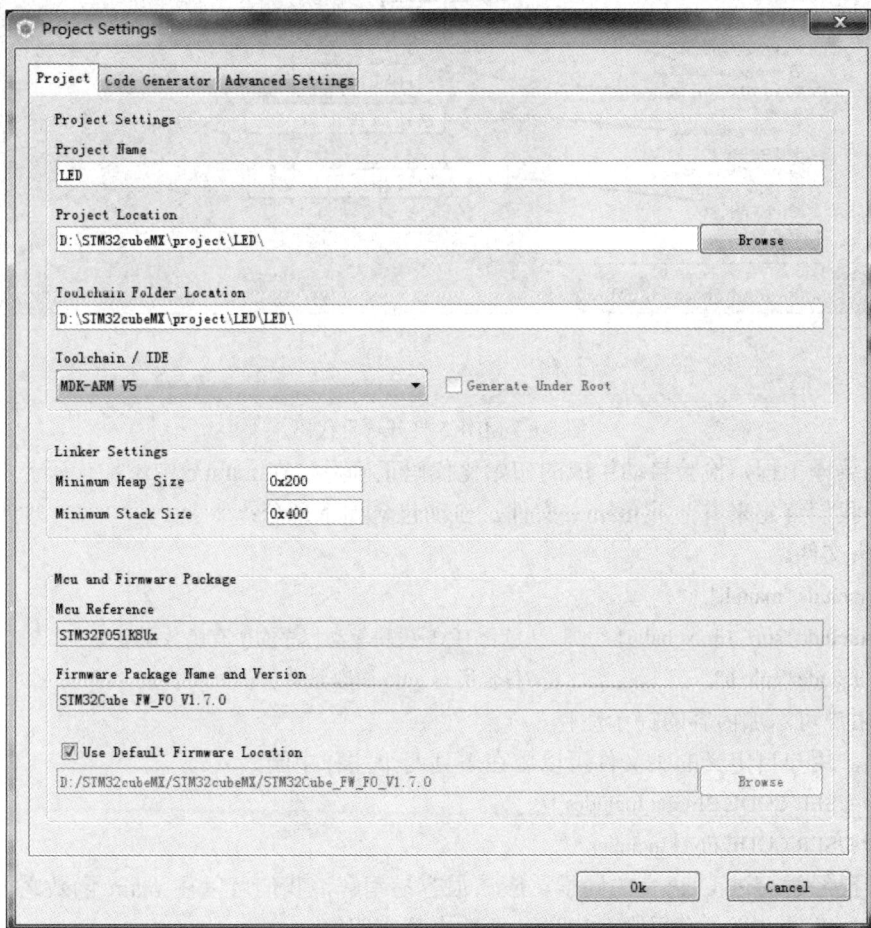

图 5-6　软件工程设置界面

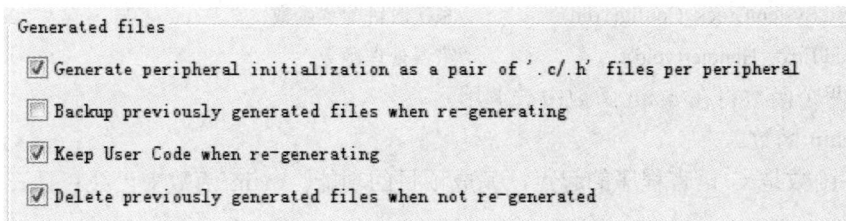

图 5-7　Generated files 选项

(2) 使用 MDK-Keil 5 打开 LED 工程，按照项目要求修改源代码，并且编译生成可执行文件。

代码生成结束，跳出询问对话框，可以选择打开项目所在文件夹或者使用 MDK5 打开项目代码。我们选择打开项目，MDK5 启动打开自动生成的项目代码，如图 5-8 所示。我们通过修改代码来完成实验要求。

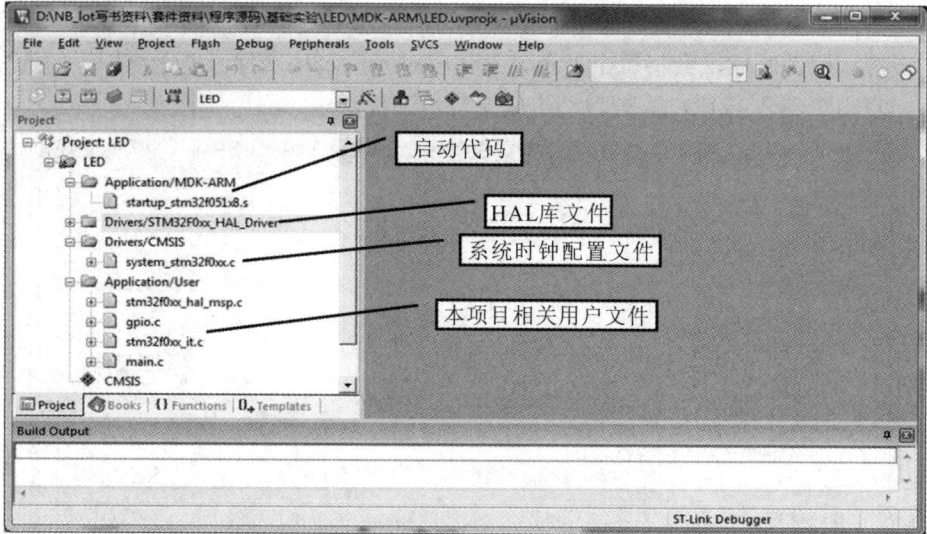

图 5-8　MDK5 打开项目代码

首先编译工程，检验自动生成的初始化代码正确后，在 main.c 中添加代码。在添加代码之前，我们首先来看一下 main.c 文件，自动包含如下部分：

① 头文件。

```
#include "main.h"
#include "stm32f0xx_hal.h"          //包含 HAL 模块驱动程序的所有函数原型
#include "gpio.h"                    //包含所有 gpio 函数原型
```

② 用户可添加内容的提示注释。

例如，用户自定义的头文件可以放在下列两个注释中间。

```
/* USER CODE BEGIN Includes */
/* USER CODE END Includes */
```

对于已经学习过 C 语言的同学，应该很容易理解，我们可以在 main 函数之前添加头文件、全局变量定义、全局常量定义、函数原型声明等。

③ 系统自动生成的两个函数原型的声明。

```
void SystemClock_Config(void);       //系统时钟配置函数
void Error_Handler(void);            //错误处理函数
```

上述两个函数将在 main 函数中被调用。

④ main 函数。

main 函数是 C 语言程序的起点，完成项目的功能。main 函数中已经包括三个初始化函数：

```
HAL_Init();                          //初始化 HAL 库
```

　　　SystemClock_Config();　　　　　　　　//配置系统时钟

　　　MX_GPIO_Init();　　　　　　　　　　//初始化使用的 GPIO 口

　　系统未提供的其他初始化代码可以放在这些代码之后。初始化代码之后就是主循环 while (1)，系统需要不断执行的代码就放在 while (1)中。

　　本项目要实现的通过 PB 口控制三个 LED 灯闪烁的代码就要添加到 while (1)中。添加代码如下：

　　　HAL_GPIO_WritePin(GPIOB,GPIO_PIN_0,GPIO_PIN_RESET);

　　　HAL_GPIO_WritePin(GPIOB,GPIO_PIN_1,GPIO_PIN_RESET);

　　　HAL_GPIO_WritePin(GPIOB,GPIO_PIN_2,GPIO_PIN_RESET);

　　　HAL_Delay(1000);

　　　HAL_GPIO_WritePin(GPIOB,GPIO_PIN_0,GPIO_PIN_SET);

　　　HAL_GPIO_WritePin(GPIOB,GPIO_PIN_1,GPIO_PIN_SET);

　　　HAL_GPIO_WritePin(GPIOB,GPIO_PIN_2,GPIO_PIN_SET);

　　　HAL_Delay(1000);

　　库函数 HAL_GPIO_WritePin 用来设置端口的某一位为 0 或 1，包含三个参数：端口编号，本项目是端口 B(GPIOB)；引脚编号，本项目对应三个引脚 0、1、2(GPIO_PIN_0、GPIO_PIN_1、GPIO_PIN_2)；设置的值(GPIO_PIN_RESET 为置 0、GPIO_PIN_SET 为置 1)。所以，上述代码首先将 B 端口的引脚 0、1、2 置 0，也就是输出 0，三个引脚连接的三个小灯都点亮，点亮的时间由延时函数 HAL_Delay(1000)确定，参数 1000 就是延时 1 s。接着 HAL_GPIO_WritePin 函数又将三个引脚 0、1、2 置 1，即输出 1，三个引脚连接的三个小灯全部熄灭，同样熄灭的时间也是 1 s。由于上述代码是放在死循环 while(1)中的，我们将看到三个小灯不断以亮 1 s、灭 1 s 的方式不断运行。

　　⑤ 使用 ST-Link 仿真器下载并运行项目，观察项目运行效果。

　　完成上述设置后，编译链接、下载代码到实验板，项目采用的是 ST-Link 仿真器下载并运行代码，我们要在项目配置的 debug 页中选择 ST-Link Debugger 仿真器。下载成功，按下实验板上的复位按键，可看到实验板上蓝、黄、绿三个 LED 灯，亮 1 s，灭 1 s。

5.1.4　项目小结

　　本项目采用 STM32CubeMX 软件以图形化的方式配置芯片 GPIO 模块，自动生成 MDK-Keil 5 的 LED 工程，该工程包括了启动汇编代码、ST 官方提供的 HAL 库文件、和本项目相关的用户代码。用户只需要在 main 函数中调用 HAL 库文件中提供的库函数，实现项目具体功能即可。

5.1.5　知识及技能拓展

　　要想快速实现各种 GPIO 控制操作，完成不同的项目功能，必须熟练使用 HAL 库函数。下面介绍一些常用的 HAL GPIO 库函数：

　　(1)　void HAL_GPIO_WritePin(GPIO_TypeDef* GPIOx, uint16_t GPIO_Pin, GPIO_PinState PinState)，设置某个 GPIO 口的某位输出置 0 或置 1。

举例：HAL_GPIO_WritePin(GPIOF,GPIO_PIN_9,GPIO_PIN_SET)，将 F 口的第 9 位置 1。

(2) GPIO_PinState HAL_GPIO_ReadPin(GPIO_TypeDef* GPIOx, uint16_t GPIO_Pin)，读取某个 GPIO 口的某位数据。

举例：HAL_GPIO_WritePin(GPIOF,GPIO_PIN_9,GPIO_PIN_SET)，读取将 F 口的第 9 位的值。

所有库函数的功能最终都是通过读写芯片内部寄存器来实现，用户如果想深入了解库函数的实现细节，可以查看 STM32F051x8 的用户手册。

5.2　串口(USART)通信项目

串口(USART)通信项目

串口是计算机和外部设备之间常用的通信接口，大多数台式计算机都包含至少一个 RS-232 的串口。串口既是现有 MCU 的重要外部接口，也是外设软件开发中重要和常用的调试手段，其重要性不言而喻。现在，所有的 MCU 都会带有串口，STM32F051x8 包括 2 个串口模块：USART1 和 USART2。有的高性能 MCU 包括多个串口。项目中实验箱中各种模块(MCU/传感器/串口的模组)之间的通信，大多采用串口通信方式。

5.2.1　项目分析

1. 串口通信概述

1) 处理器与外部设备的通信方式

处理器与外部设备通信方式主要有并行通信和串行通信两种。

并行通信：数据各个位同时传输。传输速度快，但占用引脚资源多。

串行通信：数据按数位的顺序一位一位地传输，每次只传输一位。占用引脚资源少，但传输速度相对较慢。

2) 串行通信的数据传输方式

串行通信的数据传输方式有单工方式、半双工方式和全双工方式 3 种，如图 5-9 所示。

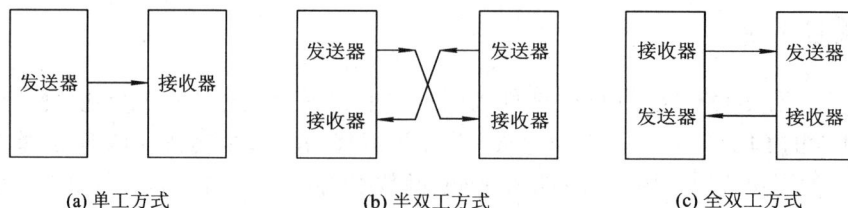

図 5-9　串行通信的数据传输方式

单工方式：数据只能单向传输。

半双工方式：数据可以向两个方向传输，但每次只能向一个方向传输。

全双工方式：数据可以同时双向传输。

3) 串行通信方式

串口通信方式有同步通信方式和异步通信方式两种，如图 5-10 所示。

同步通信：由同一个时钟信号控制发送器与接收器的工作，数据传输时，发送器与接收器同步工作。同步传送时，字符与字符之间没有间隙，也不用起始位和停止位，仅在要传送的数据块开始传送前，用同步字符 SYNC 来指示。例如 SPI、I²C 通信接口。

异步通信：发送器与接收器用各自的时钟控制，通信双方在没有同步时钟信号的前提下，将一个字符(包括特定的附加位)按位进行传输的通信方式，数据是一帧一帧地传送。例如 UART(通用异步收发器)、单总线(1-wire)。

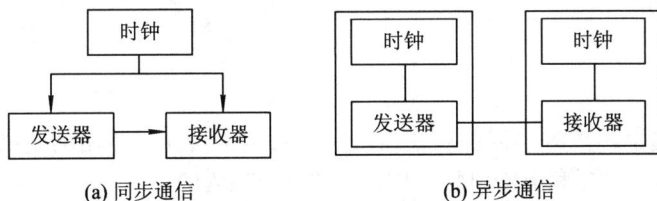

(a) 同步通信　　　　　　　　(b) 异步通信

图 5-10　串行通信方式

字符帧由发送端一帧一帧地发送，每一帧数据是低位在前，高位在后，通过传输线被接收端一帧一帧地接收。字符帧也称为数据帧，由起始位、数据位、奇偶校验位和停止位等 4 部分组成，如图 5-11 所示。最先传送的是起始位，起始为 0；接着是若干位数据位；然后是奇偶校验位，校验位也可以看作是一位数据位；最后是停止位，停止位为 1。不传输数据时，线路上始终保持高电平 1。

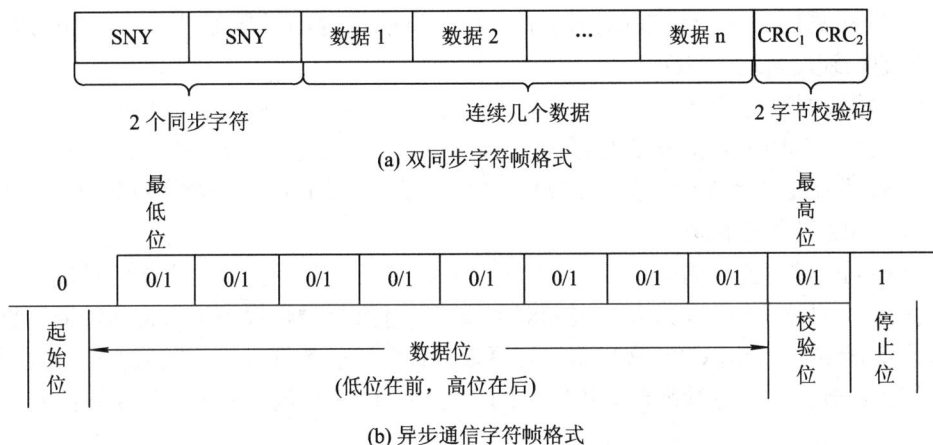

(a) 双同步字符帧格式

(b) 异步通信字符帧格式

图 5-11　同步和异步通信字符帧格式

2. STM32F051K8 微控制器的 USART 串口模块

1) USART 串口模块的特点

USART(通用同步/异步串行收发器)是一种能够把二进制数据按位(bit)传送的通信方式。STM32 的 USART 串口采用了一种灵活的方法，使用异步串行数据格式进行外部设备之间的全双工数据交换。利用分数波特率发生器提供宽范围的波特率选择，并支持局部互连网 LIN、智能卡协议和 IrDA SIR ENDEC 规范，还具有用于多缓冲器配置的 DMA 方式，可以实现高速数据通信。

2) STM32F0 串口模块引脚的连接方法

USART 串口是通过 RX(接收数据串行输入)、TX(发送数据输出)和地 3 个引脚与其他设备连接在一起，发送方的 TX 需要连接到接收方的 RX，如图 5-12 所示。

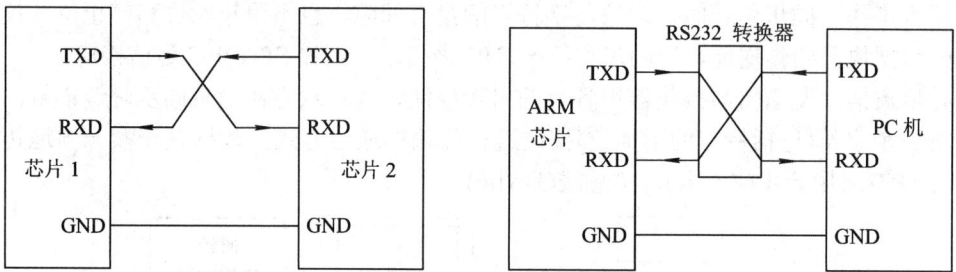

图 5-12　串口硬件连接

当需要增加通信距离时，需要对通信信号进行电平转换，常用的是 RS232 电平。

USART1 串口的 TX 和 RX 引脚使用的是 PA9 和 PA10。

USART2 串口的 TX 和 RX 引脚使用的是 PA2 和 PA3。

上述引脚默认的功能都是 GPIO，在作为串口使用时，就要用到这些引脚的复用功能，在使用其复用功能前，必须对复用的端口进行设置。

3) 相互通信的串口模块的要求

(1) 速度匹配。收发双方设置相同的波特率。波特率：是一个衡量通信速度的参数。它表示每秒钟传送的 bit 的个数。例如，300 波特表示每秒钟发送 300 个 bit。波特率和距离成反比，近距离的设备间设置高波特率，远距离的设备间设置低波特率。USART1 和 USART2 通信速度可达 6 Mb/s。

(2) 传输数据帧格式一致。异步串行通信的帧格式包括：起始位、数据位、奇偶校验位和停止位等。其中：数据位(5 位或者 7 位或者 8 位)、奇偶校验位(无奇偶校验/奇校验/偶校验)、停止位(1 或者 1.5 位或者 2 位)，收发双方必须设置相同的数据位数、选择相同的校验方式、相同的停止位数。

选择相同的硬件流控制模式，常用的有 RTS/CTS(请求发送/清除发送)流控制。数据终端设备(如计算机)使用 RTS 来起始调制解调器或其他数据通信设备的数据流，而数据通信设备(如调制解调器)则用 CTS 来启动和暂停来自计算机的数据流。收发双方必须设置相同的硬件流控制模式：不进行硬件流控制、RTS 使能、CTS 使能、RTS、CTS 均使能。

3. 串口通信操作步骤

STM32 串口有查询、中断、DMA 三种工作模式。

串口的发送数据可以采用中断或者查询方式，大多采用查询方式。因为串口何时发送数据，用户程序是已知的。接收数据同样可以采用中断或者查询方式，大多采用中断方式。但是由于串口无法精确知道何时能接收数据，STM32 MCU 接收数据是被动的，所以，为了提高 MCU 的工作效率，通常采用中断方式。

STM32 串口设置一般步骤如下：

(1) 串口时钟使能，GPIO 时钟使能。

```
__HAL_RCC_USART1_CLK_ENABLE();          //使能 USART1 时钟
__HAL_RCC_GPIOA_CLK_ENABLE();           //使能 GPIOA 时钟
```

(2) GPIO 初始化设置，设置模式为复用功能。

在 HAL 库中 GPIO 口初始化参数设置和复用映射配置，是在函数 HAL_GPIO_Init 中一次性完成的。串口 1 要复用 PA9 和 PA10 为串口发送接收相关引脚，需要配置 GPIO 口为复用，同时复用映射到串口 1。

(3) 串口参数初始化：设置波特率、字长、奇偶校验等参数。

串口初始化函数 HAL_StatusTypeDef HAL_UART_Init(UART_HandleTypeDef *huart)完成串口的初始化功能。结构体 UART_HandleTypeDef 的定义如下：

```
typedef struct
{
    USART_TypeDef               *Instance;
    UART_InitTypeDef            Init;
    UART_AdvFeatureInitTypeDef AdvancedInit;
    uint8_t                     *pTxBuffPtr;
    uint16_t                    TxXferSize;
    __IO uint16_t               TxXferCount;
    uint8_t                     *pRxBuffPtr;
    uint16_t                    RxXferSize;
    __IO uint16_t               RxXferCount;
    uint16_t                    Mask;
    DMA_HandleTypeDef           *hdmatx;
    DMA_HandleTypeDef           *hdmarx;
    HAL_LockTypeDef             Lock;
    __IO HAL_UART_StateTypeDef      gState;
    __IO HAL_UART_StateTypeDef      RxState;
    __IO uint32_t               ErrorCode;
}UART_HandleTypeDef;
```

初始化串口是只需要设置 Instance 和 Init 两个成员变量的值。Instance 是 USART_TypeDef 结构体指针类型变量，它是执行寄存器基地址，实际上 HAL 库已经定义好了这个基地址，如果是串口 1，取值为 USART1 即可。Init 是 UART_InitTypeDef 结构体类型变量，它是用来设置串口的各个参数，包括波特率、停止位等，它的使用方法非常简单。UART_InitTypeDef 结构体定义如下：

```
typedef struct
{
    uint32_t BaudRate;          //波特率
    uint32_t WordLength;        //字长
    uint32_t StopBits;          //停止位
    uint32_t Parity;            //奇偶校验
    uint32_t Mode;              //收/发模式设置
    uint32_t HwFlowCtl;         //硬件流设置
    uint32_t OverSampling;      //过采样设置
}UART_InitTypeDef
```

(4) 开启中断并初始化 NVIC，使能中断(如果需要开启中断才需要这个步骤)。

HAL 库中定义了一个使能串口中断的标识符__HAL_UART_ENABLE_IT，要使能接收完成中断，代码如下：

　　　__HAL_UART_ENABLE_IT(huart,UART_IT_RXNE); //开启接收完成中断

　　　HAL_UART_Receive_IT(&UART1_Handler, (u8 *)aRxBuffer, RXBUFFERSIZE); //该函数会开启接收中断：标志位 UART_IT_RXNE，并且设置接收缓冲以及接收缓冲接收最大数据量

第一个参数为串口句柄，类型为 UART_HandleTypeDef 结构体类型。第二个参数为开启的中断类型值。

关闭中断，代码如下：

　　　__HAL_UART_DISABLE_IT(huart,UART_IT_RXNE);　　　　　//关闭接收完成中断

对于中断优先级配置，参考代码如下：

　　　HAL_NVIC_EnableIRQ(USART1_IRQn);　　　　　//使能 USART1 中断通道

　　　HAL_NVIC_SetPriority(USART1_IRQn,0,0);　　　　//抢占优先级 0，子优先级 0

(5) 使能串口。

函数 HAL_UART_Init 内部会调用串口使能函数使能相应串口，所以，调用了该函数进行串口初始化后不需要单独使能串口。当然，HAL 库也提供了具体的串口使能和关闭方法，具体使用代码如下：

　　　__HAL_UART_ENABLE(handler);　　　　　//使能 handler 指定的串口

　　　__HAL_UART_DISABLE(handler);　　　　　//关闭 handler 指定的串口

(6) 编写中断服务函数。

串口 1 中断服务函数为 void USART1_IRQHandler(void)。当中断发生时，程序就会自动执行中断服务函数。在 USART1_IRQHandler 函数中自动调用了函数 HAL_UART_IRQHandler(HAL 库中断服务公用函数)来执行真正的串口中断服务功能，该函数是 HAL 库定义好的函数，用户一般不进行修改。在函数 HAL_UART_IRQHandler 内部通过判断不同的中断类型进行分类处理，如果为接收完成中断(本项目主要使用接收完成中断)，确定是否调用 HAL 函数 UART_Receive_IT()把每次中断接收到的字符保存在相应串口的接收缓存区数组中，同时每次接收一个字符，其接收计数器 RxXferCount 减 1，直到接收完成 RxXferSize 个字符之后，RxXferCount 设置为 0，同时调用接收完成回调函数 HAL_UART_RxCpltCallback 进行后续处理。由于我们通常不修改 HAL_UART_IRQHandler 函数，所以对于接收到数据的处理是在接收完成回调函数 HAL_UART_RxCpltCallback 中完成的。因此，中断服务函数主要是在 HAL_UART_RxCpltCallback 中编写相应代码。

(7) 在主程序和中断服务函数中判断传输状态进行数据收发。

HAL 库发送数据函数如下：

　　　HAL_StatusTypeDef HAL_UART_Transmit(UART_HandleTypeDef *huart, uint8_t *pData, uint16_t Size, uint32_t Timeout);

HAL 库读取串口接收到的数据的函数如下：

　　　HAL_StatusTypeDef HAL_UART_Receive(UART_HandleTypeDef *huart, uint8_t *pData, uint16_t Size, uint32_t Timeout);

4. 串口电路原理分析

MCU 串口引脚原理图如图 5-13 所示，串口 USART1 使用了 GPIO 口的 PA10 发送、PA9 接收，串口 USART2 使用 GPIO 口的 PA2 发送、PA3 接收。本节项目中使用串口 1，我们只需要对串口 1 进行配置即可。

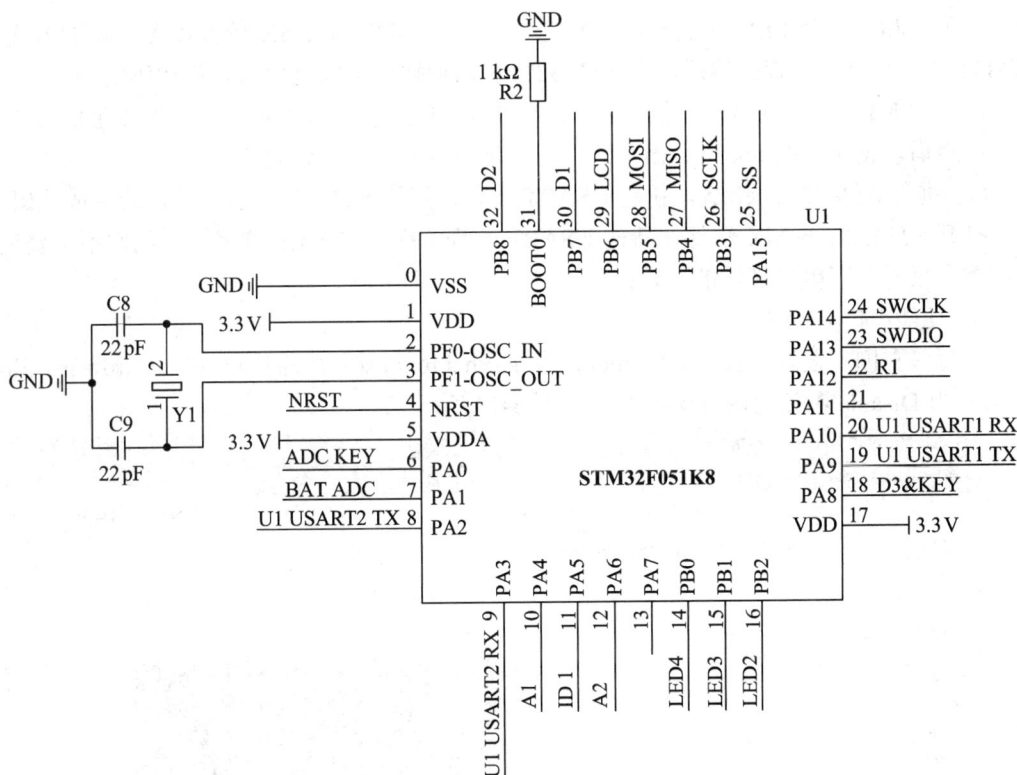

图 5-13　MCU 串口引脚原理图

5.2.2　方案设计

项目功能：主程序通过串口向 PC 发送提示信息，在未收到 PC 的任何数据时，一直向 PC 输出提示字符串，PC 通过串口调试工具向 MCU 串口发送字符串，触发串口接收中断，中断服务函数接收数据，并将接收到的数据传送给 PC 串口调试工具显示。

串口实验实现流程如下：

(1) 主程序完成串口初始化。

(2) 发送提示信息"usart confinger is ok"。

(3) 开启接收完成中断。

(4) 发送提示信息"usart reve is ok"。

(5) 进入 while 循环不停发送信息"while"，同时等待接收 PC 发送的字符串触发中断。

(6) PC 通过串口调试工具发送字符串"hello"触发接收中断。

(7) 回调函数 HAL_UART_RxCpltCallback 中回送接收字符串"hello"，开启下一次接收中断。

其中的初始化部分可以通过 STM32CubeMX 软件以图形化的方式进行配置，可以大大减轻编程工作量。

5.2.3　项目实施

本项目和前一个 LED 项目相同，首先，使用 STM32CubeMX 软件以图形化的方式对 STM32F0 芯片进行配置；然后，由 STM32CubeMX 软件生成包含初始化代码的项目文件；接着，使用 MDK-Keil 5 软件根据 5.2.2 节中的项目功能修改源代码，并且编译生成可执行文件；最后，使用 ST-Link 仿真器下载并运行项目，观察项目运行效果。

(1) 进入 STM32CubeMX，新建 USART 工程，配置 STM32F0 芯片，自动生成代码。

打开 STM32CubeMX 软件，新建 USART 工程的操作与 5.1.3 节相同，我们不再赘述。我们重点来看一下串口模块的配置：

① 使能串口 USART1。

在窗口左侧，设置 UART1 的 mode 为 Asynchronous(异步通信)方式，Hardware Flow Control 为 Disable 不使用硬件流控制，如图 5-14 所示。

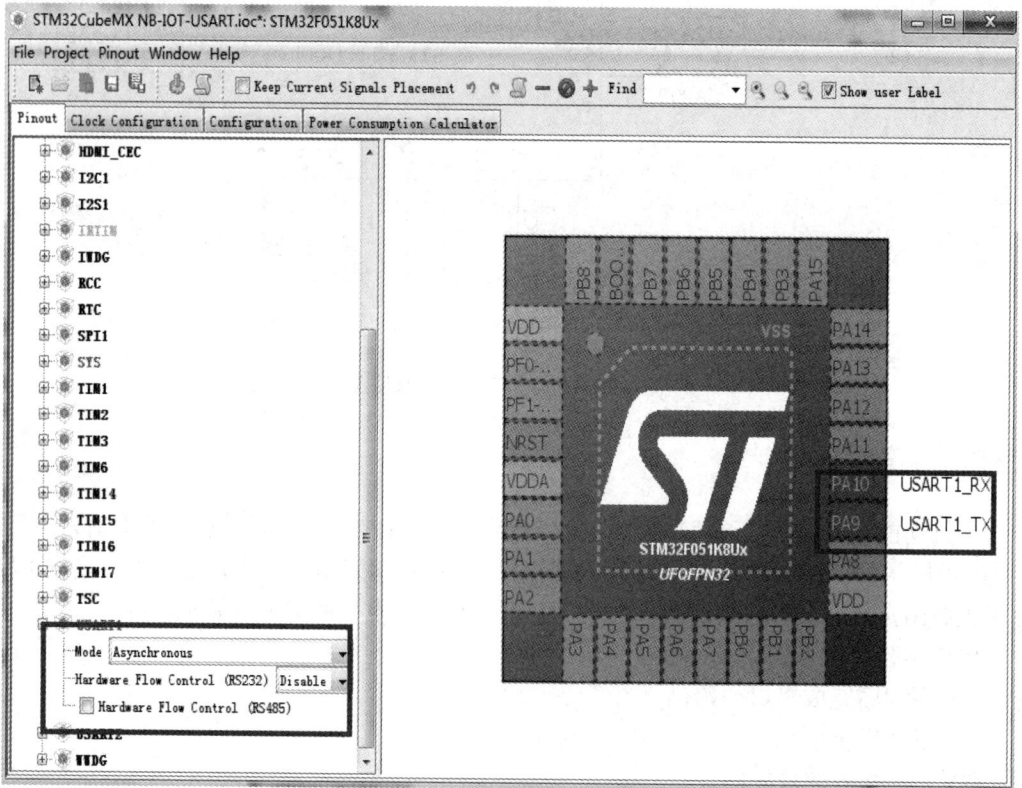

图 5-14　使能串口 USART1

② 设置串口 USART1 的初始参数。

点击 Configuration 页，点击"USART1"按键进入 USART1 Configuration 窗体，选择 Parameter Settings 页进行串口 USART1 参数初始化设置。本项目使用默认的波特率、字长、奇偶校验等参数，如图 5-15 所示。

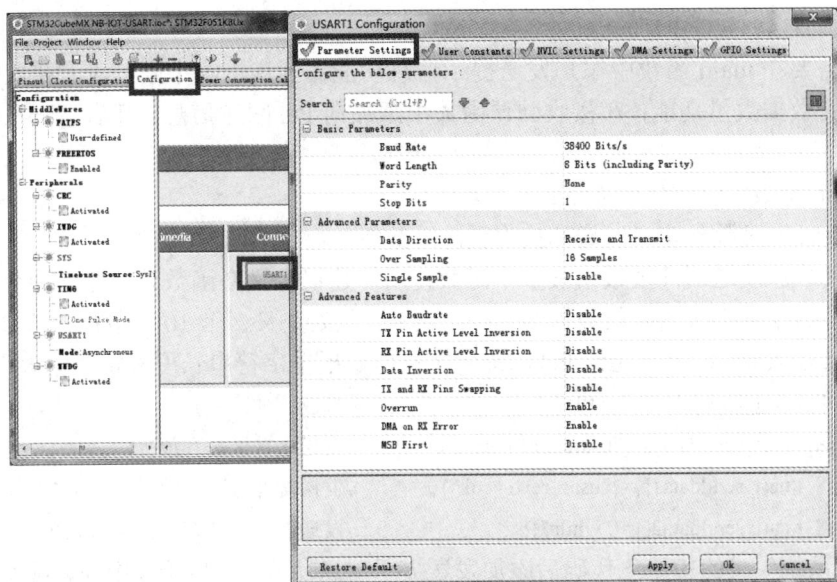

图 5-15　串口 USART1 参数配置

③ 使能串口 USART1 中断。

在 USART1 Configuration 窗体中，选择 NVIC Settings 页，进行串口中断设置，如图 5-16 所示。

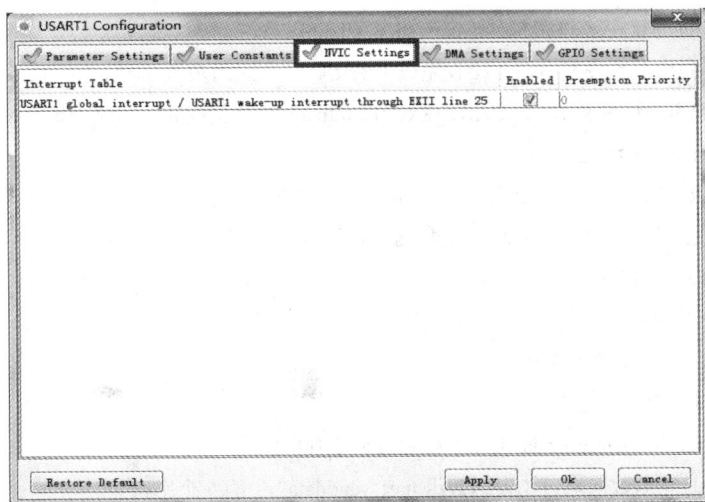

图 5-16　使能串口 USART1 中断

做完上述配置后，点击生成工程按键，自动生成项目代码。

(2) 使用 MDK-Keil 5 打开 USART 工程，按照项目功能修改源代码，并且编译生成可执行文件。

首先，使用 MDK-Keil 5 打开 USART 工程，编译工程，没有错误。

然后，通过前面对 STM32CubeMX 图形工具进行串口配置，系统自动生成了 GPIO 初始化代码和串口初始化代码如下：

MX_GPIO_Init();　//使能 GPIOA 时钟

//使能串口 USART1 时钟，初始化参数，使能串口中断，设置串口中断优先级

MX_USART1_UART_Init();

用户需要在 main 函数中添加发送提示信息功能；开启接收中断，设置接收的缓存区以及接收的数据数量功能；在接收回调函数中添加向 PC 回送信息，开启下一次接收中断功能。

在 main 函数中添加代码如下：

① 在 main 函数外定义发送和接收缓冲区数组。

由于接收和发送缓冲区数组被多个函数使用，建议定义在函数外，定义为全局数组。接收缓存区数组大小根据接收数据的多少来设置，此处定义一个 10 字节的接收数组。发送缓冲区数组存放 MCU 要发送给 PC 的提示字符串，根据字符串长度确定数组大小。

```
uint8_t uart_recv_char[10]={0};                    //接收缓冲区
uint8_t uart_senddata[]={"usart confinger is ok"};  //发送缓冲区，存放提示信息 1
uint8_t uart_senddata1[]={"usart reve is ok"};      //发送缓冲区，存放提示信息 2
uint8_t uart_senddata2[]={"while"};                 //发送缓冲区，存放提示信息 3
```

② 在系统生成的初始化代码后添加发送提示信息功能，开启接收中断，设置接收的缓存区以及接收的数据数量功能。

```
/* USER CODE BEGIN 2 */
HAL_UART_Transmit(&huart1,uart_senddata,22,100);
//使用 HAL 库函数向串口 1 发送数组 uart_senddata 中的 22 个字符；
HAL_UART_Receive_IT(&huart1,uart_recv_char,5);
//使用 HAL 库函数设置串口 1 接收完成中断接收缓冲区为数组 uart_recv_char，接收满 5 字节
//后自动调用回调函数 HAL_UART_RxCpltCallback 进行接收完的后续处理
HAL_Delay(1000);//延时 1s
HAL_UART_Transmit(&huart1,uart_senddata1,16,100);
//使用 HAL 库函数向串口 1 发送数组 uart_senddata1 中的 16 个字符；
/* USER CODE END 2 */
```

③ 在 while 中添加发送信息功能代码。

```
/* USER CODE BEGIN 3 */
HAL_Delay(1000); //延时 1s
HAL_UART_Transmit(&huart1,uart_senddata2,5,100);
//使用 HAL 库函数向串口 1 发送数组 uart_senddata2 中的 5 个字符
}
/* USER CODE END 3 */
```

④ 在接收回调函数中添加功能代码。

```
HAL_UART_Transmit(&huart1,uart_recv_char,5,100);
//使用 HAL 库函数向串口 1 接收数组 uart_recv_char 中接收到的 5 个字符
HAL_UART_Receive_IT(&huart1,uart_recv_char,5);
//开启中断和重新设置接收字节数量 RxXferSize 和接收计数器 RxXferCount 的初始值为 1
//也就是开启新的接收中断
```

(3) 使用 ST-Link 仿真器下载并运行项目，观察项目运行效果。

① 使用 USB 线连接 PC 和实验板上的 miniUSB 接口。

② 在 PC 的设备管理器中查看串口编号。

③ 打开串口调试工具，串口号选择上述②步骤中查看到的串口编号，PC 端串口的参数设置如图 5-17 所示，一定要与前面 STM32F051x8 图形界面中设置的参数(波特率、校验位、数据位、停止位)一致。

图 5-17 串口调试工具设置

④ 编译工程并下载代码。

⑤ 按下复位键，运行代码，通过串口助手发送"hello"，观察现象如图 5-18 所示。

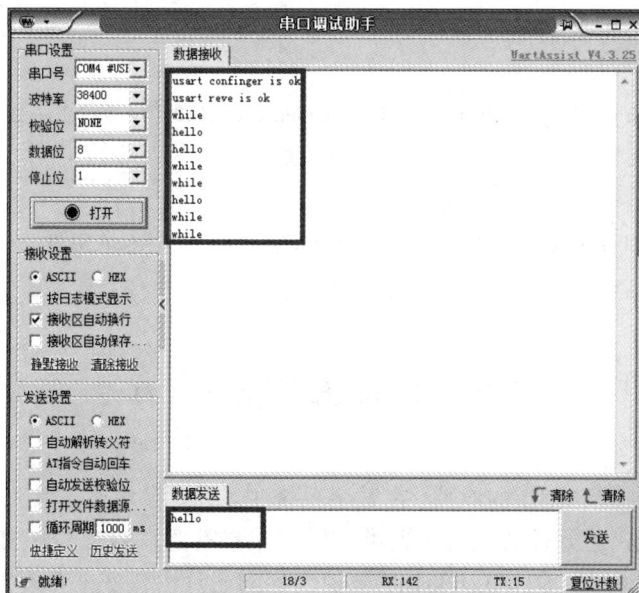

图 5-18 代码运行结果

5.2.4　项目小结

使用异步串行通信方式进行数据收发的双方，波特率、校验位、数据位、停止位等参数设置必须完全一致。使用 STM32CubeMX 图形工具进行串口配置，系统会自动生成 GPIO 初始化代码和串口初始化代码，大大减轻用户的工作量。但是，随着应用逐渐复杂，我们会发现自动生成的代码往往效率低下，如果用户想在实现功能的同时提高执行效率，则需要对 MCU 的寄存器进行直接操作。

5.2.5　知识及技能拓展

在本项目中，我们采用的是查询方式发送数据，采用中断方式接收数据，HAL 库定义的串口中断逻辑比较复杂，因为处理过程烦琐，所以效率不高。在中断服务函数中，也可以不用调用 HAL_UART_IRQHandler 函数，这样就不用在接收完指定数量的字节后，在回调函数 HAL_UART_RxCpltCallback 中编写后续处理代码，而是直接编写自己的中断服务函数。如果我们不编写中断服务回调函数，那么在 main 函数中不用调用 HAL_UART_Receive_IT 函数初始化串口句柄的中断接收缓存，而是直接在要开启中断的地方通过调用 __HAL_UART_ENABLE_IT 单独开启中断即可。如果不用中断回调函数处理，中断服务函数参考代码如下：

```
void USART1_IRQHandler(void)
{
uint8_t ch;
if((__HAL_UART_GET_FLAG(&UART1_Handler,UART_FLAG_RXNE)!=RESET))
//判断是否为接收中断
{
        HAL_UART_Receive(&UART1_Handler,&ch,1,100);   //接收 1 字节
        // 对接收字节进行处理，保存到接收数组等
}
HAL_UART_IRQHandler(&UART1_Handler);   //启动下一次接收中断
}
```

5.3　定时器(TIM)项目

定时器(TIM)项目

时钟，是微控制器 MCU 的脉搏。在数字系统中，所有模块要正常工作都离不开时钟，时钟对于数字系统，就好像心跳对于人类一样，非常重要。STM32F051x8 微控制器拥有强大而复杂的时钟系统，STM32F051x8 微控制器的芯片内模块非常多，不同的模块需要 MCU 提供不同的时钟频率。换言之，任何一个外设在使用之前都必须首先设置其相应的

时钟，因此，掌握其系统时钟的结构和配置方法，对顺利完成 STM32 各个项目开发非常重要。

5.3.1　项目分析

1. STM32 的时钟树与时钟源

STM32 有四个时钟源，分别是高速内部时钟 HSI、高速外部时钟 HSE、低速内部时钟 LSI、低速外部时钟 LSE。

(1) HSI 高速内部时钟：由内部 RC 振荡器产生，频率为 8 MHz，不稳定，精度不高。

(2) HSE 高速外部时钟：以外部晶振或者接外部时钟源作为时钟源，频率范围为 4～16 MHz，一般采用 8 MHz 的晶振。

(3) LSI 低速内部时钟：由内部 RC 振荡器产生，频率为 40 kHz，提供低功耗时钟给看门狗模块 WDG。

(4) LSE 低速外部时钟：接频率为 32.768 kHz 的石英晶体作为时钟源，提供给实时时钟 RTC 模块。

特别需要提到的是 PLLCLK 时钟源，PLLCLK 为锁相环倍频输出。虽然其本身输入源可选择为 HSI/2、HSE/2 或者 HSE/3……HSE/16，倍频可选择为 2～16 倍，输出频率最大不得超过 72 MHz。但是，它通常被选中作为系统时钟 SYSCLK 的来源，所以我们可以将其看作第五个时钟源。

2. 时钟源分类

上述的四个时钟源按照振荡器在 MCU 芯片内部或者外部，可将时钟源分为如下两种：

外部时钟源：HSE 高速外部时钟、LSE 低速外部时钟。

内部时钟源：HSI 高速内部时钟、LSI 低速内部时钟。

按照时钟源频率的高低，将时钟源分为如下两种：

高速时钟源：HSE 高速外部时钟、HSI 高速内部时钟。

低速时钟源：LSE 低速外部时钟、LSI 低速内部时钟。

高速时钟是提供给芯片系统时钟 SYSCLK 和总线时钟，而低速时钟只是提供给芯片中的 RTC(实时时钟)及独立看门狗模块使用，对精度要求一般。

内部时钟是由芯片内部 RC 振荡器产生的，起振较快，所以在 MCU 刚上电的时候，默认使用内部高速时钟。外部时钟信号由外部的晶振振荡输入，精度和稳定性较好，所以上电之后，用户再通过软件配置，是 MCU 采用的外部时钟信号。

3. 定时器模块

1) 定时器的类型

STM32F05xxx 包括三种类型的定时器模块，分别是：高级定时器(TIM1)、通用定时器(TIM2、TIM3、TIM14、TIM15、TIM16、TIM17)、基本定时器(TIM6)。

三种定时器的区别如表 5-1 所示。

表 5-1　三种定时器功能比较

定时器种类	定时器	位数	计数器模式	预分频因子	产生DMA请求	捕获/比较通道	互补输出
高级	TIM1	16	向上, 向下, 向上/下	1~65 536	是	4	是
通用	TIM2	32	向上, 向下, 向上/下	1~65 536	是	4	否
	TIM3	16	向上, 向下, 向上/下	1~65 536	是	4	否
	TIM14	16	上	1~65 536	否	1	否
	TIM15	16	上	1~65 536	是	2	是
	TIM16/17	16	上	1~65 536	是	1	是
基本	TIM6	16	上	1~65 536	是	0	否

2) 定时器的主要功能

(1) 位于低速的 APB1 总线上(APB1)。

(2) 16 位向上、向下、向上/向下(中心对齐)计数模式。

(3) 16 位可编程(可以实时修改)预分频器，计数器时钟频率的分频系数为 1~65 535 之间的任意数值。

(4) 4 个独立通道(TIMx_CH1~4)，这些通道的作用有输入捕获、输出比较、PWM 生成(边缘或中间对齐模式)、单脉冲模式输出。

(5) 可使用外部信号控制定时器和定时器互连(可以用 1 个定时器控制另外一个定时器)的同步电路。

(6) 如下事件发生时产生中断/DMA(6 个独立的 IRQ/DMA 请求生成器)：

① 更新：计数器向上溢出/向下溢出，计数器初始化(通过软件或者内部/外部触发)。

② 触发事件(计数器启动、停止、初始化或者由内部/外部触发计数)。

③ 输入捕获。

④ 输出比较。

⑤ 支持针对定位的增量(正交)编码器和霍尔传感器电路。

⑥ 触发输入作为外部时钟或者按周期的电流管理。

(7) STM32 的通用定时器可以被用于测量输入信号的脉冲长度(输入捕获)或者产生输出波形(输出比较和 PWM)等。

(8) 使用定时器预分频器和 RCC 时钟控制器预分频器，脉冲长度和波形周期可以在几个微秒到几个毫秒间调整。STM32 的每个通用定时器都是完全独立的，没有任何互相共享的资源。

5.3.2　方案设计

项目功能：使用定时器 1(TIM1)实现呼吸灯功能。定时器 1 设置产生时长为 1 s 的中断，每隔 1 s 改变一次 LED 灯的状态，使 LED 灯亮 1 s、灭 1 s。

呼吸灯实验实现流程如下：

(1) 主程序完成 GPIO、定时器 1 初始化。

(2) 开启定时器 1 中断。

(3) 在定时器 1 中断服务函数中设置 GPIO 口，实现呼吸灯功能，并开启下一次中断。

其中的初始化部分可以通过 STM32CubeMX 软件以图形化的方式进行配置，可以大大减轻编程工作量。

5.3.3　项目实施

本项目和前面的 LED 项目相同，首先，使用 STM32CubeMX 软件以图形化的方式对 STM32F0 芯片进行配置；然后，由 STM32CubeMX 软件生成包含初始化代码的项目文件；接着使用 MDK-Keil 5 软件根据 5.3.2 中的项目要求修改源代码，并且编译生成可执行文件；最后，使用 ST-Link 仿真器下载并运行项目，观察项目运行效果。

(1) 进入 STM32CubeMX，新建 TIME 工程，配置 STM32F0 芯片，自动生成代码。

呼吸灯实验中我们仍然使用前面 LED 项目中使用过的 LED4，对应 GPIO 口是 PB0。和前面的 LED 项目相同，首先，打开 STM32CubeMX 软件，新建 TIME 工程的操作与 5.1.3 相同；配置 PB0 为 GPIO_OUTPUT 的操作与 5.1.3 相同。我们重点来看一下定时器模块的配置。

① SYSCLK 选择时钟源为外部高速时钟 HSE。

点击 RCC(复位和时钟控制模块)，在高速外部时钟 High Speed Clock(HSE)后选择 Crystal/Ceramic Resonator(晶体/陶瓷谐振器)，图中右侧芯片 PF0-和 PF1-引脚左侧会自动出现 RCC_OSC_IN 和 RCC_OSC_OUT，如图 5-19 所示。

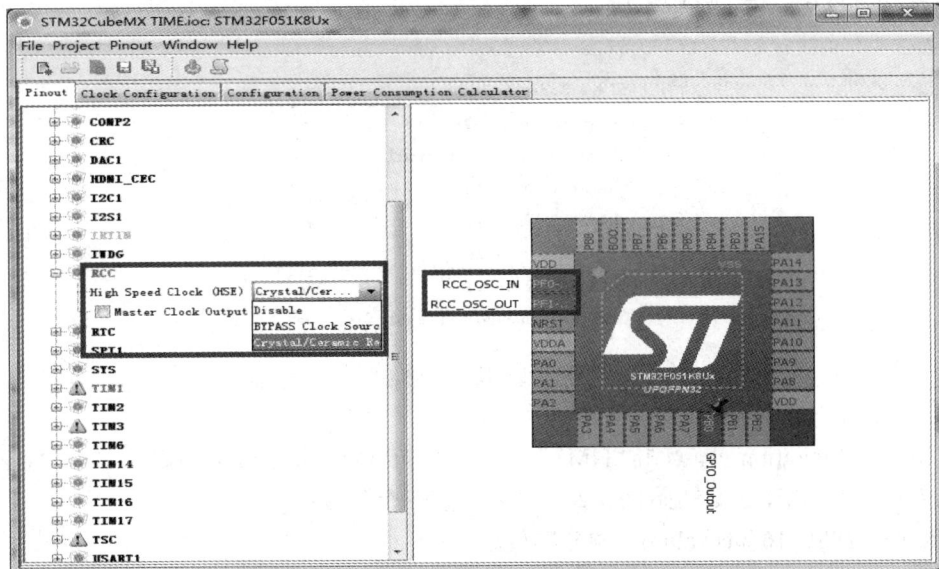

图 5-19　选择外部高速时钟源 HSE

② 设置 PCLK 时钟频率。

点击图 5-20 中 Clock Configuration(时钟配置)页，进入时钟频率配置页面。我们从左到右依次将 HSE 左侧的 Input frequency(输入频率)设置为 8 MHz，PLL Source Mux(PLL 多路开关)设置为 HSE，PLLMul(倍频系数)设置为 6，System Clock Mux(系统时钟多路开关)设置为 PLLCLK。设置完成后，在图 5-20 中我们看到 APB1 Timer clocks 输出时钟为 48 MHz，这就是提供给定时器 1 的时钟频率。

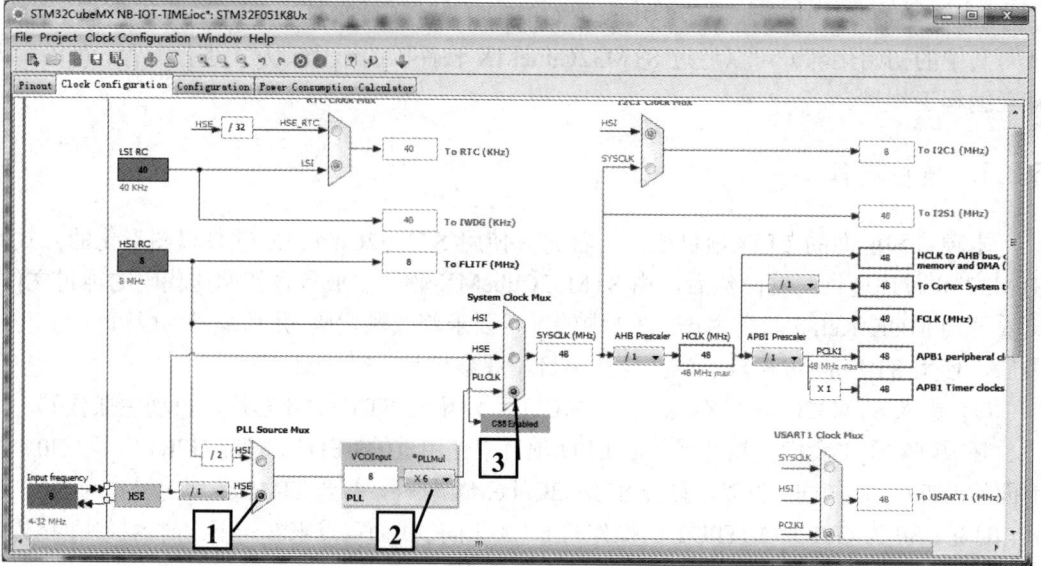

图 5-20 设置 PCLK 时钟频率

③ 使能定时器 1。

设置完 RCC 模块后，在 RCC 下面找到 TIM1 模块，将 Clock Source 设置为 Internal Clock(内部时钟)，如图 5-21 所示。

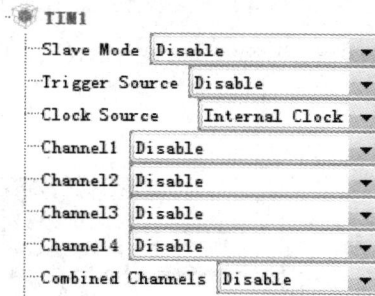

图 5-21 使能定时器 1

④ 设置定时器 1 参数。

点击 Configuration 页，点击"TIM1"按键进入 TIM1 Configuration 窗口，选择 Parameter Settings 页进行 TIM1 参数初始化设置，主要设置三个参数：

Prescaler(PSC-16 bits value)：预分频值。

Counter Mode：计数模式。

Counter Period(AutoReload Register-16 bits value)：自动装载值。

本项目要实现 LED 灯每隔 1 s 状态改变一次，对于 TIM1 就是要实现周期为 1 s 的定时，TIM1 的输出周期(或者频率，频率和周期互为倒数)与自动装载值和预分频值的关系公式为

$$\text{Tout(输出周期)} = \frac{(\text{自动装载值}+1) \times (\text{预分频值}+1)}{\text{输入时钟频率}}$$

通过对时钟源的设置，TIM1 的输入时钟频率为 48 MHz(48 000 000 Hz)，我们要获

得的输出周期是 1 s，通过上述关系公式，可以将预分频值设为 4799(4800 - 1)，将自动装载值设为 9999(10 000 - 1)。当然，也可以将预分频值和自动装载值设置为符合上述关系公式的其他数值。计数模式使用默认的 UP(向上计数)，本项目中也可以采用其他模式。定时器 1 参数设置后，系统将会生成 TIM1 的初始化代码。参数内容如图 5-22 所示。

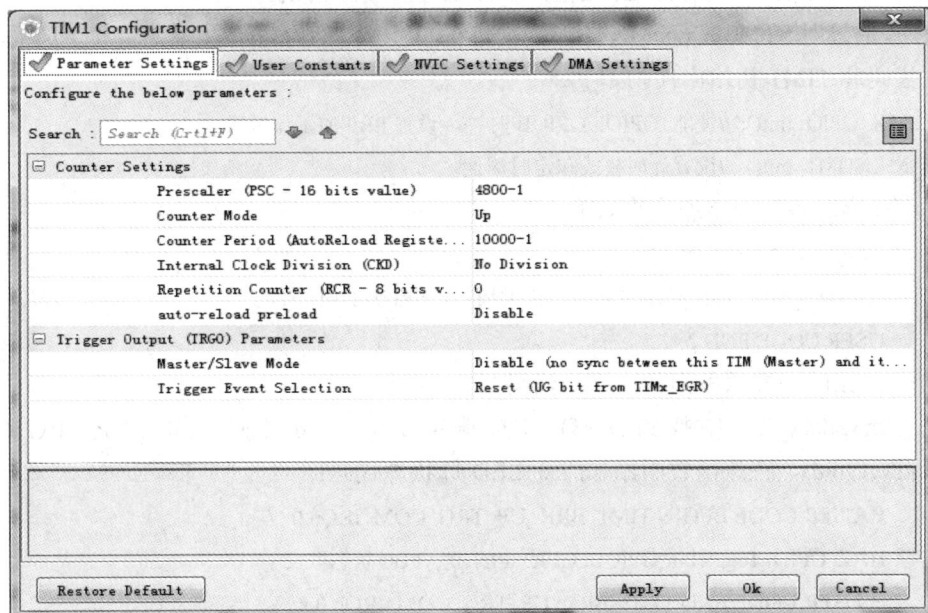

图 5-22　定时器 1 参数设置

⑤ 使能定时器 TIM1 中断。

在 Configuration 页中点击"NVIC"按钮，进入 NVIC Configuration 窗口。如图 5-23 所示，勾选对应的复选框使能 TIM1 中断。

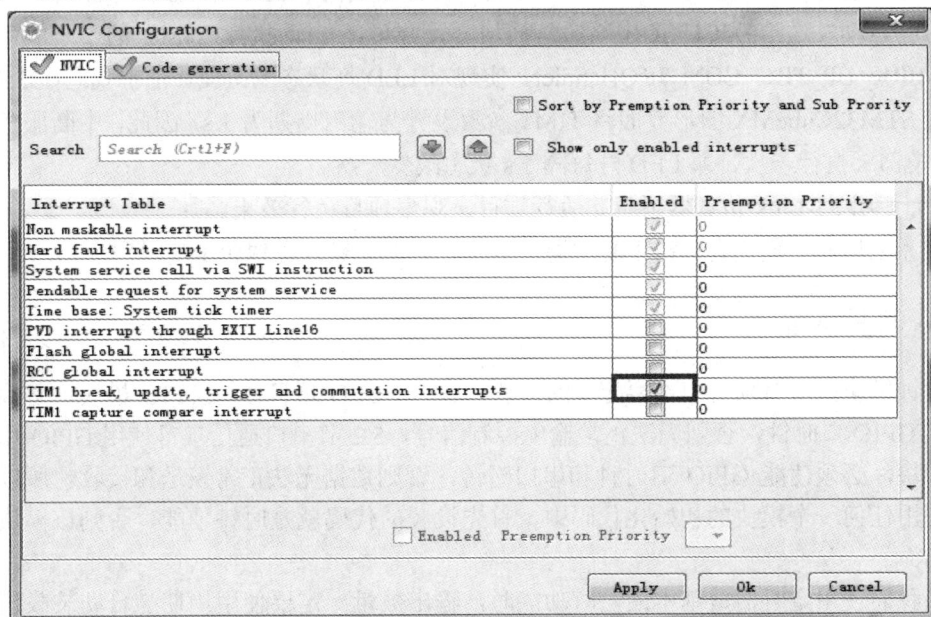

图 5-23　使能定时器 TIM1 中断

做完上述配置后，点击生成工程按键，自动生成项目代码。

(2) 使用 MDK-Keil 5 打开 TIME 工程，按照项目要求修改源代码，并且编译生成可执行文件。

使用 MDK-Keil 5 打开 TIME 工程，编译工程，没有错误。

首先，通过对 STM32CubeMX 图形工具进行 GPIO 和 TIM1 配置，系统自动生成的 GPIO 初始化代码和 TIM1 初始化代码如下：

```
MX_GPIO_Init(); //使能 GPIOF/GPIOB 时钟，设置 PB0 的工作模式
MX_TIM1_Init(); //设置计时模式和定时周期
```

① 在 main 函数中添加代码如下：

```
/* USER CODE BEGIN 2 */
HAL_TIM_Base_Start_IT(&htim1);//在中断模式下启动 TIM1
/* USER CODE END 2 */
```

② 在 TIM1 中断服务函数中添加代码：

在 stm32f0xx_it.c 中找到 TIM1 中断服务函数 void TIM1_BRK_UP_TRG_COM_IRQHandler(void)，在该函数中添加改变 LED 灯状态代码：

```
/* USER CODE BEGIN TIM1_BRK_UP_TRG_COM_IRQn 0 */
HAL_GPIO_TogglePin(GPIOB, GPIO_PIN_0);//PB0 状态取反
/* USER CODE END TIM1_BRK_UP_TRG_COM_IRQn 0 */
```

在 main 函数中函数 MX_TIM1_Init()设置了 TIM1 的计时模式和定时周期，函数 HAL_TIM_Base_Start_IT(&htim1)在中断模式下启动了 TIM1，由于计数模式设置为向上计数，使 TIM1 以加 1 方式从 0 计数到自动加载值(Counter Period)，然后产生一个计数器溢出中断，并重新从 0 开始计数。当 TIM1 计数到自动加载值产生计数器溢出中断时，中断请求信号会自动发送给 MCU 的中断服务模块，使 MCU 自动执行 TIM1 的中断服务函数 TIM1_BRK_UP_TRG_COM_IRQHandler，实现对 LED 灯状态的改变。由于我们在 5.3.3 节中通过 STM32CubeMX 图形界面将 TIM1 参数设置为输出周期为 1 s，因此，中断服务函数就是每隔 1 s 执行一次，即 LED 灯每隔 1 s 状态改变一次。

(3) 使用 ST-Link 仿真器下载并运行项目，观察项目运行效果。

编译工程并下载代码，按下复位键，运行代码，观察现象绿色 LED 灯亮 1 s、灭 1 s。

5.3.4　项目小结

时钟模块是所有项目中都要配置的模块，5.1 节 LED 项目使用 GPIO 模块，必须相应地使能 GPIO 口时钟，否则无法正常输出控制信号。5.2 节串口通信项目使用 GPIO 模块和串口模块，必须使能 GPIO 口时钟和串口时钟，否则数据无法正常发送和接收。所以，我们在使用任何一个模块的初始化代码中，首先设置的代码就是时钟使能，否则该模块将不工作。

当我们使用定时器最基本的定时功能时，输出数量一定要使用周期与自动装载值和预分频值的关系公式：

$$Tout(输出周期) = \frac{(自动装载值+1)\times(预分频值+1)}{输入时钟频率}$$

根据实际应用要获得的输出周期和定时器的输入时钟频率来确定自动装载值和预分频值。把希望定时器周期性完成的功能代码写到定时器中断服务函数 TIM1_BRK_UP_TRG_COM_IRQHandler 中。

5.3.5　知识及技能拓展

在 5.2 节串口通信项目和 5.3 节定时器项目中,我们都采用了中断方式来实现项目要求。我们对于中断补充相关的内容如下:

1. 中断

中断即打断,是指 CPU 在执行当前程序时,由于程序以外的原因(外设发送请求),出现了某种更急需要处理的情况,CPU 暂停现行程序,转而处理更紧急的事务,处理结束后,CPU 自动返回到原来的程序中继续执行。

2. 中断源

中断源即请求中断的来源,是指能引起中断、发出中断请求的设备或事件,如前面项目中的串口 1 接收到数据,TIM1 计数溢出。

3. 中断服务

CPU/MCU 响应中断请求后,为中断源所做的事务就叫作中断服务。外设希望在中断发生后,CPU/MCU 能自动执行的代码。

4. 中断的优先级

当多个中断源(外设)同时向 CPU/MCU 发送中断请求信号时,CPU/MCU 所规定的对中断源响应的先后次序就叫作中断的优先级。优先级高的中断请求先响应,优先级低的中断请求后响应。STM32F05xxx 拥有很多外设模块,可以通过编程方式设置各个模块的优先级。

5. 中断嵌套

CPU/MCU 进行中断服务处理时,若有优先级更高的中断源发出中断申请,则 CPU/MCU 暂停当前的中断服务,转而响应高优先级中断源的中断请求,高优先级中断服务结束后,再继续进行低优先级中断服务处理。只有高优先级中断源才能打断低优先级中断源的中断服务,而形成中断嵌套。低级中断源对高级中断服务、同级中断源的中断服务不能形成中断嵌套。

6. STM32F05xxx 的中断控制器(NVIC)

NVIC 主要特性:

(1) 32 个可屏蔽中断通道(不包含 16 个 Cortex-M0 的中断线)。

(2) 4 个可编程的优先级(使用 2 位进行中断优先级设置),优先级为 0~3,数字越小优先级越高。

部分 STM32F05xxx 器件向量表见表 5-2 所示,完整的器件向量表查看《STM32F0x1/STM32F0x2/STM32F0x8 advanced ARM®-based 32-bit MCUs》参考手册。

表 5-2　部分中断向量表

名　称	优先级	优先级类型	说　明	地址
			保留	0x00000000
Reset	−3	固定	复位	0x00000004
NMI	−2	固定	不可屏蔽中断	0x00000008
HardFault	−1	固定	所有类型的错误	0x0000000C
SVCall	3	可设置	通过 SWI 指令调用的系统服务	0x0000002C
PendSV	5	可设置	可挂起的系统服务	0x00000038
SysTick	6	可设置	系统滴答时钟	0x0000003C
TIM1_BRK_UP_TRG_COM		可设置	TIM1 刹车、更新、触发和通信中断	0x00000074
SPI1		可设置	SPI1 全局中断	0x000000A4
USART1		可设置	USART1 全局中断	0x000000AC
DMA_CH1		可设置	DMA 通道 1 中断	0x00000064

7. 中断优先级的设置

当项目中只使用一个外设模块时，无须设置中断优先级；当有多个模块都采用中断方式获得 MCU 服务，并且用户想改变模块原有的中断优先级，则需要设置中断优先级别。设置模块的中断优先级使用 HAL 库函数如下：

　　void　HAL_NVIC_SetPriority(IRQn_Type　IRQn,　uint32_t　PreemptPriority,　uint32_t SubPriority)；

其中，IRQn 为外部中断号，PreemptPriority 为 IRQn 通道的抢占优先级，SubPriority 为 IRQ 通道的子优先级级别，此参数对于 STM32F05xxxMCU 是一个伪值，将被忽略，因为基于 Cortex M0 的产品不支持子优先级。

参数中外部中断号 IRQn 在项目中断 stm32f051x8.h 文件中有完整定义，用户只需要根据所使用外设模块的名称在该文件中查找即可获得。

5.4　LCD 显示项目

LCD 显示项目

本节我们将使用另一种串行传输接口(SPI)实现 MCU 与 LCD 液晶屏的数据传输和 LCD 输出显示功能。串行外设接口(SPI)支持采用半双工、全双工和简单同步等方式与外部设备进行同步串行通信，主要应用在 EEPROM、FLASH、实时时钟、A/D 转换器及数字信号处理器和数字信号解码器之间。由于其简单易用的特性，现在越来越多的芯片集成了这种通信协议。STM32F05xxx 有 2 个 SPI 接口模块。

5.4.1　项目分析

1. SPI 接口

1) SPI 的主要特点

SPI 的主要特点是：可以同时发出和接收串行数据；可以当作主机或从机工作；提供频率可编程时钟；发送结束中断标志；写冲突保护；总线竞争保护；等等。

2) SPI 与外部设备相连

SPI 接口通过以下 4 个引脚与外部设备相连(如图 5-24 所示)。

(1) MISO：主设备数据输入，从设备数据输出。一般情况下，此引脚用于在从模式下的数据发送和在主模式下的数据接收。

(2) MOSI：主设备数据输出，从设备数据输入。一般情况下，此引脚用于在从模式下的数据接收和在主模式下的数据发送。

(3) SCK：时钟信号，由主设备产生。

(4) NSS：从设备片选信号，由主设备控制。此引脚可用于选择一个从机通信，同步数据帧，检测多个主机之间的冲突。

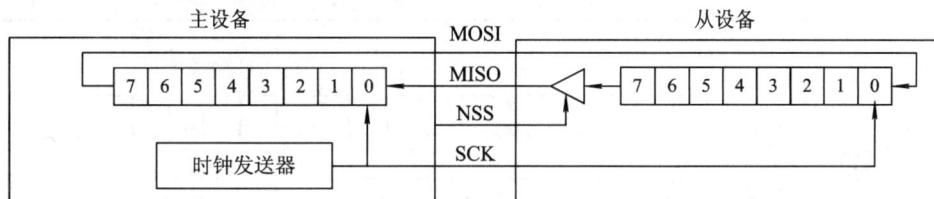

图 5-24　SPI 设备连接

主机和从机都有一个串行移位寄存器，主机通过向它的 SPI 串行寄存器写入一个字节来发起一次传输。

串行移位寄存器通过 MOSI 信号线将字节传送给从机，从机也将自己的串行移位寄存器中的内容通过 MISO 信号线返回给主机。这样，两个移位寄存器中的内容就被交换。

外设的写操作和读操作是同步完成的。如果只进行写操作，则主机只需忽略接收到的字节；反之，若主机要读取从机的一个字节，就必须发送一个空字节来引发从机的传输。

3) SPI 通信格式

在 SPI 通信中，接收和发送操作同时进行，串行时钟(SCK)同步发送并同时采样数据线上的信息。通信格式取决于时钟极性、时钟相位和数据帧格式。CPOL(时钟极性)和 CPHA(时钟相位)的选择共同决定数据采集时的时钟边沿。为了能够正常通信，主机和从机必须遵循相同的通信格式。

(1) 时钟极性：可以通过 SPI 模块的 SPI_CR1 寄存器的 CPOL(时钟极性)位控制在没有数据发送时空闲状态的时钟输出电平。如果 CPOL 被置 0，则 SCK 引脚在闲置状态输出低电平；如果 CPOL 置 1，则 SCK 引脚在闲置状态输出高电平。该位针对主机模式和从机模式。时钟极性(CPOL)对传输协议没有重大影响。

(2) 时钟相位：可以通过 SPI 模块的 SPI_CR1 寄存器的 CPHA(时钟相位)位进行设置。如果 CPHA 位被置 1，则 SCK 引脚在串行同步时钟的第二个跳变沿(上升沿或下降沿)数据被采样；如果 CPHA 位被置 0，则 SCK 引脚在串行同步时钟的第一个跳变沿(上升沿或下降沿)数据被采样。SPI 主模块和与之通信的外设的时钟相位和极性应该一致。

(3) 数据帧格式：可以通过 SPI 模块中的 SPI_CR1 寄存器的 LSBFIRST 位设置数据帧格式，输出数据位时可以 MSB 在前或 LSB 在前。SPI_CR1 寄存器的 DS 位可以选择数据字长，每个数据帧可以设定 4 位到 16 位的长度，同时适用于发送和接收。通信时，只有数据字长范围内的位会随时钟输出。

4) SPI 工作模式

SPI 总线有四种工作模式，由时钟极性(CPOL)和时钟相位(CPHA)设置，如表 5-3 所示。其中，使用最为广泛的是模式 0 和模式 3。图 5-25 是 SPI 的四种模式的传输时序图。

表 5-3　四种工作模式

工作模式	CPHA	CPOL	空闲时 SCK 时钟	采用时钟	是否常用
0	0	0	低	奇数次边沿	是
1	0	1	低	偶数次边沿	否
2	1	0	高	奇数次边沿	是
3	1	1	高	偶数次边沿	否

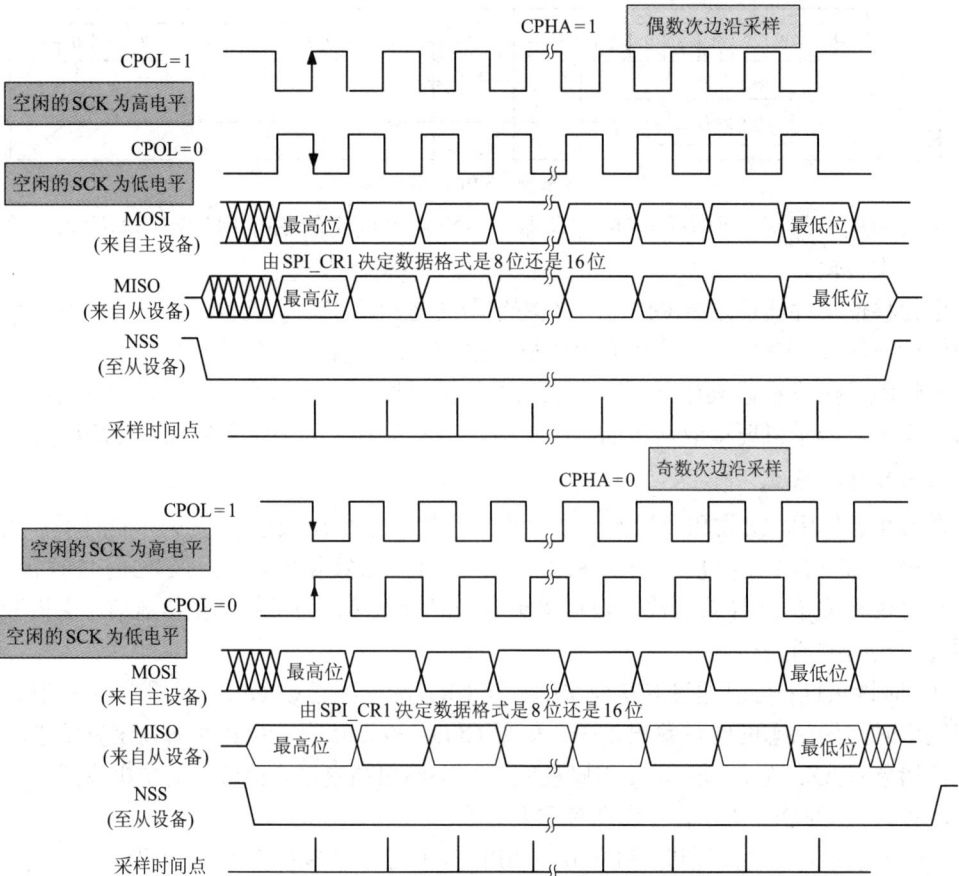

图 5-25　SPI 的四种模式传输时序图

图 5-25 显示的是 SPI_CR1 寄存器的 LSBFIRST = 0 的时序。

(1) 工作模式 0：CPHA = 0，CPOL = 0。

当 CPHA = 0、CPOL = 0 时，SPI 总线工作在模式 0。MISO 引脚上的数据在第一个 SCK 沿跳变之前已经上线，而为了保证正确传输，MOSI 引脚的 MSB 位必须与 SCK 的第一个边沿同步。在 SPI 传输过程中，首先将数据上线，然后在同步时钟信号的上升沿 SPI 的接收方捕捉位信号，在时钟信号的一个周期结束时(下降沿)，下一位数据信号上线，重复上述过程，直到 1 字节的 8 位信号传输结束。

(2) 工作模式 1：CPHA = 0，CPOL = 1。

当 CPHA = 0、CPOL = 1 时，SPI 总线工作在模式 1。与工作模式 0 的不同之处是在同步时钟信号的下降沿捕捉位信号，在上升沿下一位数据上线。

(3) 工作模式 2：CPHA = 1，CPOL = 0。

当 CPHA = 1、CPOL = 0 时，SPI 总线工作在模式 2。在此模式下，MISO 引脚和 MOSI 引脚上的数据的 MSB 位必须与 SCK 的第一个边沿同步，在 SPI 传输过程中，首先在同步时钟信号周期开始时(上升沿)数据上线，然后在同步时钟信号的下降沿时 SPI 的接收方捕捉位信号，在时钟信号的一个周期结束时(上升沿)，下一位数据信号上线，重复上述过程，直到 1 字节的 8 位信号传输结束。

(4) 工作模式 3：CPHA = 1，CPOL = 1。

当 CPHA = 1、CPOL = 1 时，SPI 总线工作在模式 3。与工作模式 2 的不同之处是在同步时钟信号的上升沿捕捉位信号，在下降沿下一位数据上线。

2. SPI 架构

图 5-26 是 SPI 接口逻辑结构图。接收数据时，MISO 数据线接收到的数据经移位寄存器处理后发送到接收缓冲区，用户通过代码就可以将这个数据从接收缓冲区读出。

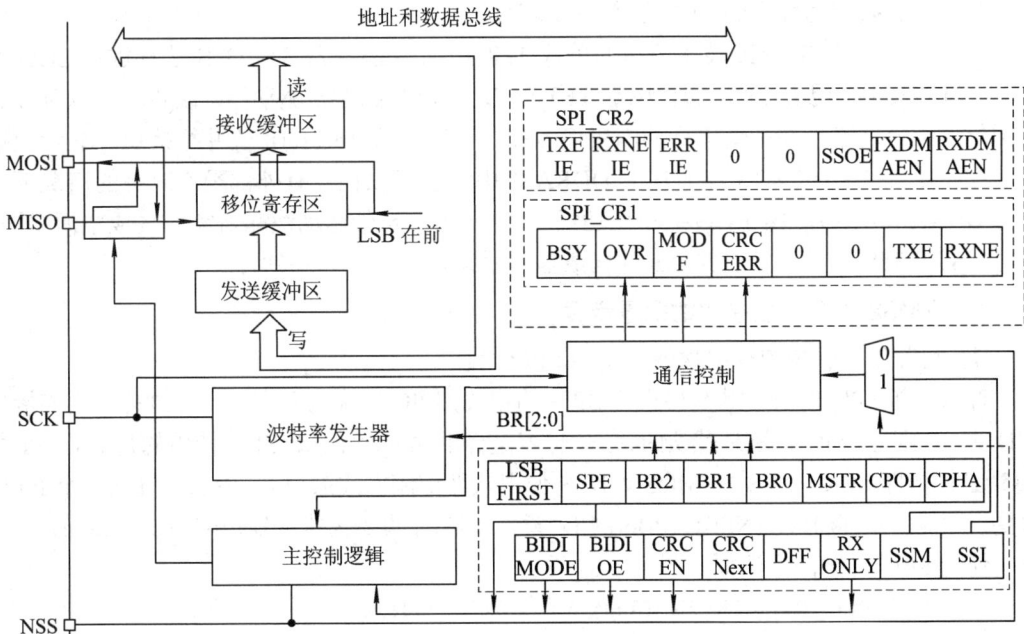

图 5-26　SPI 接口逻辑结构

发送数据时，用户将数据写入发送缓冲区，硬件将数据用移位寄存器处理后输出到MOSI数据线，发送给其他外设模块。

SCK的时钟信号由波特率发生器产生，用户可以通过波特率控制位(BR)控制输出的波特率。

控制寄存器SPI_CR1控制主控制电路，STM32的SPI模块的协议设置(时钟极性、相位等)由它完成；而控制寄存器SPI_CR2则用于设置各种中断使能。

NSS引脚扮演着SPI协议中片选信号线的角色。如果用户把NSS引脚配置为硬件自动控制，则SPI模块自动判别它能否成为SPI的主机，或自动进入SPI从机模式。但更为普遍的用法是，由软件控制某些GPIO引脚单独作为片选信号，这时GPIO引脚可以根据需要灵活选择。

3. 液晶屏的工作原理

LCD液晶显示器作为人机互交的重要部件之一，已在各种设备上广泛使用。TFT-LCD是薄膜晶体管液晶显示器的英文全称Thin Film Transistor-Liquid Crystal Display的缩写。TFT-LCD技术是微电子技术与液晶显示器技术的结合，在液晶显示屏的每一个像素上都设置薄膜晶体管(TFT)，可有效地克服非选通时的串扰，使液晶显示屏的静态特性与扫描线数无关，因此大大提高了图像质量。TFT-LCD具有亮度好、对比度高、层次感强、颜色鲜艳等特点，是目前最主流的LCD显示器，广泛应用于电视、手机、电脑、平板等各种电子产品。

要使LCD液晶屏正常地显示文字或图像，需要LCD驱动器和LCD控制器。在通常情况下，生产厂商会把LCD驱动器以COF/COG的形式与LCD玻璃基板制作在一起，而LCD控制器则由外部电路实现。现在很多MCU内部都集成了LCD控制器，如STM32F429/439系列控制器。通过LCD控制器就可以产生LCD驱动器所需要的控制信号来控制LCD屏的显示，但是STM32F05xxx系列微控制器片内并没有集成LCD控制器，因此，为了实现LCD显示输出，必须使用独立的LCD控制驱动芯片。

本项目采用了Sitronix技术公司的单片TFT控制器/驱动器ST7735S芯片进行LCD的驱动。ST7735S是用于262K彩色图形TFT-LCD的单片控制器/驱动器，该芯片可以直接连接到外部微处理器，并接受串行外围接口(SPI)、8位/9位/16位/18位并行接口，显示数据可以存储在132×162×18位的片上DDRAM中。它可以在没有外部操作时钟的情况下，执行DDRAM的读/写操作，以最小化功耗。此外，由于自带驱动液晶所需的集成电源电路，因此，ST7735S可以使用较少元器件构成显示系统，简化电路和软件设计。

4. STM32的SPI主模式的配置步骤

(1) 配置相关引脚的复用功能，使能SPI时钟。

首先使能SPI1时钟，其次要设置SPI1的相关GPIO引脚为复用输出，这样才会连接到SPI1上，否则这些IO口还是默认的状态，也就是标准输入/输出口。SPI1使用的是PB3、PB4、PB5这3个(即SCK、MISO、MOSI，NSS使用软件控制方式)IO口，所以设置这3个IO口为复用功能IO。将PA15(NSS)、PB6(LCD背光板控制)设置为推挽输出(GPIO_Output)。

使能SPI1时钟的方法如下：

```
__HAL_RCC_SPI1_CLK_ENABLE();        //使能 SPI1 时钟
```

复用PB13、PB14、PB15为SPI2引脚，通过HAL_GPIO_Init函数实现。

(2) 设置 SPI 工作模式。

设置 SPI2 为主机模式，设置数据格式为 8 位，然后通过 CPOL 和 CPHA 位来设置 SCK 的时钟极性及采样方式，并设置 SPI1 的时钟频率(最大为 18 MHz)以及数据格式(MSB 在前 还是 LSB 在前)。在 HAL 库中初始化 SPI 的函数如下：

HAL_StatusTypeDef HAL_SPI_Init(SPI_HandleTypeDef *hspi);

(3) 使能 SPI。

启动 SPI1，然后就可以开始 SPI 通信了。库函数使能 SPI1 的方法如下：

__HAL_SPI_ENABLE(&SPI1_Handler); //使能 SPI1 模块

(4) SPI 传输数据。

HAL 库提供的发送数据函数如下：

//往 SPIx 数据寄存器写入数据 Data，从而实现发送

HAL_StatusTypeDef HAL_SPI_Transmit(SPI_HandleTypeDef *hspi, uint8_t *pData, uint16_t Size, uint32_t Timeout);

HAL 库提供的接收数据函数如下：

//从 SPIx 数据寄存器读出接收到的数据

HAL_StatusTypeDef HAL_SPI_Receive(SPI_HandleTypeDef *hspi, uint8_t *pData, uint16_t Size, uint32_t Timeout);

因为 SPI 是全双工工作方式，发送 1 字节的同时接收 1 字节，发送和接收同时完成， 所以 HAL 也提供了一个发送接收统一函数：

HAL_StatusTypeDef HAL_SPI_TransmitReceive(SPI_HandleTypeDef *hspi, uint8_t *pTxData, uint8_t *pRxData, uint16_t Size, uint32_t Timeout);

(5) 设置 SPI 传输速度。

SPI 初始化参数有一个变量 BaudRatePrescaler，用来设置 SPI 的预分频系数，从而决定 SPI 的传输速度。SPI1 输入时钟频率为 48 MHz 时，波特率最大不超过 18 Mb/s。

5. LCD 电路原理图分析

MCU 与 LCD 连接原理图如图 5-27 所示，主要涉及 LCD、MOSI、MISO、SCK、SS。

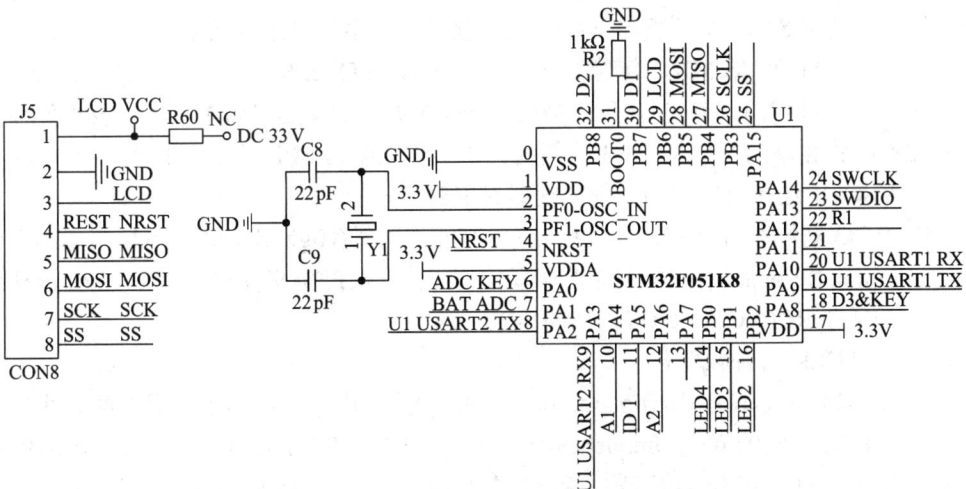

图 5-27　MCU 与 LCD 连接原理图

从图 5-27 中可以看出，对液晶屏的输出控制通过 5 个引脚来实现。LCD 引脚功能说明如表 5-4 所示。

表 5-4 LCD 功能引脚说明

LCD 屏接口	本项目使用引脚	STM32F05xxx 的SPI1 接口的默认引脚	说　明
LCD	PB6		LCD 背光控制
MISO	PB4	PA6	数据输入
MOSI	PB5	PA7	LCD 内寄存器/数据选择，用于判断输入的数据是指令还是像素值
SCK	PB3	PA5	时钟信号
SS	PA15	PA4	片选信号

5.4.2 方案设计

项目功能：MCU 通过 SPI 串行总线输出控制 LCD 液晶屏显示英文字符串。LCD 显示实验的实现流程如下：

(1) 主程序完成 GPIO、RCC 时钟源设置、SPI1 初始化、LCD 初始化。

(2) 使能 SPI1。

(3) 调用 LCD 驱动函数进行字符串输出显示。

其中，初始化部分可以通过 STM32CubeMX 软件以图形化的方式进行配置，这样可以大大减轻编程工作量。

5.4.3 项目实施

本项目和前面的 TIME 项目相同，首先，使用 STM32CubeMX 软件以图形化的方式对 STM32F0 芯片进行配置；然后，由 STM32CubeMX 软件生成包含初始化代码的项目文件；接着，使用 MDK-Keil 5 软件根据 5.3.2 节中的项目要求修改源代码，并且编译生成可执行文件；最后，使用 ST-Link 仿真器下载并运行项目，观察项目运行效果。

(1) 进入 STM32CubeMX，新建 LCD 工程，配置 STM32F0 芯片，自动生成代码。

和 TIME 项目相同，首先打开 STM32CubeMX 软件，新建 LCD 工程、设置外部时钟源和 PCLK 时钟频率的操作与 5.1.3 节相同。本节重点学习 SPI 模块的设置。

① SYSCLK 选择时钟源为外部高速时钟 HSE。

点击 RCC(复位和时钟控制)模块，在高速外部时钟(High Speed Clock，HSE)后选择 Crystal/Ceramic Resonator(晶体/陶瓷谐振器)，右侧芯片 PF0-和 PF1-引脚左侧会自动出现 RCC_OSC_IN 和 RCC_OSC_OUT，如图 5-28 所示。

② 设置 PCLK 时钟频率。

点击图 5-28 中 Clock Configuration(时钟配置)页，进入时钟频率配置页面。我们从左到右依次将 HSE 左侧的 Input frequency(输入频率)设置为 8 MHz，PLL Source Mux(PLL 多路开关)设置为 HSE，PLLMul(倍频系数)设置为 6，System Clock Mux(系统时钟多路开关)

设置为 PLLCLK。设置完成后，我们看到 APB1 Timer clocks 输出时钟为 48 MHz，这就是提供给定时器 1 的时钟频率，如图 5-29 所示。

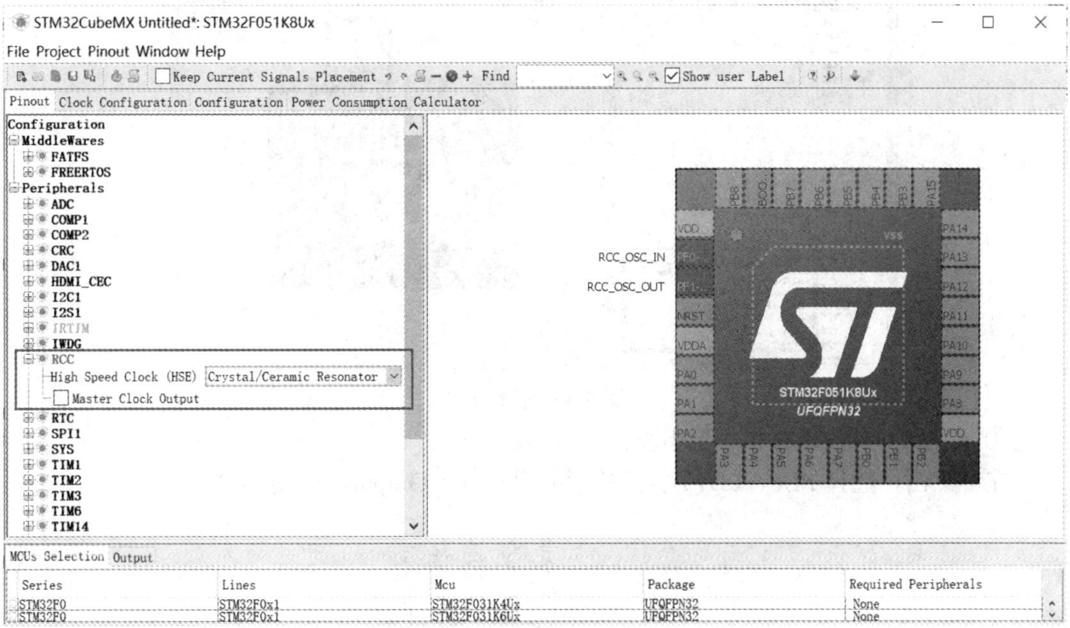

图 5-28　设置时钟源为 HSE

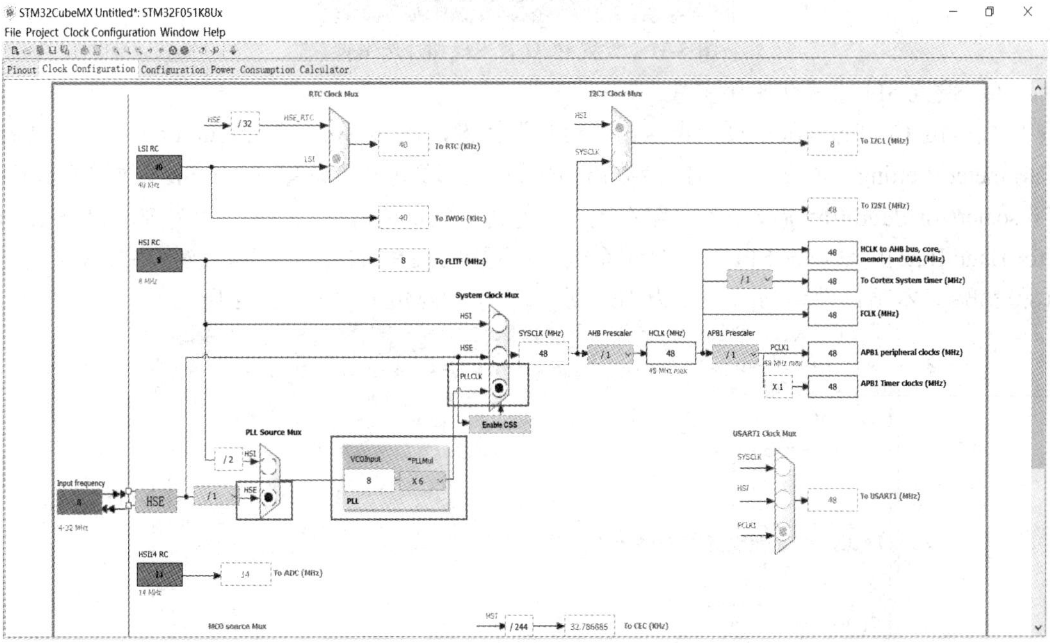

图 5-29　设置 PCLK 时钟频率

③ 使能 SPI。

由于没有使用 SPI1 模块的默认引脚进行通信，而是采用了 PB 口重映射，因此选择备用引脚。左键点击 PB3/PB4/PB5 引脚选择与 SPI 相关的功能：PB3 选择 SPI1_SCK，PB4 选择 SPI1_MISO，PB5 选择 SPI1_MOSI，如图 5-30 所示。

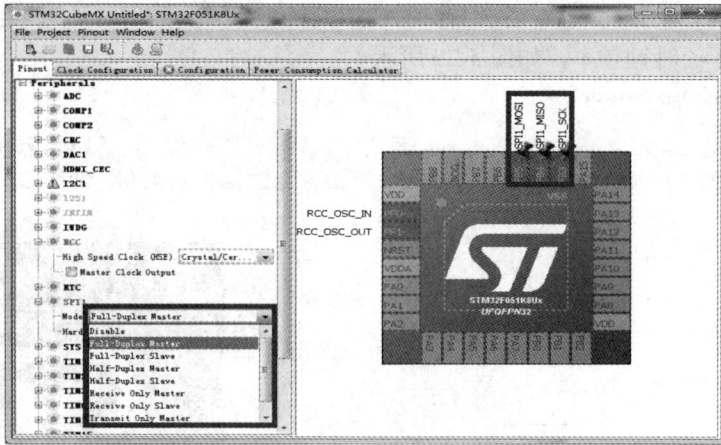

图 5-30　使能 SPI

④ 设置 LCD 背光板和片选引脚。

左键点击，选择 PB6、PB15 引脚的功能为 GPIO_Output，如图 5-31 所示。

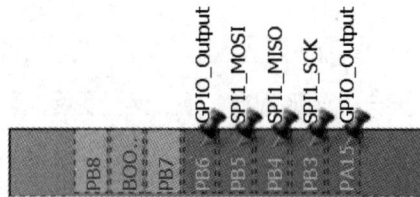

图 5-31　设置 LCD 背光板和片选引脚

⑤ 设置 SPI 模块初始化参数。

先点击 Configuration 页，再点击"SPI1"按键，进入 SPI1 Configuration 窗体，选择 Parameter Settings 页进行 SPI1 参数初始化设置。这里主要设置 Data Size(数据位数)和 Prescaler(for Baud Rate)(波特率分频系数)，其他选择默认值。Data Size 设置为 8 bit。Prescaler (for Baud Rate)用来设置 SPI 的预分频系数，从而决定 SPI 的传输速度。波特率最大不超过 18.0 Mb/s。本项目设置 Prescaler 为 16，波特率为 3.0 Mb/s，如图 5-32 所示。

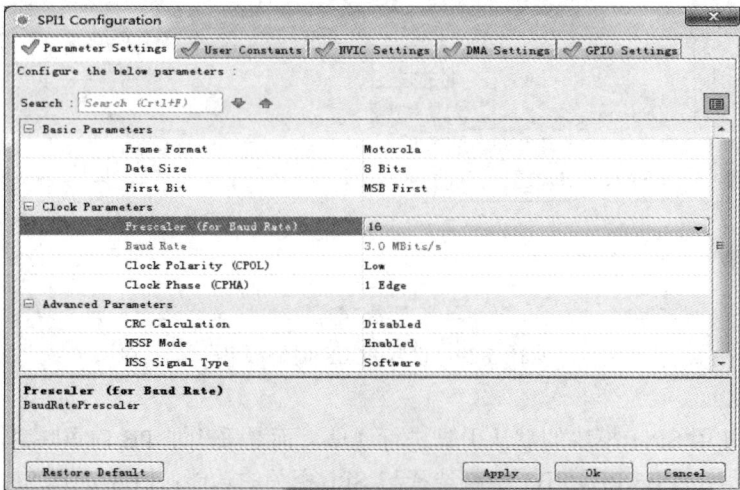

图 5-32　设置 SPI 模块初始化参数

做完上述配置后，点击生成工程按键，可自动生成项目代码。

(2) 使用 MDK-Keil 5 打开 LCD 工程，按照项目要求修改源代码，并且编译生成可执行文件。

使用 MDK-Keil 5 打开 LCD 工程，编译工程，检测没有错误。添加 LCD 的驱动函数文件 LCD.c、LCD.h 和 ASCII 码字库文件 font_lcd.h。首先将 LCD.c 文件复制到 LCD 项目下的 Src 文件夹中，将 LCD.h 和 font_lcd.h 文件复制到 LCD 项目下 Inc 文件夹中。然后将 LCD.c 文件添加到项目目录 Application/Usr 下。这里我们直接使用为实验板移植写好的 LCD 驱动函数文件。项目中的主要调用函数如下：

```
void Lcd_Init(void)              //带 ST7735R 的 1.44 英寸 LCD 面板的 LCD 初始化
void Lcd_Clear(uint16_t Color)   //使用 Color 对 LCD 进行清屏，显示新的内容前通常都要清屏
//在第 x0 行第 y0 列，以前景色 fc 和背景色 bc 输出字符串 s
void Gui_DrawFont_GBK16(uint16_t x0, uint16_t y0, uint16_t fc, uint16_t bc, uint8_t *s)
```

常用颜色的宏定义、LCD 横轴和纵轴的最大像素值等参数的定义都在 LCD.h 中，用户在功能实现时可以按需查找。

下面在项目中添加功能代码。

首先，对 STM32CubeMX 图形工具进行 RCC、SPI1 和 GPIO 配置，系统自动生成 GPIO 和 SPI1 的初始化代码如下：

```
SystemClock_Config();      //选择系统时钟源，配置 PCLK 时钟
MX_GPIO_Init();            //使能 GPIOA/GPIOF/GPIOB 时钟，设置 PA15、PB6 的工作模式
MX_SPI1_Init();           //设置 SPI1 模块的数据帧格式、波特率
```

① 在 main 函数前添加 LCD 头文件：

```
/* USER CODE BEGIN Includes */
#include "lcd.h"
/* USER CODE END Includes */
```

② 在 main 函数前添加 LCD 驱动函数声明：

```
/* USER CODE BEGIN PFP */
/* Private function prototypes -------*/
void DisplayDeviceLogo(void);
/* USER CODE END PFP */
```

③ 在 main 函数中添加代码：

```
/* USER CODE BEGIN 2 */
Lcd_Init();                //初始化 LCD 显示屏
DisplayDeviceLogo();       //屏幕显示函数，向 LCD 输出显示字符串
/* USER CODE END 2 *
```

④ 在 main 函数后添加屏幕显示 LCD 驱动函数：

```
/* USER CODE BEGIN 4 */
void DisplayDeviceLogo(void)
{  Lcd_Clear(YELLOW) ;//全屏清屏，填充为黄色
   Gui_DrawFont_GBK16(0,0,RED, GREEN,"  LCD PROJECT ");
```

//在第0行第0列,以前景色红色和背景色绿色输出字符串" LCD PROJECT " Gui_DrawFont_
GBK16(0, 16, RED, GREEN," hello world ");

//在第0行第16列,以前景色红色和背景色绿色输出字符串" hello world "

```
    }
    /* USER CODE END 4 */
```

⑤ 在 spi.c 文件的 HAL_SPI_MspInit 函数中添加如下代码:

```
    /* USER CODE BEGIN SPI1_MspInit 1 */
    GPIO_InitStruct.Pin = GPIO_PIN_4;
    GPIO_InitStruct.Mode = GPIO_MODE_OUTPUT_PP;
    HAL_GPIO_Init(GPIOB, &GPIO_InitStruct);
    /* USER CODE END SPI1_MspInit 1 */
```

添加上述代码的原因是 STM32CubeMX 软件自动生成的代码对于 PB4(SPI1_MISO)引脚的设置不适合 LCD 颜色控制,所以需要手工添加上述新的 PB4 初始化代码,目的是将 PB4引脚的工作模式设置为推挽输出模式。

(3) 使用 ST-Link 仿真器下载并运行项目,观察项目运行效果。

编译工程并下载代码,按下复位键,运行代码,观察 LCD 屏幕上的显示内容为

LCD PROJECT

Hello world

5.4.4　项目小结

串行外设接口(SPI)支持采用半双工、全双工和简单同步等方式与外部设备进行同步串行通信。STM32F05xxx 有 2 个 SPI 接口模块,在使用 SPI 接口与外设通信时需要设置输入的 PCLK 时钟频率、数据帧格式、波特率、工作模式以及复用的 GPIO 引脚的工作模式。SPI 接口可以实现一个主设备和一个从设备之间通信、一个主设备和两个及两个以上从设备之间通信、多主机通信。

5.4.5　知识及技能拓展

STM32F05xxx 有很多内置外设,这些外设的外部引脚与 GPIO 复用。也就是说,如果一个 GPIO 可以复用为内置外设的功能引脚,那么当这个 GPIO 作为内置外设使用的时候就叫作复用。例如,5.2 节串口项目中,串口 1 的发送接收引脚是 PA9、PA10,当我们把PA9、PA10 不用作 GPIO,而用作复用功能串口 1 的发送接收引脚时,叫端口复用。

端口重映射功能就是把某个模块默认使用的 GPIO 引脚映射到其他引脚。例如,本项目中 SPI1 默认引脚 PA5、PA6、PA7 可以通过配置重映射映射到 PB3、PB4、PB5。重映射可以方便硬件布线和简化电路设计。

5.5　AD 采集项目

AD 采集项目

电位器模块、光强传感器、火焰传感器、雨滴传感器、可燃气体传感器、烟雾传感器

都是模拟量输出，而 MCU 只能输入处理数字量，需将模拟量转换为数字量提供给 MCU。本节我们将使用模/数转换模块(Analog-to-Digital Converter，ADC)来实现模拟量和数字量的转换。ADC 指模/数转换器或者模拟/数字转换器，是指将连续变量的模拟信号转换为离散的数字信号的器件，典型的模拟/数字转换器用于将模拟信号转换为表示一定比例电压值的数字信号。

　　ADC 转换接口电路是应用系统前向通道的一个重要环节，可完成一个或多个模拟信号到数字信号的转换。一般来说，模拟信号转换为数字信号并不是最终目的，转换得到的数字量通常要经过微控制器进一步处理。

5.5.1　项目分析

1. ADC 的技术指标

对于 ADC，用户最关注的技术指标是分辨率、转换速度、ADC 类型、参考电压。

1) 分辨率

分辨率是使输出数字量变化一个相邻数码所需输入模拟电压的变化量。分辨率常用二进制的位数表示，例如，12 位 ADC 的分辨率是 12 位，或者说分辨率为满刻度的 $1/2^{12}$。一个 10 V 满刻度的 12 位 ADC 能分辨的输入电压变化的最小值是 $10\ \mathrm{V} \times 1/2^{12} = 2.4\ \mathrm{mV}$。

2) 转换速度

ADC 的转换速率是能够重复进行数据转换的速度，即每秒转换的次数。完成一次 A/D 转换所需的时间(包括稳定时间)，则是转换速率的倒数。A/D 转换器的转换速度主要取决于转换电路的类型，不同的转换电路差异很大。积分型 A/D 的转换时间是毫秒级，属于低速 ADC；逐次比较型 ADC 的转换时间是微秒级，属于中速 ADC；全并行/串并行型 ADC 的转换时间是纳秒级，属高速 ADC。

3) ADC

常用的 A/D 转换器类型有积分型、逐次逼近型、全并行型/串并行型等。ADC 的类型决定了 ADC 性能的极限。STM32F05xxx 采用的是逐次比较型 ADC。

　　逐次逼近型 ADC 由逐次寄存器、比较器、同精度的 DAC、参考电压组成，如图 5-33 所示。这种 ADC 从 MSB 开始，依次对每一位输入电压与内置 DAC 的输出进行比较，经 N 次比较后输出数字值。其电路规模属于中等，优点是速度高，功耗低，在低分辨率(<12 位)时价格便宜。

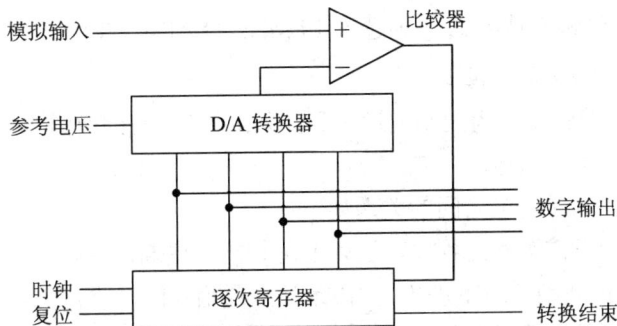

图 5-33　逐次逼近式 ADC 的转换逻辑结构

4) 参考电压(VREF)

参考电压 VREF 是 ADC 测量电压的标准。参考电压可以认为是器件的最高上限电压(不超过电源电压),当信号电压较低时,可以降低参考电压来提高分辨率。如果改变参考电压,则同样的二进制数表示的电压值会不一样,最大的二进制数(全 1)表示的就是器件的参考电压,在计算实际电压时,就需要考虑参考电压。参考电压的稳定性对器件系统性能有很大的影响。例如,选择参考电压 5 V,ADC 的分辨率是 12 位,那么当 ADC 的输入电压是 5 V 时,ADC 的输出值为全 1(即 0xFFF),转换为十进制是 4095。当 ADC 的输入电压是 0 V 时,ADC 的输出值为 0。中间点的电压输入/输出为线性关系,即如果输入值是 m,则 ADC 的输出值为 4095 m/5。

2. STM32F05xxx 的 ADC 模块

1) STM32F05xxx 的 ADC 模块功能简介

一个 12 位、1.0 μs 的 ADC(至多 16 采样通道)的转换范围是 0~3.6 V,单独的 2.4~3.6 V 模拟供电。12 位 ADC 是一种逐次逼近型模拟/数字转换器,它有 19 个通道,可测量 16 个外部和 3 个内部(温度传感器、电压基准、VBAT 电压测量)信号源,各通道的 A/D 转换可以单次、连续、扫描或间断模式执行。ADC 的结果以左对齐或右对齐方式存储在 16 位数据寄存器中。模拟看门狗允许应用程序监测一个、几个或全部选择通道的输入电压是否超出了用户设定的高/低阈值。一个有效低功耗模式实施允许在低频情况下实现低能耗。

2) STM32F05xxx ADC 通道和 GPIO 引脚的对应关系

STM32F05xxxADC 通道和 GPIO 引脚的对应关系如表 5-5 所示。

表 5-5 ADC 通道和 GPIO 引脚的对应关系表

通道 0	通道 1	通道 2	通道 3	通道 4	通道 5	通道 6	通道 7	通道 8
PA0	PA1	PA2	PA3	PA4	PA5	PA6	PA7	PB0
通道 9	通道 10	通道 11	通道 12	通道 13	通道 14	通道 15	通道 16	通道 17
PB1	PC0	PC1	PC2	PC3	PC4	PC5	温度传感器	内部参照电压

3) STM32F05xxx ADC 时钟

STM32F05xxxADC 具有双时钟域架构,ADC 时钟(ADC_CLK)独立于 APB 时钟(PCLK)。ADC_CLK 时钟源可由 RCC 时钟模块寄存器的选项来产生:

选项 1:专用的 14 MHz 内部振荡器。

选项 2:PCLK 时钟/2 或/4(最大不超过 14 MHz 的 ADC_CLK)。

4) STM32F05xxx ADC 通道组

STM32 把 ADC 的转换分为规则通道组和注入通道组。规则通道组最多包含 16 个通道,注入通道组最多包含 4 个通道。

规则通道组和注入通道组之间的关系如下:

规则通道相当于正常运行的程序,注入通道相当于中断。

在正常执行程序(规则通道)的时候,中断(注入通道)可以打断正常执行的程序。即注入通道的转换可以打断规则通道的转换,在注入通道被转换完成之后,规则通道才得以继续转换。在程序初始化中要设置好规则通道组和注入通道组。

5) STM32F05xxx 的 ADC 转换模式

(1) 单次转换。在单次转换模式下，ADC 执行一次序列转换，转换所有被选的通道。当 ADC_CFGR1 寄存器中的 CONT = 0 时，ADC 为单次转换模式。

(2) 连续转换。在连续转换模式下，当软件或硬件触发事件产生时，ADC 执行一个序列转换。将所有的通道转换一次且自动重新开始执行相同的序列转换。当寄存器 ADC_CFGR1 中的 CONT = 1 时，ADC 为连续转换模式。

(3) 扫描模式。此模式用来扫描一组模拟通道。扫描模式可通过设置 ADC_CR1 寄存器的 SCAN 位来选择，一旦这个位被设置，ADC 扫描所有被 ADC_SQRX 寄存器(对规则通道)或 ADC_JSQR(对注入通道)选中的通道。在每个组的每个通道上执行单次转换。在每次转换结束时，同一组的下一个通道被自动转换。

6) STM32F05xxx ADC 工作过程

下面以 ADC 的规则通道转换来进行 ADC 工作过程分析。所有器件都是围绕中间的模拟/数字转换器部分(简称 ADC 部件)展开的。ADC 部件的左端为 VREF+、VREF- 等，ADCx_IN0～ADCx_IN15 为 ADC 的输入信号通道，即表 5-5 中的 GPIO 引脚(PA0～PA7、PB0、PB1、PC0～PC5)。输入信号经过这些通道被送到 ADC 部件，ADC 部件需要收到触发(如 EXTI 外部触发、定时器触发及软件触发)信号才开始进行转换。ADC 部件接收到触发信号之后，在 ADC_CLK 时钟的驱动下对输入通道的信号进行采样，并进行模/数转换，其中 ADC_CLK 来自 ADC 预分频器。ADC 部件转换后的数值被保存到一个 16 位的规则通道数据寄存器(或注入通道数据寄存器)中，用户可以通过 CPU 指令或 DMA 将它读取到内存(变量)中。模/数转换之后，可以触发 DMA 请求，或者触发 ADC 的转换结束事件。如果配置了模拟看门狗，并且采集获得的电压大于阈值，则会触发看门狗中断。

3. ADC 通道 N 通过连续转换模式采用 DMA 进行数据传输的操作步骤

因为规则通道转换的值存储在一个仅有的数据寄存器中，所以当转换多个规则通道时需要使用 DMA，这样可以避免丢失已经存储在 ADC_DR 寄存器中的数据。只有在规则通道的转换结束时才产生 DMA 请求，并将转换的数据从 ADC_DR 寄存器传输到用户指定的目的地址。

(1) 初始化 GPIO、DMA、ADC。

初始化 GPIO：使能 GPIO 时钟，设置 ADC 通道 N 复用 GPIO 引脚。

初始化 DMA：使能 DMA 时钟，DMA 通道 1 中断初始化，使能 DMA 通道 1 中断。

初始化 ADC：设置 ADC 的时钟分频系数、分辨率、模式、扫描方式、对齐方式等信息，配置通道。

对上述三个模块的初始化参数，通过 STM32CubeMX 软件以图形化的方式设置。在 HAL 库中，初始化 ADC 是通过函数 HAL_ADC_Init 来实现的。和其他外设一样，HAL 库同样提供了 ADC 的 MSP 初始化函数。一般情况下，ADC 时钟使能、ADC 通道 N 复用 GPIO 初始化、DMA 初始化参数都放在 MSP 初始化函数中。函数声明为 void HAL_ADC_ MspInit(ADC_HandleTypeDef* hadc)。

(2) 启动 AD 转换器，开启 DMA 的 ADC 采样、多通道的轮询采集。

在设置完以上信息后，使用 HAL 库函数 HAL_ADC_Start_DMA 启动 ADC 采样。一旦启动采样，ADC 的所有通道一次且自动重新开始执行相同的扫描转换。每次转换结束时都会产生一个 DMA 请求，将转换好的数据传输到数据缓冲区数组中。

(3) 等待转换完成，读取 ADC 值。

从定义的缓存(数组)中读出 DMA 传输的采样结果并进行处理。

4. ADC 电压采集电路原理图分析

ADC 电压采集电路原理图如图 5-34 所示。从图 5-34 中可以看出，STM32F051K8 通过 PA4(通道 4)、PA5(通道 5)采集电位器上获得的电压值，通过 ADC 进行 A/D 转换，获得电压的数字量。

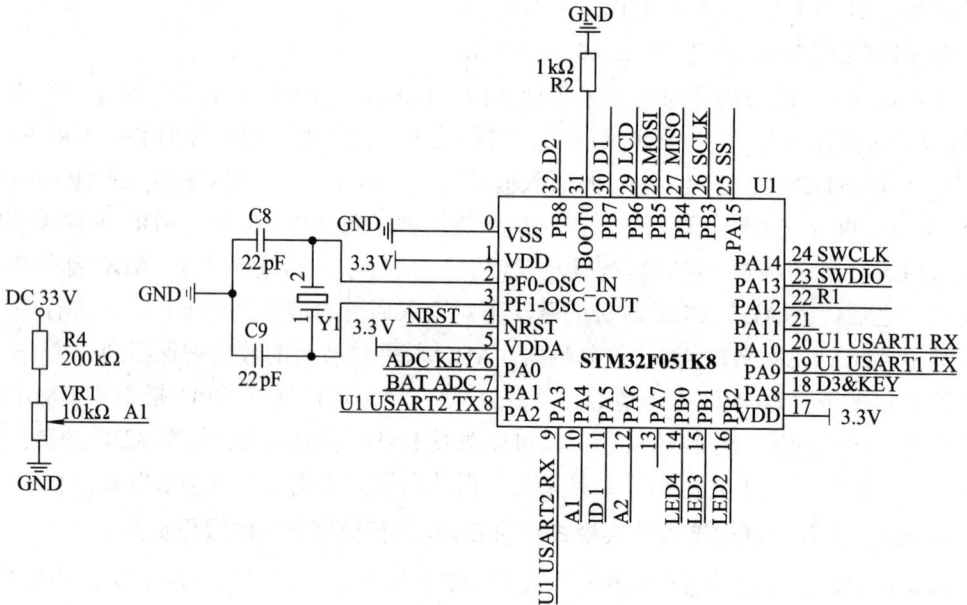

图 5-34　ADC 电压采集电路原理图

5.5.2　方案设计

项目功能：MCU 通过 PA4(通道 4)、PA5(通道 5)采集电位器上获得的电压值，通过 ADC 进行 A/D 转换，获得电压的数字量，并将电压数值通过串口 1 发送给 PC 的串口助手显示。

ADC 电压采集实验的实现流程如下：

(1) 主程序完成 RCC 时钟源设置、GPIO 初始化、ADC 初始化、DMA 初始化、串口初始化。

(2) 启用 ADC，开始常规组的转换，并通过 DMA 传输结果。

(3) 通过串口显示转换结果。

其中，初始化部分可以通过 STM32CubeMX 软件以图形化的方式进行配置，这样可以大大减轻编程工作量。

5.5.3　项目实施

本项目和前面的 TIM 项目相同，首先，使用 STM32CubeMX 软件以图形化的方式对 STM32F0 芯片进行配置；然后，由 STM32CubeMX 软件生成包含初始化代码的项目文件；接着，使用 MDK-Keil 5 软件根据 5.3.2 节中的项目要求修改源代码，并且编译生成可执行文件；最后，使用 ST-Link 仿真器下载并运行项目，观察项目运行效果。

(1) 进入 STM32CubeMX，新建 ADC 工程，配置 STM32F0 芯片，自动生成代码。

和前面的 TIM 项目相同，首先打开 STM32CubeMX 软件，新建 ADC 工程，操作与 5.1.3 节相同。本项目与前面 TIM 项目相同的配置有设置外部时钟源，设置 PCLK 时钟频率，设置串口 1。本节重点学习 ADC 模块的配置。

① SYSCLK 选择时钟源为外部高速时钟 HSE。

点击 RCC(复位和时钟控制控制模块)，在 High Speed Clock(HSE)后选择 Crystal/Ceramic Resonator(晶体/陶瓷谐振器)，右侧芯片 PF0-和 PF1-引脚左侧会自动出现 RCC_OSC_IN 和 RCC_OSC_OUT，如图 5-35 所示。

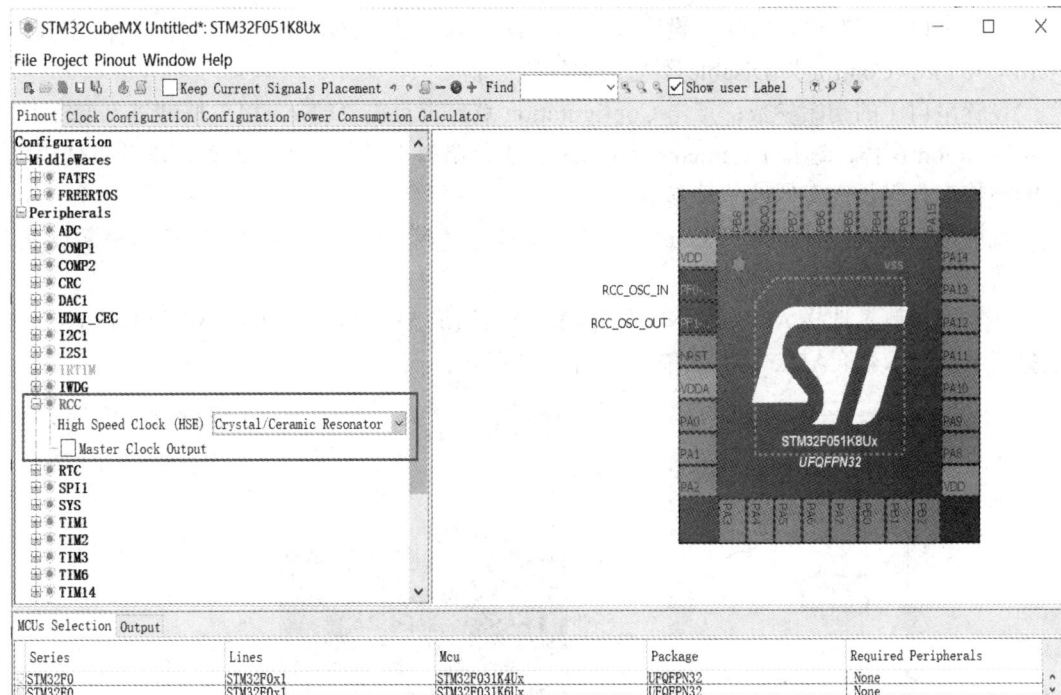

图 5-35　设置时钟源为 HSE

② 设置 PCLK 时钟频率。

点击 Clock Configuration(时钟配置)页，进入时钟频率配置页面。我们从左到右依次将 HSE 左侧的 Input frequency(输入频率)设置为 8 MHz，PLL Source Mux(PLL 多路开关)设置为 HSE，PLLMul(倍频系数)设置为 6，System Clock Mux(系统时钟多路开关)设置为 PLLCLK。设置完成后，我们看到 APB1 Timer clocks 输出时钟为 48 MHz，这就是提供给定时器 1 的时钟频率，如图 5-36 所示。

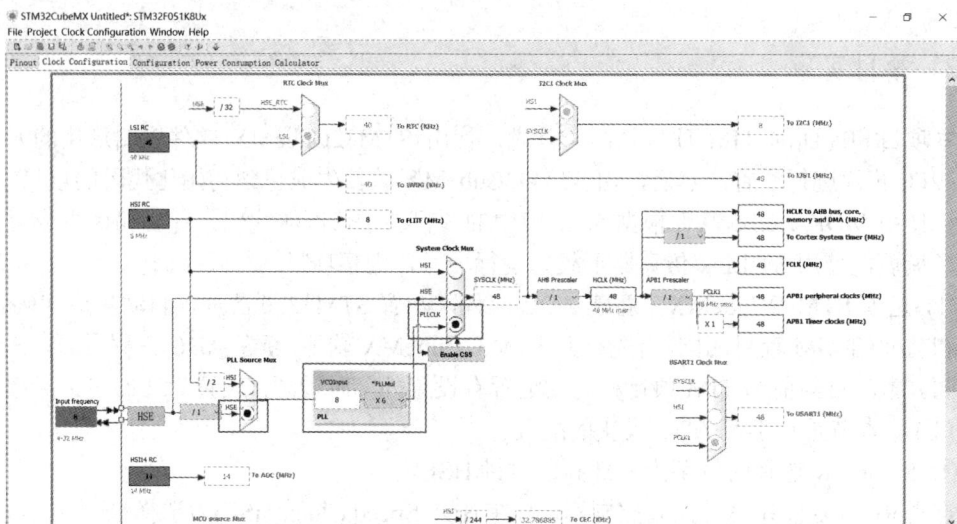

图 5-36　设置 PCLK 时钟频率

③ 设置串口 1 参数。

使能串口 1：在窗口左侧，设置 UART1 的 mode 为 Asynchronous(异步通信)方式，Hardware Flow Control 为 Disable 不使用硬件流控制。

设置串口 1 的初始参数：点击 Configuration 页，再点击"USART1"按键进入 USART Configuration 窗体，选择 Parameter Settings 页进行串口 1 参数初始化设置，本项目使用默认的波特率、字长、奇偶校验等参数。

使能串口中断：在 USART Configuration 窗体选择 NVIC Settings 页进行串口中断设置。

④ 使能 ADC 外设。

在窗口左侧，选择 ADC 的 IN4(通道 4)、IN5(通道 5)，窗口右侧的 PA4 和 PA5 被自动选择了 ADC_IN4 和 ADC_IN5 功能，如图 5-37 所示。

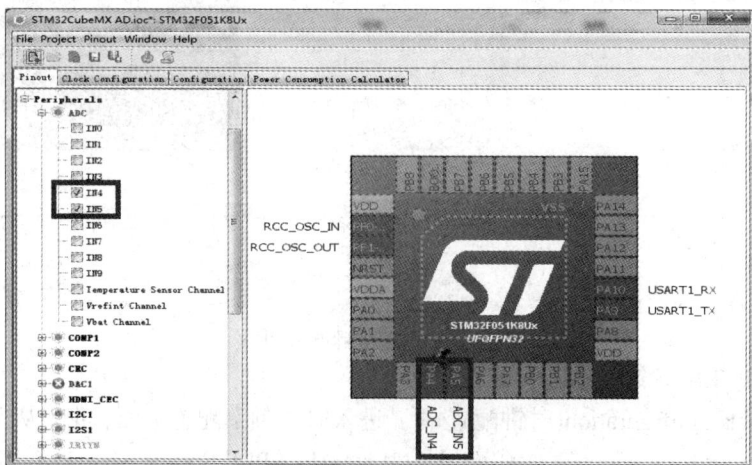

图 5-37　使能 ADC 外设

⑤ 设置 ADC 初始化参数。

点击 Configuration 页，再点击"ADC"按键进入 ADC Configuration 窗口，选择 Parameter

Settings 页进行 ADC 参数初始化设置。本项目使用 DMA 方式进行数据传输，参数设置将
Continuous Conversion mode 设置为 Enabled，DMA Continuous Requests 设置为 Enabled。
其他参数都采用默认值，如图 5-38 所示。

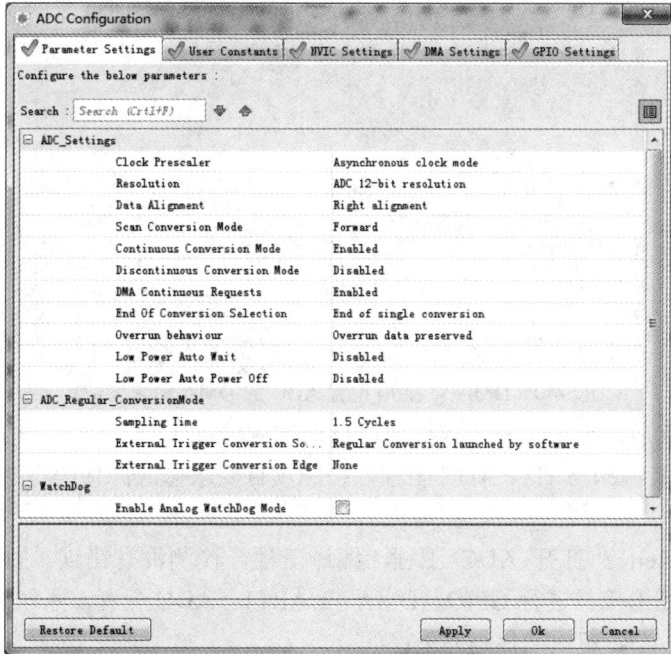

图 5-38　设置 ADC 初始化参数

⑥ 使能 DMA 方式并设置参数。

点击 DMA Setting，在图 5-39 点击 Add 按钮，再在 DMA Request 下拉列表中选择 ADC
选项，添加 ADC 的 DMA 请求，然后选中添加的 ADC DMA Request，在图 5-40 下方设置
Mode 为 Circular，Peripheral 的 Data Width 和 Memory 的 Data Width 设置为 Word。

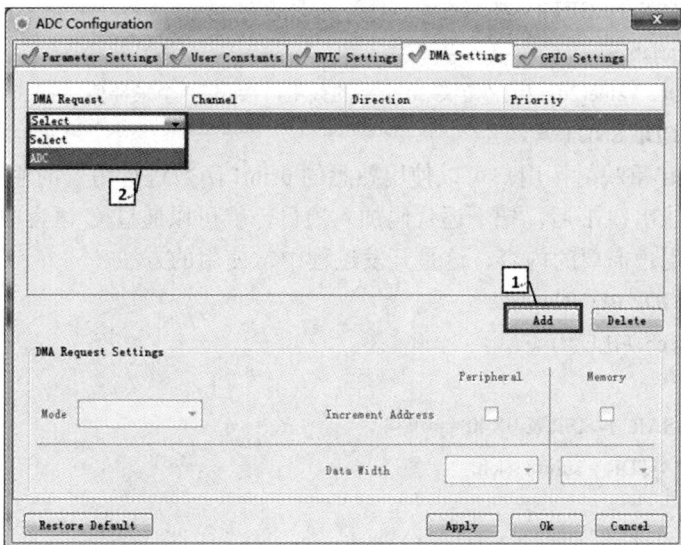

图 5-39　DMA 设置页(未添加 ADC DMA 请求)

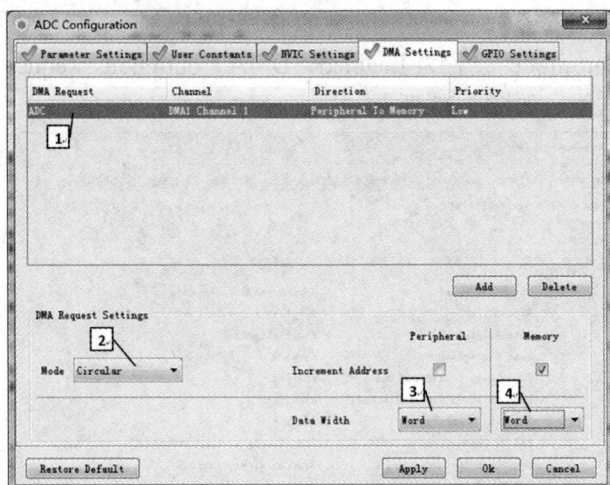

图 5-40　DMA 设置页(设置 ADC 的 DMA 请求参数)

做完上述配置后，点击生成工程按键，自动生成项目代码。

(2) 使用 MDK-Keil 5 打开 ADC 工程，按照项目要求修改源代码，并且编译生成可执行文件。

使用 MDK-Keil 5 打开 ADC 工程，编译工程，检测没有错误。首先，通过前面对 STM32CubeMX 图形工具进行 GPIO、DMA、UART1、ADC 配置，系统自动生成 GPIO、DMA、UART1、ADC 初始化代码如下：

```
MX_GPIO_Init();              //使能 GPIOF/GPIOA 时钟
MX_DMA_Init();               //使能 DMA 时钟，DMA 中断初始化
MX_USART1_UART_Init();       //使能串口 1 时钟，串口 1 初始化
MX_ADC_Init();               // ADC 参数初始化，时钟使能，复用 GPIO 口设置
```

① 在 main.c 文件中添加数据接收缓存区数组：

```
/* USER CODE BEGIN PV */
/* Private variables -------------------------------------------------*/
uint32_t ADC_Value[20]={0};//定义 20 个字的数组，接收 20 个采样值
/* USER CODE END PV */
```

② 添加 printf 重映射，用户可以使用熟悉的 printf 函数进行串口的输出操作。

初始化和使能串口 1 后，把下述代码加入项目，就可以通过 C 语言中常用的 printf 函数向串口 1 发送用户需要的内容，这是开发过程中常使用的方法。

```
/* USER CODE BEGIN 0 */
int fputc(int ch, FILE *f)
{
    while((USART1->ISR & 0X40)==0);
    USART1->TDR = (uint8_t)ch;
    return ch;
}
```

③ 开启 DMA 的 AD 采集、多通道的轮训采集，不需要 MCU 的参与。

```
/* USER CODE BEGIN 2 */
    HAL_ADC_Start_DMA(&hadc, (uint32_t*)&ADC_Value, 20);
/* USER CODE END 2 */
```

④ 通过串口 1 输出 AIN4 和 AIN5 的采集数据，在 while(1)中添加代码如下：

```
/* USER CODE BEGIN 3 */
    printf("AD4:%d\n",ADC_Value[0]);//通过串口 1 输出 AIN4 的采集数据
    printf("AD5:%d\n",ADC_Value[1]); //通过串口 1 输出 AIN5 的采集数据
    HAL_Delay(1000);
    }
/* USER CODE END 3 */
```

(3) 使用 ST-Link 仿真器下载并运行项目，观察项目运行效果。

① 将电位器模块插到实验板上，使用 USB 线连接 PC 和实验板上的 USB mini。

② 在 PC 的设备管理器中查看串口编号。

③ 打开串口调试工具，串口号选择步骤②中查看到的串口编号，PC 端串口的参数设置为波特率 38 400、校验位 NONE、数据位 8、停止位 1。

④ 编译工程并下载代码。

⑤ 按下复位键，运行代码，通过串口助手观察现象如图 5-41 所示。

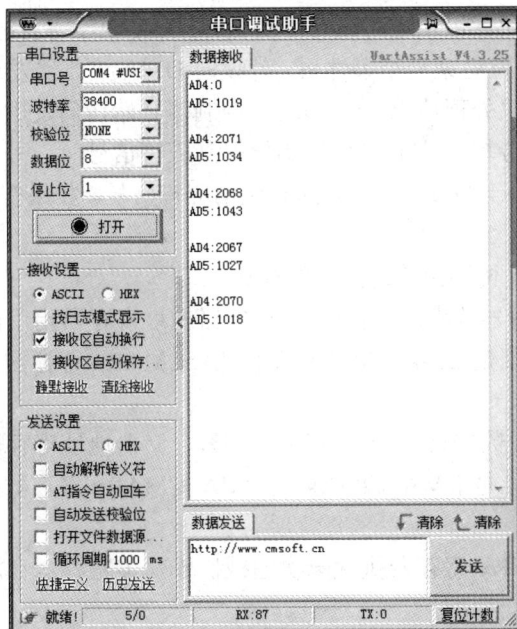

图 5-41　串口显示 ADC 采集的电压数据

5.5.4　项目小结

STM32F05xxx ADC 能采集 19 个通道的外设数据，其中 16 个外部信号源、3 个内部信号源。各通道的 A/D 转换可以单次、连续、扫描或间断模式执行，ADC 的结果以左对齐或

右对齐方式存储在一个 16 位数据寄存器中。由于所有通道的采样结果都是存放到同一个 16 位的数据寄存器中，当需要同时采集多路外设的数据时，为了防止数据覆盖丢失，通常采用 DMA 模式，将每次的转换结果及时地传输存储到用户定义的缓冲区数组中。

由于采用了 DMA 方式进行数据的传输，因此，只要对 DMA 进行初始化，而 MCU 不需要干预数据的传输过程，程序设计简单且高效。

5.5.5　知识及技能拓展

DMA 即直接存储器，用来提供外设和存储器之间或者存储器和存储器之间的高速数据传输。数据可以通过 DMA 进行快速地传输，无须 CPU 干预，这就为其他操作保留了 CPU 资源。STM32F05xxx 有 2 个 DMA 控制器，共有 5 个通道，每个通道专门用来管理来自一个或多个外设对存储器访问的请求，还有一个仲裁器协调各个 DMA 请求的优先权。

DMA 控制器和 Cortex-M0 内核共享系统数据总线，执行直接存储器数据传输。当 CPU 和 DMA 同时访问相同的目标(RAM 或外设)时，DMA 请求会暂停 CPU 访问系统总线达若干个周期，总线仲裁器执行循环调度，以确保 CPU 至少可以得到一半的系统总线带宽(存储器和外设)。

循环模式：用于处理循环缓冲区和连续的数据传输(如 ADC 的扫描模式)，在 DMA_CCRx 寄存器中的 CIRC 位用于开启这一功能。循环模式启动，一组数据传输完成时，计数寄存器会自动被恢复成配置该通道时设置的初值，DMA 操作将会继续进行。

DMA 处理过程：在发生某一个事件后，外设向 DMA 控制器发送一个请求信号，DMA 控制器根据通道的优先权处理请求。当 DMA 控制器开始访问发出请求的外设时，会立即发送给外设一个应答信号。当从 DMA 控制器得到应答信号时，外设立即释放它的请求，一旦外设释放了这个请求，DMA 控制器同时撤销应答信号。如果有更多的请求，则外设启动下一个周期。

总之，每次的 DMA 传输由 3 组操作组成：

(1) 从外设数据寄存器或者从当前外设/存储器地址寄存器指示的存储器地址取数据，第一次传输时的开始地址是 DMA_CPARx 或 DMA_CMARx 寄存器指定的外设基地址或存储器单元。

(2) 存储数据到外设数据寄存器或者当前外设/存储器地址寄存器指示的存储器地址，第一次传输时的开始地址是 DMA_CPARx 或 DMA_CMARx 寄存器指定的外设基地址或存储器单元。

(3) 对 DMA_CNDTRx 寄存器执行一次递减操作，该寄存器存放着未完成的 DMA 操作的数目。

习　　题

1. ARM Cortex-M0 处理器由哪几部分组成？
2. 论述 STM32 固件库与 CMSIS 标准之间的关系。
3. STM32 固件关键文件有哪些？

4. STM32F05xxx 的 GPIO 口可以由 STM32CubeMX 软件配置成哪几种模式？

5. 实现三个 LED 灯的跑马灯效果，即蓝灯点亮 500 ms，熄灭；黄灯点亮 500 ms，熄灭；绿灯点亮 500 ms，熄灭，不断重复上述过程。

6. STM32 时钟系统有哪些时钟源？

7. STM32 有多少个中断？包括多少个内核中断和多少个可屏蔽中断？有多少级可编程中断优先级？

8. 使用 2 个定时器实现 2 个 LED 灯快慢闪烁，TIM1 实现 1 s 定时，控制一个 LED 灯亮 1 s、灭 1 s，TIM2 实现 0.5 s 定时，控制另一个 LED 灯亮 0.5 s、灭 0.5 s。

9. 串行通信有哪 3 种方式？简述这 3 种通信方式。

10. 串口参数设置主要设置哪些内容？

11. 修改 5.2 节 USART 项目，将串口接收到的字符串内容显示到 LCD 上。

12. 简述 A/D 转换器和 A/D 转换的作用。

13. 更换其他的传感器模块，通过 ADC 测量，并将数值显示到串口 1 或 LCD 上。

第 6 章　NB-IoT 进阶实践项目

◆ 【本章导览】

　　目前，NB-IoT 在社会公共事业领域和其他垂直行业领域的应用越来越多。要实现这些应用，首先需要感知环境数据或对设备进行控制(实现数据感知或设备控制主要用到的器件就是传感器或执行器)，然后将感知数据或控制命令通过 NB-IoT 模块传送给基站。本章通过风扇控制、触摸按键、人体红外感知、光照强度感知、温湿度感知、MCU 与 NB-IoT 模块通信六个项目，重点讲解如何通过传感器进行数据的感知和设备的控制，以及如何与 NB-IoT 模块通信完成数据的传送，为读者后续章节内容的学习打下基础。

◆ 【本章知识结构图】

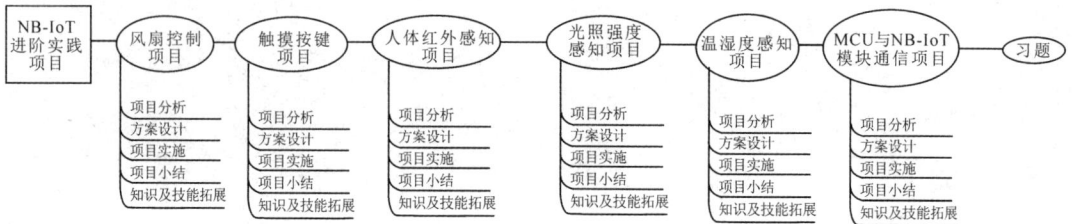

◆ 【学习目标】

　　通过本章内容的学习，学生应该：
　　(1) 能通过 MCU 控制风扇的开关。
　　(2) 能利用触摸按键感知按键状态。
　　(3) 能利用人体红外传感器进行人员感知。
　　(4) 能利用光敏传感器感知光强。
　　(5) 能利用温湿度传感器感知环境温湿度。
　　(6) 能通过串口实现与 NB-IoT 模块的通信。

6.1　风扇控制项目

风扇控制项目

　　风扇是一种比较简单的执行器。例如，在智能农业应用中，当空气湿度或温度超过一定的阈值时，可自动打开风扇；反之，可自动关闭风扇。风扇的打开和关闭是如何控制的呢？本节向读者主要讲解如何控制风扇的运行。

6.1.1　项目分析

　　根据第 3 章的实验平台介绍可以看出，本书的终端设备由三部分构成：传感器或执行器模块、开发底板、NB-IoT 核心板。由完整的 NB-IoT 开发板实物可知，NB-IoT 核心板通过 CON1 和 CON2 口插接到开发底板上；MCU 嵌入 NB-IoT 核心板上；串口(CH340G)嵌入在开发底板上，通过 USB 接口转接；传感器或执行器模块(如风扇等)插入 P1 和 P2 两个接口上。完整的 NB-IoT 开发板如图 6-1 所示。

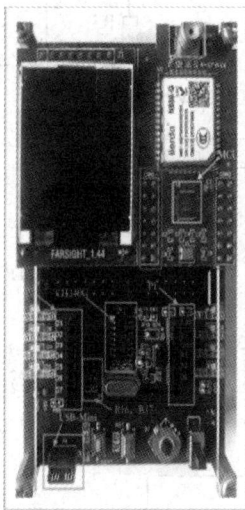

图 6-1　完整的 NB-IoT 开发板

　　因此，只需将风扇插入传感器或执行器的插口(即 P1 和 P2)中，就形成了本项目的终端设备，如图 6-2 所示。

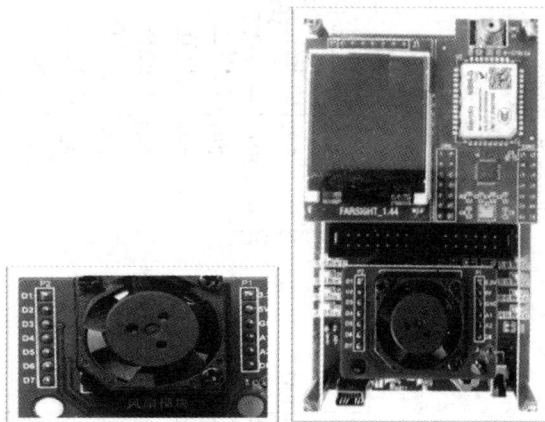

图 6-2　终端设备

　　风扇是一个直流电机，给电就转。风扇、P1、P2、CON1、CON2、MCU 的接口原理图如图 6-3 所示。可以看出，风扇的控制引脚 D1 与 STM32F051 MCU 上的 PB7 引脚相连，因此，可通过设置 GPIO 口的电平高低来控制风扇的开启和关闭，即只要给 PB7 引脚低电平，风扇就会转动起来。

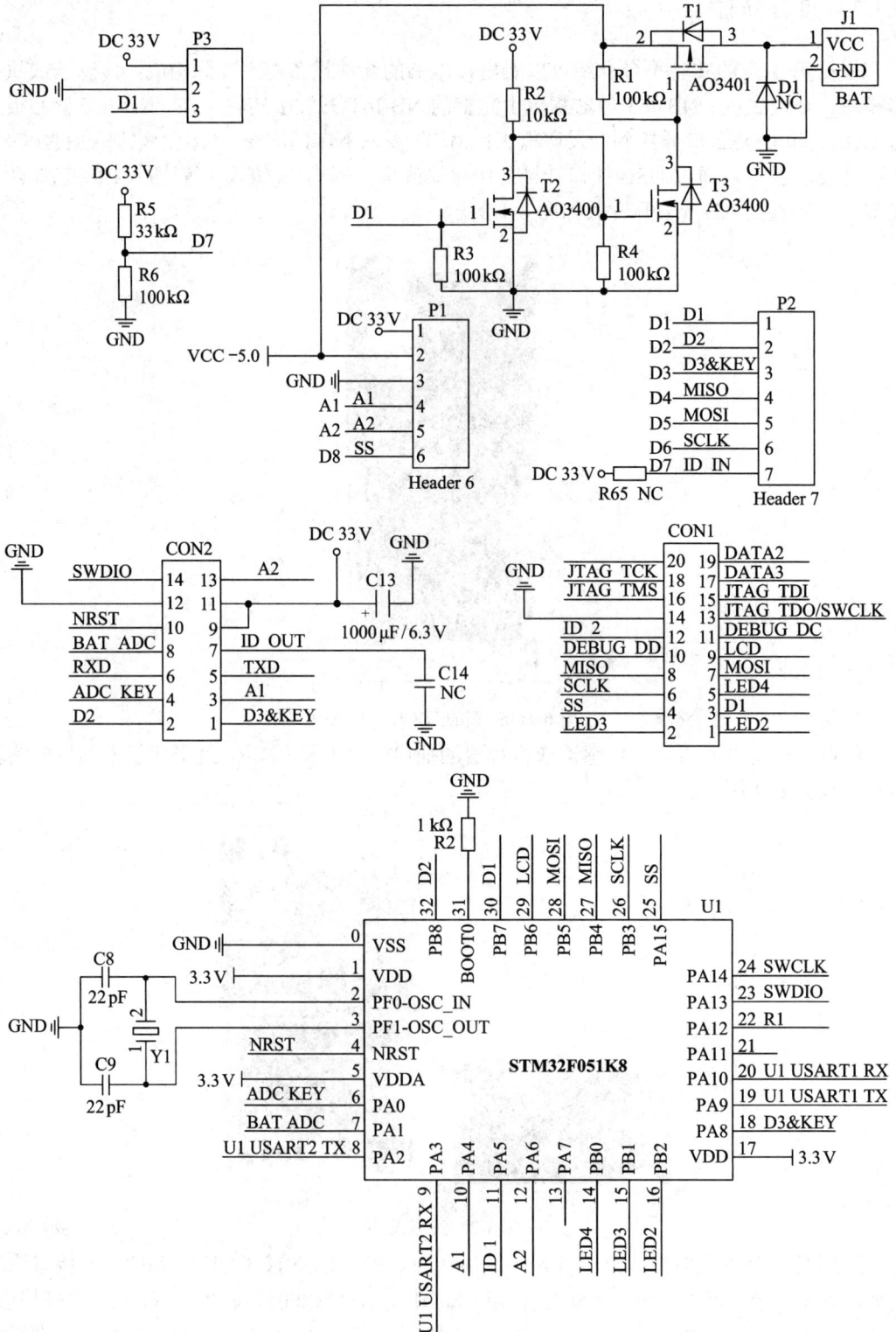

图 6-3　风扇和 NB-IoT 核心板的接口原理图

6.1.2　方案设计

本项目通过设置 MCU GPIO 引脚来控制风扇的开关，并将风扇的开关状态通过串口发送给串口调试助手打印出来。项目每 2 s 读取一次风扇的开关状态，每 10 s 切换一次风扇的开关。

本项目的实现流程如下：

(1) 主程序完成 GPIO、定时器 1、串口 1 的初始化。

(2) 开启定时器 1 中断。

(3) 在定时器 1 中断服务函数中根据设置的 2 s 时间间隔来读取 GPIO 的电平，实现风扇运行状态的查询。

(4) 在定时器 1 中断服务函数中根据设置的 10 s 时间间隔来切换 GPIO 的电平，实现风扇运行状态的切换。

(5) 定时器 1 的周期设置为 1 s、2 s 和 10 s，时间间隔通过自定义的计数器变量来控制。

初始化部分都可以通过 STM32CubeMX 软件以图形化的方式进行配置，这样可大大减轻编程工作量。

6.1.3　项目实施

首先，使用 STM32CubeMX 软件以图形化的方式对 STM32F051K8 芯片进行配置；然后，由 STM32CubeMX 软件生成包含初始化代码的项目文件；接着，使用 MDK-Keil 5 软件根据方案设计修改源代码，并且编译生成可执行文件；最后，使用 ST-Link 仿真器下载并运行项目，观察项目运行效果。具体操作步骤如下：

(1) 打开 STM32CubeMX 软件，点击 "New Project"，如图 6-4 所示。

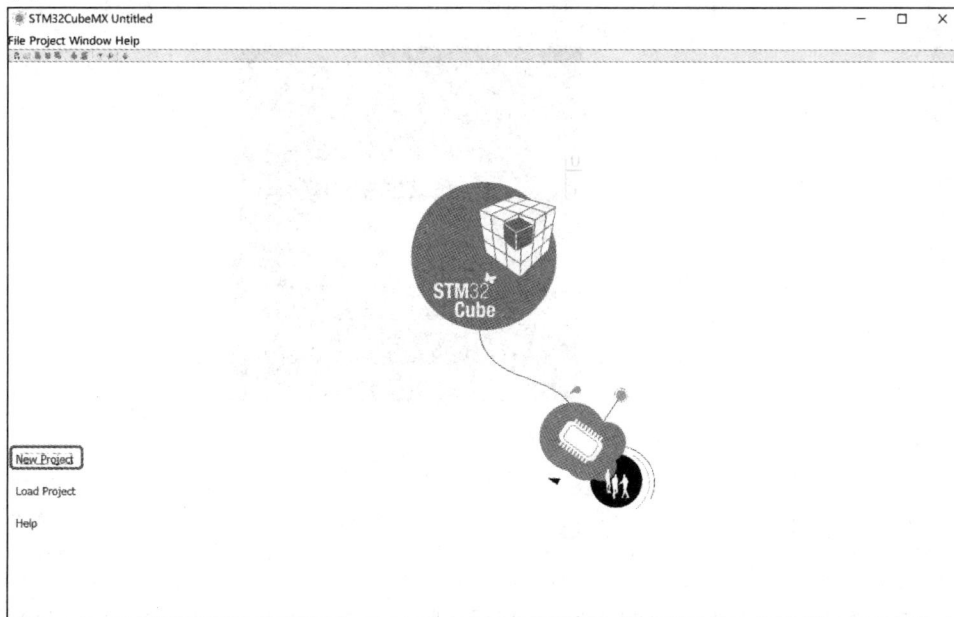

图 6-4　新建工程

(2) 根据 STM32 数据手册里面 MCU 的型号、封装等信息,选择 MCU,如图 6-5 所示。

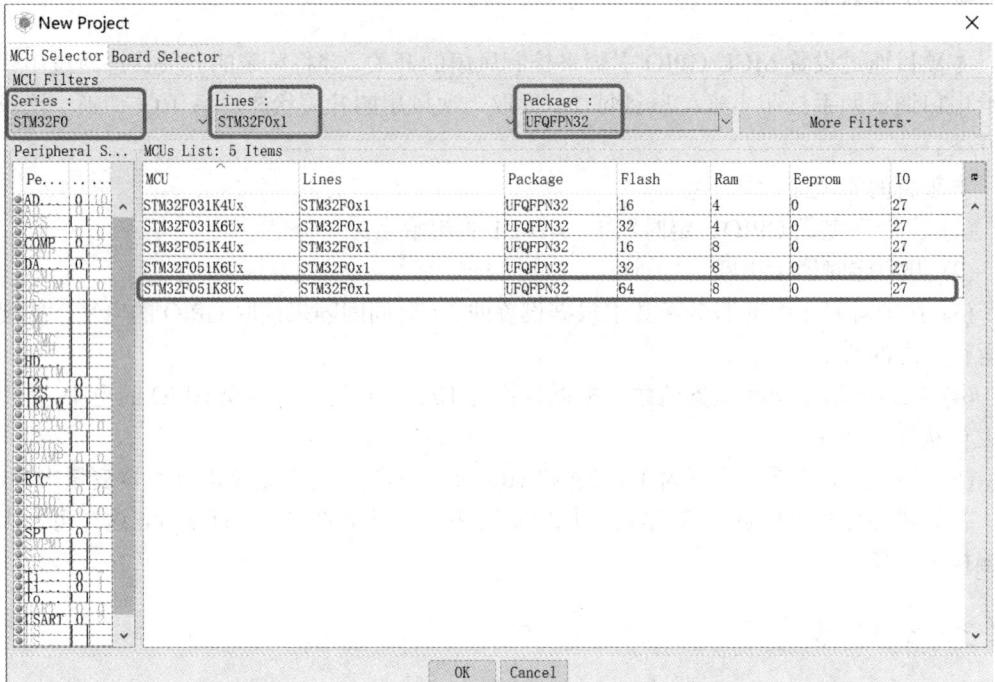

图 6-5 选择 MCU

(3) 工程建立完成后,会出现如图 6-6 所示的界面。

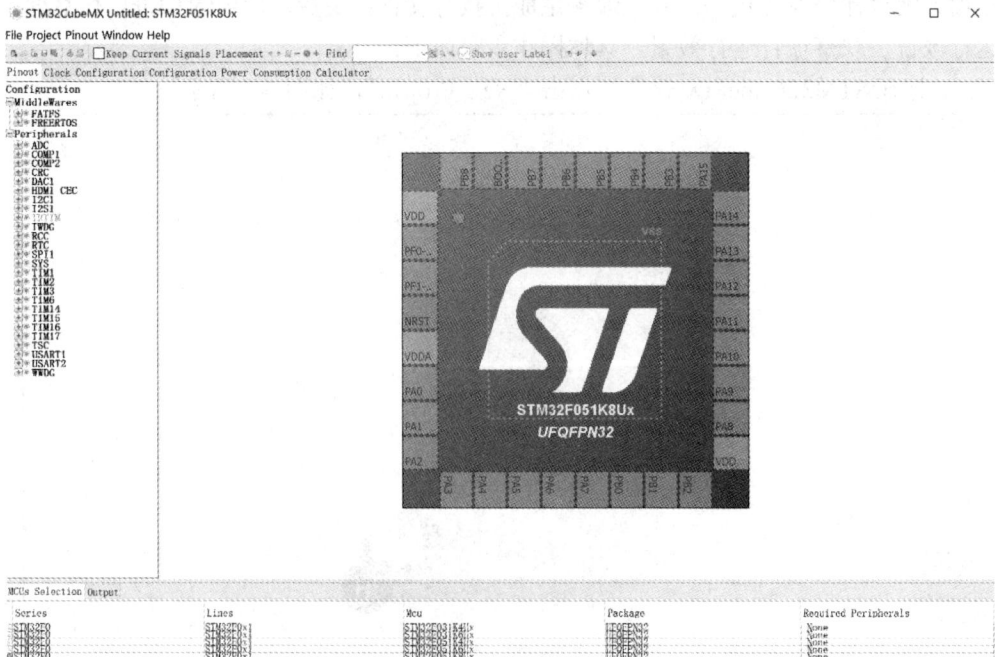

图 6-6 工程界面

(4) 在工程界面右侧的引脚配置列表中分别找到 RCC、TIM1、UART1,每一项的设置如图 6-7 所示。

图 6-7　RCC、TIM1、UART1 的设置

(5) 配置 GPIO 口 PB7 为 GPIO_Output，如图 6-8 所示。

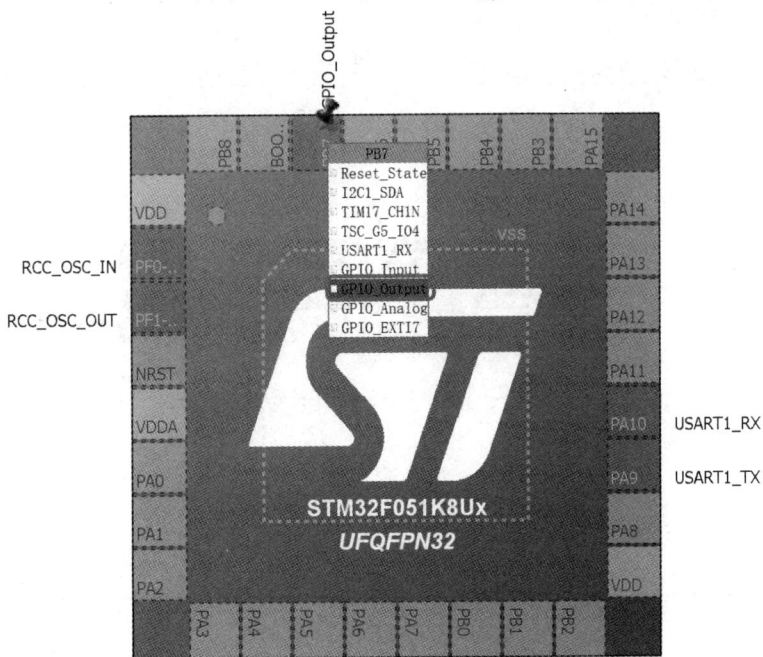

图 6-8　配置 GPIO 口 PB7 为 GPIO_Output

(6) 切换面板至 Clock Configuration，配置时钟，如图 6-9 所示。

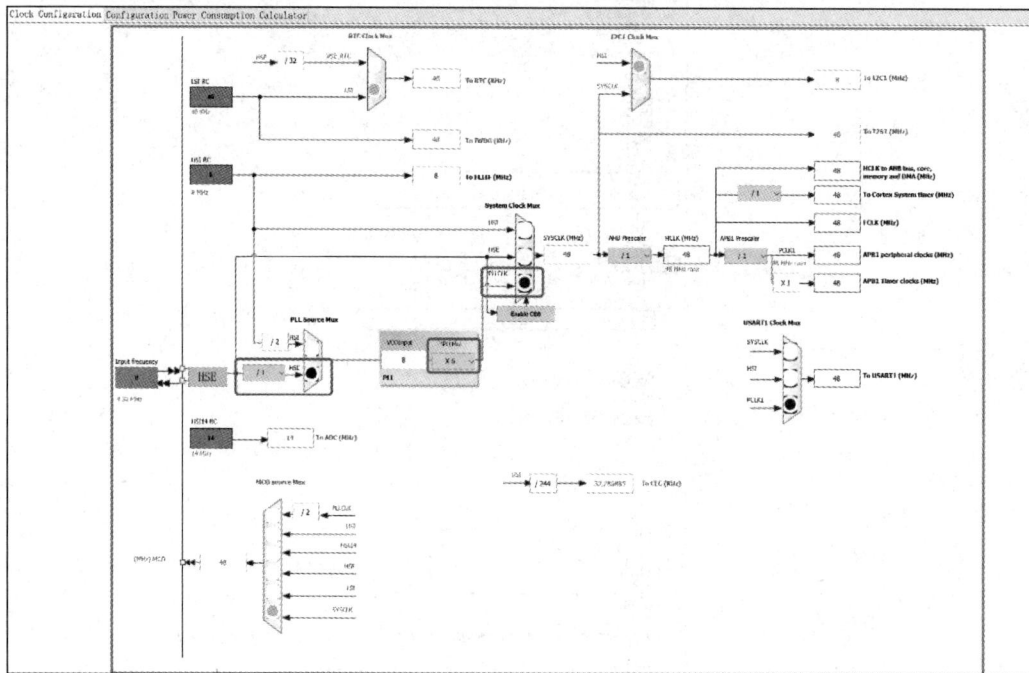

图 6-9　时钟配置

(7) 切换面板至 Configuration，如图 6-10 所示，分别点击"UART1"和"TIM1"按钮进行串口和定时器的配置。

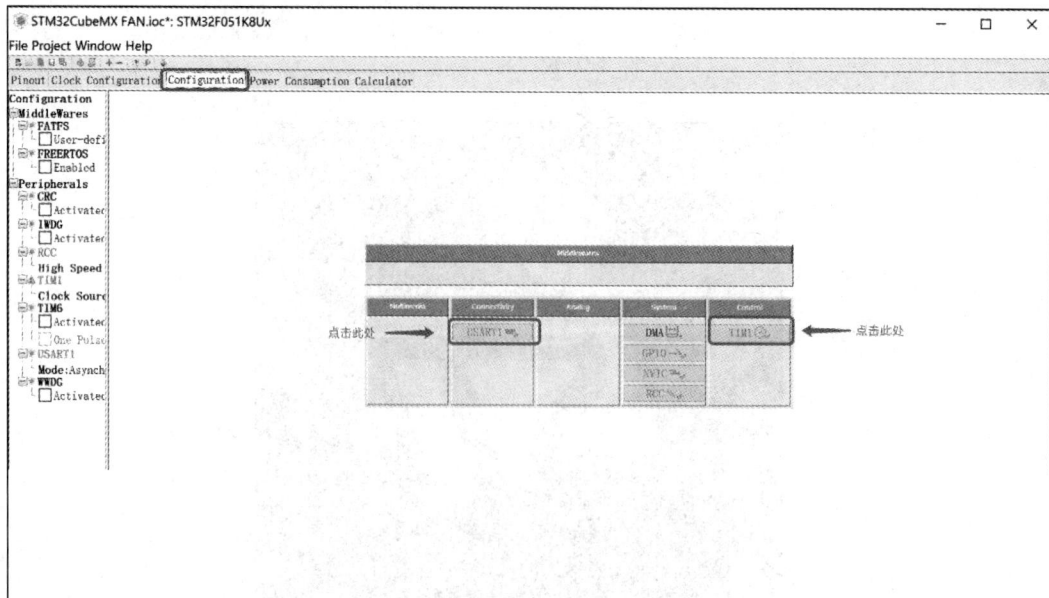

图 6-10　UART1 和 TIM1 配置

(8) 点击"USART1"按钮，弹出串口配置对话框，在 Parameter Settings 标签页，设置串口的波特率(Baud Rate)为 115 200 b/s，如图 6-11 所示。

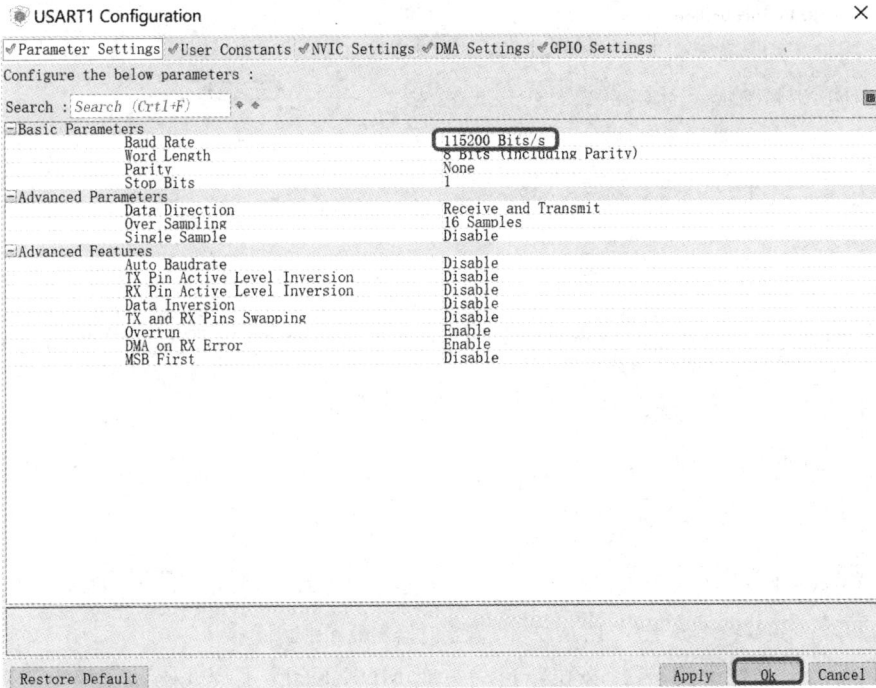

图 6-11　设置串口波特率

（9）点击"TIM1"按钮，弹出定时器配置对话框，在 Parameter Settings 标签页，设置 Prescaler (PSC-16 bits value)为 4800－1，设置 Counter Period(Auto Reload Register)为 10000－1；然后切换至 NVICSettings 标签页，将第一行的 Enable 复选框勾选上，如图 6-12 所示。

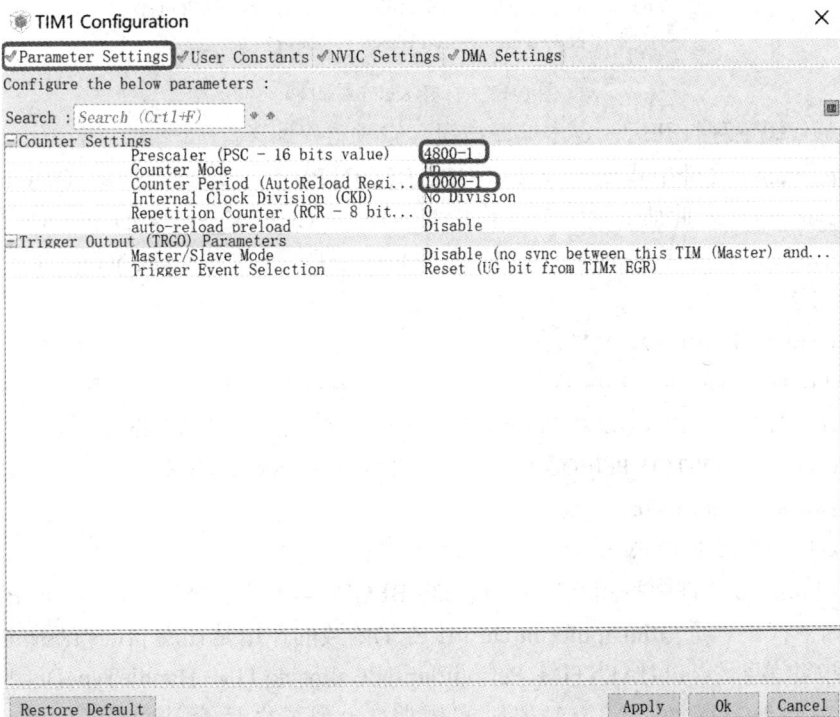

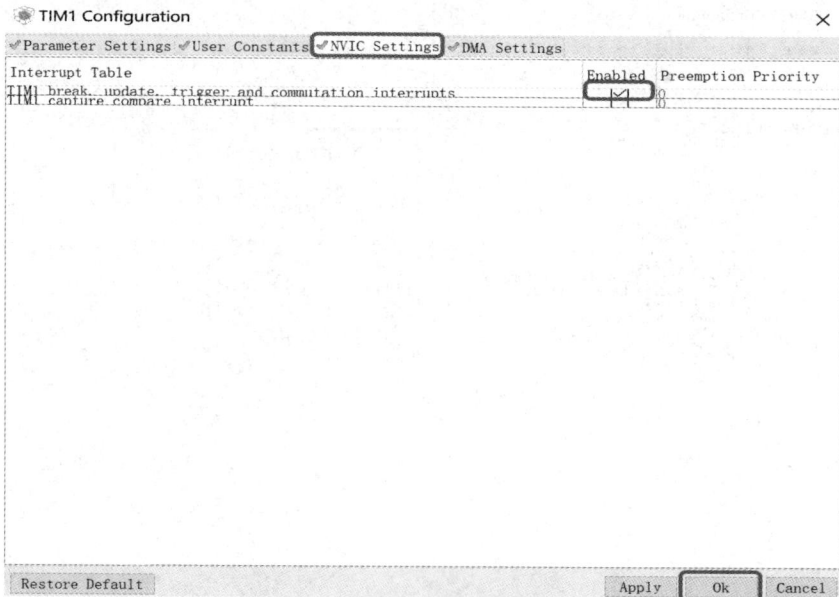

图 6-12　设置定时器参数和中断

(10) 点击工具栏上的 ⚓ 按钮，自动生成 MDK-Keil5 工程代码。在弹出的对话框中进行工程名称、保存位置等信息的填写，然后点击"Ok"按钮，完成代码的自动生成。

(11) 工程生成后，在弹出的对话框中点击"Open Project"按钮，打开 Keil5 编辑器，如图 6-13 所示。

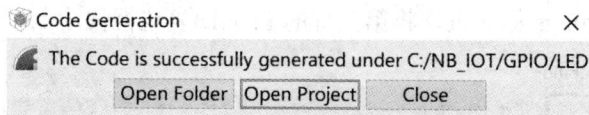

图 6-13　打开 Keil5 编辑器

(12) 源代码工程打开后，点击编译按钮，完成工程编译。

(13) 在 main.c 文件中找到/* USER CODE BEGIN PV */，再在/* USER CODE BEGIN PV */下方添加如下代码。此部分代码完成了 FAN_STATE_CHECK_PERIOD 和 FAN_SWITCH_PERIOD 的定义，分别代表 2 s 和 10 s 的时间间隔周期，计数器 timeCounter 用于定时器中断服务函数的计数。

```
/* USER CODE BEGIN PV */
/* Private variables ---------------------------------------------------------*/
#define FAN_STATE_CHECK_PERIOD 2          //2 s 检查一次风扇开关状态
#define FAN_SWITCH_PERIOD 10              //10 s 切换一次风扇开关
uint8_t timeCounter = 0;
/* USER CODE END PV */
```

(14) 在 main.c 文件中找到/* USER CODE BEGIN 4 */，再在/* USER CODE BEGIN 4 */下方添加如下代码。重写 int fputc(int ch, FILE *f)函数的作用是使用 printf 函数完成向串口助手发送打印信息。void HAL_TIM_PeriodElapsedCallback(TIM_HandleTypeDef *htim)函数是定时器中断服务函数，当定时器时间周期(1 s)到了之后会被执行，函数主体通过

timeCounter 计数器实现每 2 s 检查一次风扇开关状态，每 10 s 切换一次风扇开关。

```
/* USER CODE BEGIN 4 */
int fputc(int ch, FILE *f)
{
    HAL_UART_Transmit(&huart1,(uint8_t*)&ch,1,0xFFFF);
    return ch;
}
//TIM1 中断服务程序
void HAL_TIM_PeriodElapsedCallback(TIM_HandleTypeDef *htim)
{
    timeCounter++;
    if(htim == &htim1)
    {
        if(timeCounter % FAN_STATE_CHECK_PERIOD == 0)
        {
            GPIO_PinState state = HAL_GPIO_ReadPin(GPIOB, GPIO_PIN_7);
            if(GPIO_PIN_RESET == state)
            {
                printf("FAN: ON\r\n\r\n");
            }
            else
            {
                printf("FAN: OFF\r\n\r\n");
            }
        }
        if(timeCounter % FAN_SWITCH_PERIOD == 0)
        {
            HAL_GPIO_TogglePin(GPIOB, GPIO_PIN_7);
            timeCounter = 0;
        }
    }
}
/* USER CODE END 4 */
```

(15) 在 main.c 文件中找到/* USER CODE BEGIN 2 */，再在/* USER CODE BEGIN 2 */下方添加如下代码。此代码是程序的初始化代码，调用 HAL_TIM_Base_Start_IT (&htim1)的目的是完成定时器中断的使能，调用 HAL_GPIO_WritePin(GPIOB, GPIO_PIN_7, GPIO_PIN_SET)的目的是在初始状态下将风扇关闭。

```
/* USER CODE BEGIN 2 */
HAL_TIM_Base_Start_IT(&htim1);          //使能定时器中断
```

```
//GPIO_PIN_7 引脚为低电平时，风扇打开
//GPIO_PIN_7 引脚为高电平时，风扇关闭。初始时关闭风扇
HAL_GPIO_WritePin(GPIOB, GPIO_PIN_7, GPIO_PIN_SET);
/* USER CODE END 2 */
```

(16) 代码编写完成后，重新编译工程，没有错误后，即可进行程序的烧录。

(17) 将 ST-Link 线连接到开发底板上，如图 6-14 所示，另一端插入电脑的 USB 口。

(18) 点击 Keil5 软件工具栏上的 Load 按钮，烧录程序。

(19) 打开串口调试助手，配置参数如图 6-15 所示。

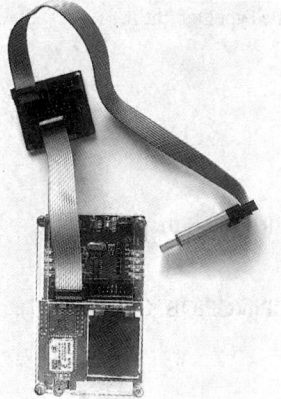

图 6-14　ST-Link 烧录程序　　　　图 6-15　串口调试助手的参数配置

(20) 打开串口调试助手，观察实验现象。可以看到，串口调试助手打印出了风扇的关闭和打开状态数据，如图 6-16 所示。观察开发板上的风扇模块，可以看到风扇每 10 s 切换一次打开和关闭的状态。

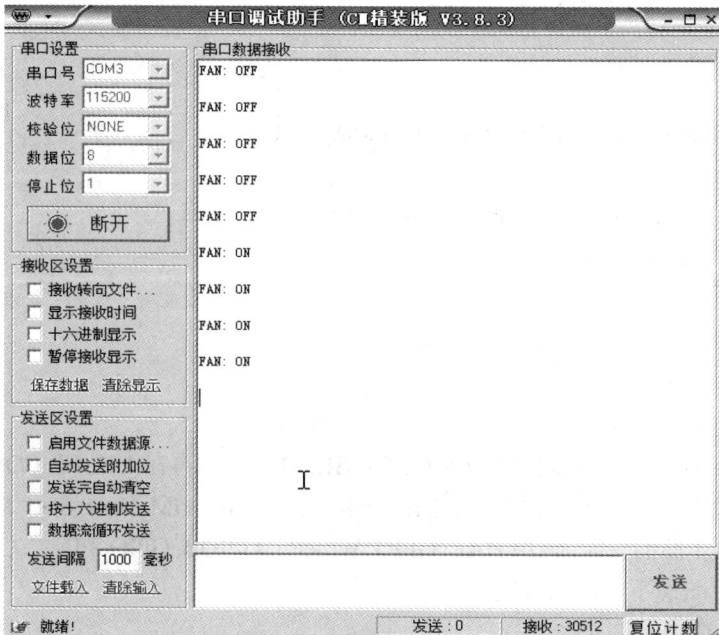

图 6-16　实验现象

6.1.4　项目小结

风扇是一个直流电机，属于执行器。风扇的控制引脚 D1 与 STM32F051 的 PB7 引脚相连，只要给 PB7 引脚低电平，风扇就会转起来。因此，在 STM32CubeMX 中将 PB7 引脚配置为 GPIOOutput，通过 HAL_GPIO_WritePin 和 HAL_GPIO_ReadPin 函数就可控制或读取风扇的运行状态。

6.1.5　知识及技能拓展

直流电机(Direct Current Machine)是能将直流电能转换成机械能的旋转电机。直流电机由定子和转子组成。直流电机运行时静止不动的部分称为定子，定子的主要作用是产生磁场，由机座、主磁极、换向极、端盖、轴承和电刷装置等组成。直流电机运行时转动的部分称为转子，其主要作用是产生电磁转矩和感应电动势，是直流电机进行能量转换的枢纽，所以通常又称为电枢，由转轴、电枢铁芯、电枢绕组、换向器和风扇等组成。

电动机定子提供磁场，直流电源向转子的绕组提供电流，换向器使转子电流与磁场产生的转矩保持方向不变。根据是否配置有常用的电刷-换向器，可以将直流电动机分为有刷直流电动机和无刷直流电动机。

无刷直流电机是近几年来随着微处理器技术的发展和高开关频率、低功耗新型电力电子器件的应用，以及控制方法的优化和低成本、高磁能级的永磁材料的出现而发展起来的一种新型直流电动机。

无刷直流电机既保持了传统直流电机良好的调速性能，又具有无滑动接触和换向火花、可靠性高、使用寿命长及噪声小等优点，因而在航空航天、数控机床、机器人、电动汽车、计算机外围设备和家用电器等方面都获得了广泛应用。

6.2　触摸按键项目

触摸按键项目

触摸按键是用来实现人机交互的一种传感器，通过检测人体手指是否按下按键来执行某种动作，类似于按钮。例如，我们可以通过触摸按键来控制 LED 的开关等。

6.2.1　项目分析

根据第 3 章的实验平台介绍可以看出，本书的终端设备由三部分构成：传感器或执行器模块、开发底板、NB-IoT 核心板。由完整的 NB-IoT 开发板实物可知，NB-IoT 核心板通过 CON1 和 CON2 口插接到开发底板上；MCU 嵌入 NB-IoT 核心板上；串口(CH340G)嵌入开发底板上，通过 USB 接口转接；传感器或执行器模块(如触摸按键等)插在 P1 和 P2 两个接口上。完整的 NB-IoT 开发板如图 6-17 所示。

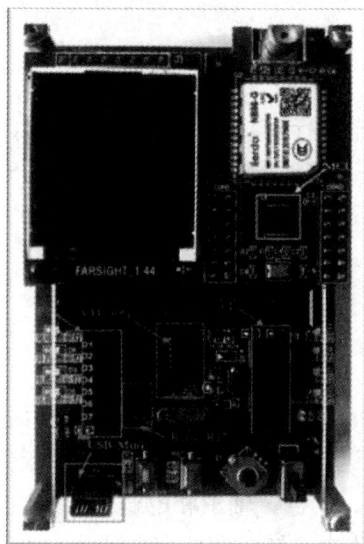

图 6-17　完整的 NB-IoT 开发板

　　因此，只需将触摸按键插入传感器或执行器的插口(即 P1 和 P2)中，就形成了本项目的终端设备，如图 6-18 所示。

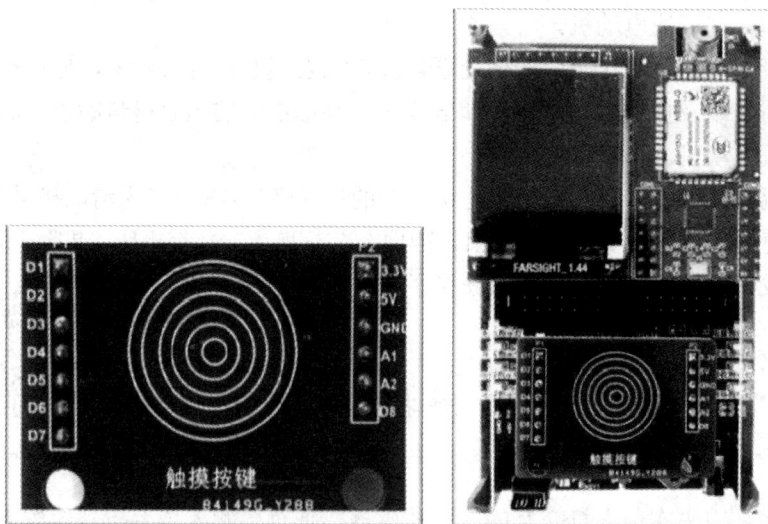

图 6-18　终端设备

　　根据工作原理的不同，触摸按键可分为电阻式触摸按键与电容式感应按键。目前，大多数的触摸按键应用的都是电容式感应按键，电容式触摸按键感应原理是利用人体的感应电容检测是否有手指存在。当手指按下或者接近按键时，人体的寄生电容将耦合到静态电容，使按键的最终电容值变大，该变化的电容信号被输入到单片机转换成某种电信号的变化量，再由一定的算法检测和判断变化量的程度，当这个变化量超过一定的阈值时，就认为手指按下。在没有手指按下时，由于按键上分布电容的存在，因此，按键对地存在一定的静态电容。

　　触摸按键、P1、P2、CON1、CON2、MCU 的接口原理图如图 6-19 所示。由图 6-19

可以看出，触摸按键的控制引脚 D1 与 STM32F051 MCU 上的 PB7 引脚相连。因此，只要将 PB7 引脚设置为输入模式，程序读取 PB7 引脚电平的状态，当 PB7 为高电平时，表示有触摸；当 PB7 为低电平时，表示没有触摸。

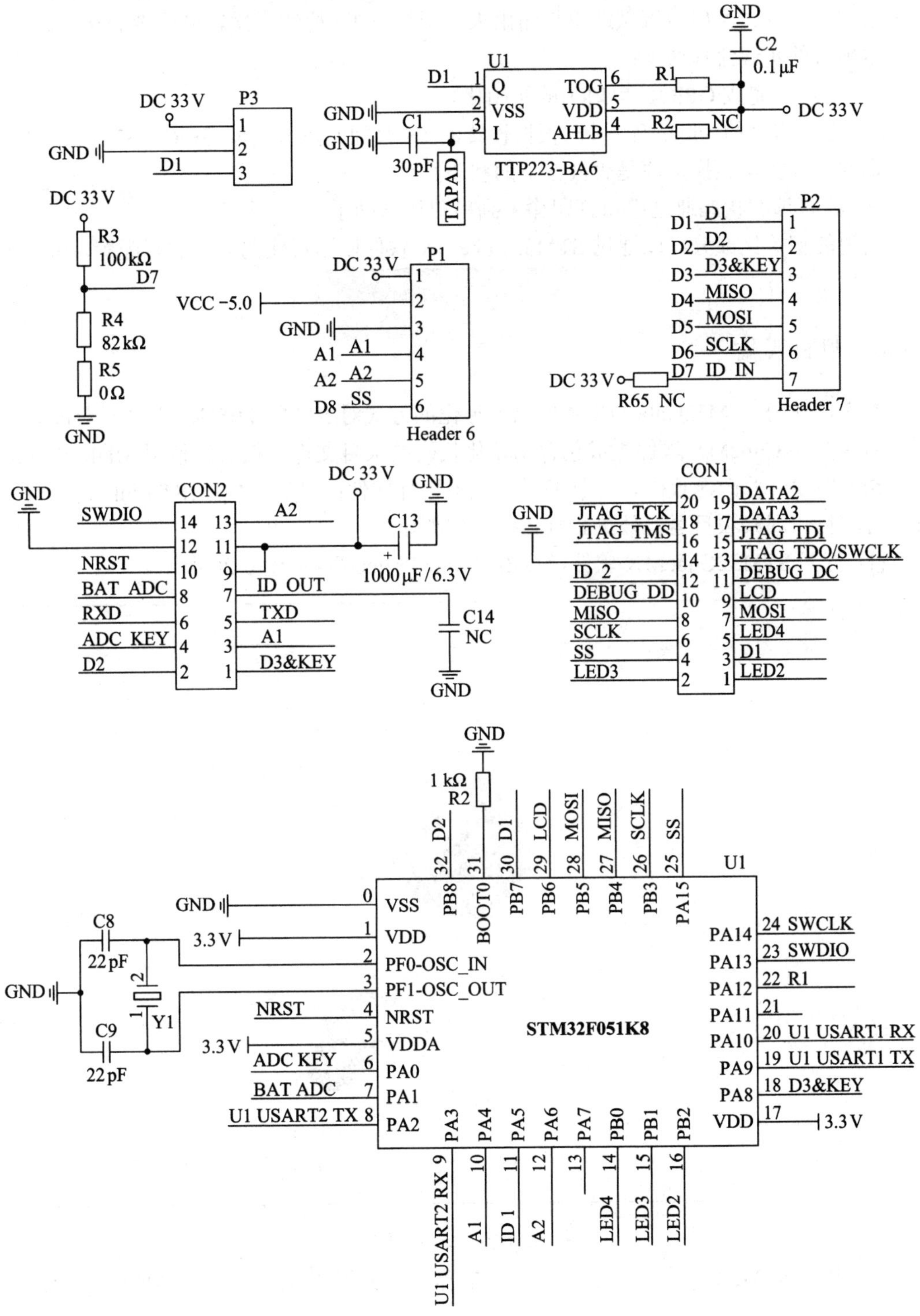

图 6-19　触摸按键和 NB-IoT 核心板接口原理图

6.2.2 方案设计

本项目通过读取 MCU GPIO 引脚的电平状态来感知触摸按键是否被按下，并将触摸的状态通过串口发送给串口调试助手打印出来，项目每 1 s 检测一次触摸按键的状态。

本项目的实现流程如下：

(1) 主程序完成 GPIO、串口 1 的初始化。

(2) 在主程序的 while 循环中，根据设置的 1 s 时间间隔来读取 GPIO PB7 引脚的电平，以轮询的方式实现触摸按键是否被按下的状态查询。

(3) 将查询的状态通过串口打印输出到串口调试助手。

其中的初始化部分可以通过 STM32CubeMX 软件以图形化的方式进行配置，可以大大减轻编程工作量。

6.2.3 项目实施

首先，使用 STM32CubeMX 软件以图形化的方式对 STM32F051K8 芯片进行配置；然后，由 STM32CubeMX 软件生成包含初始化代码的项目文件；接着，使用 MDK-Keil 5 软件根据方案设计修改源代码，并且编译生成可执行文件；最后，使用 ST-Link 仿真器下载并运行项目，观察项目运行效果。具体操作步骤如下：

(1) 打开 STM32CubeMX 软件，点击"New Project"，如图 6-20 所示。

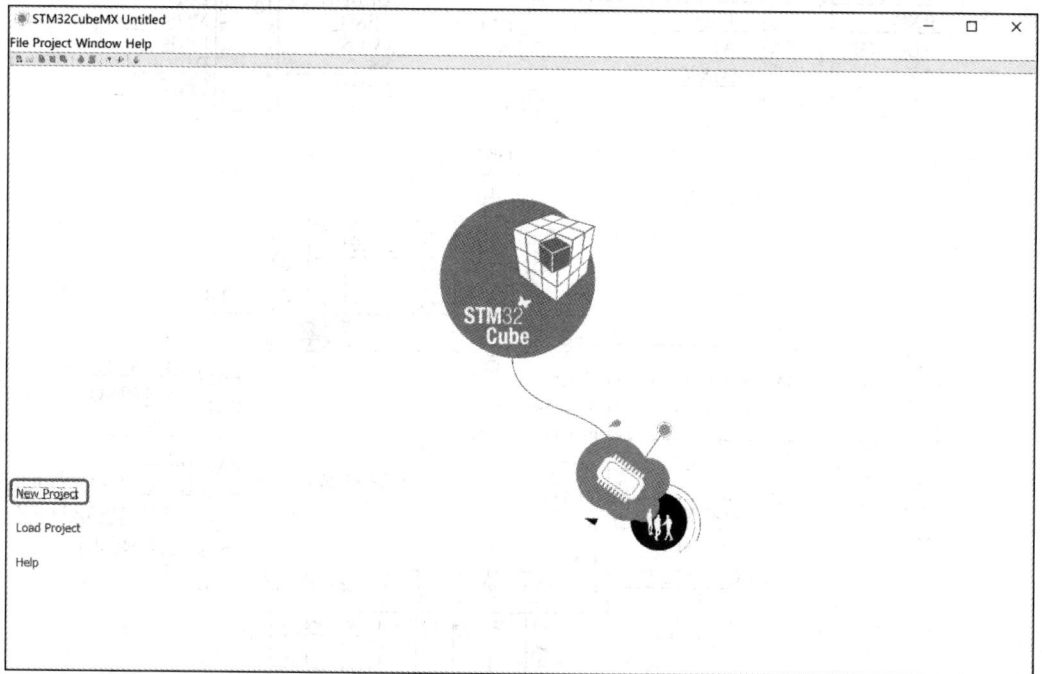

图 6-20　新建工程

(2) 根据 STM32 数据手册里面 MCU 的型号、封装等信息，选择 MCU，如图 6-21 所示。

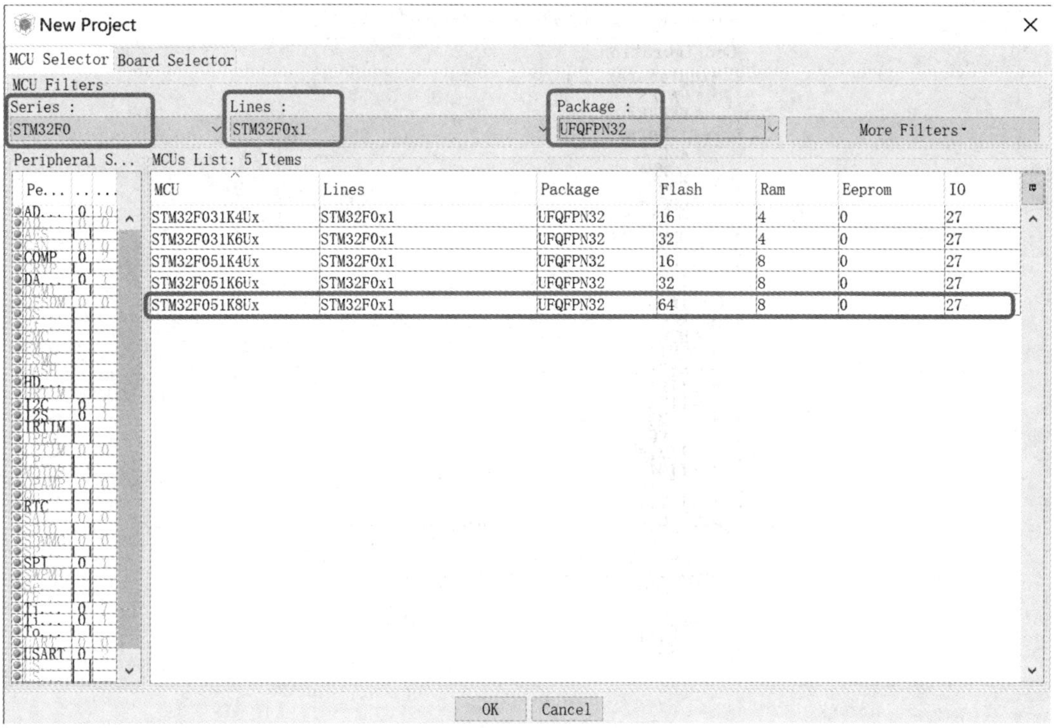

图 6-21 选择 MCU

(3) 工程建立完成，出现图 6-22 所示的界面。

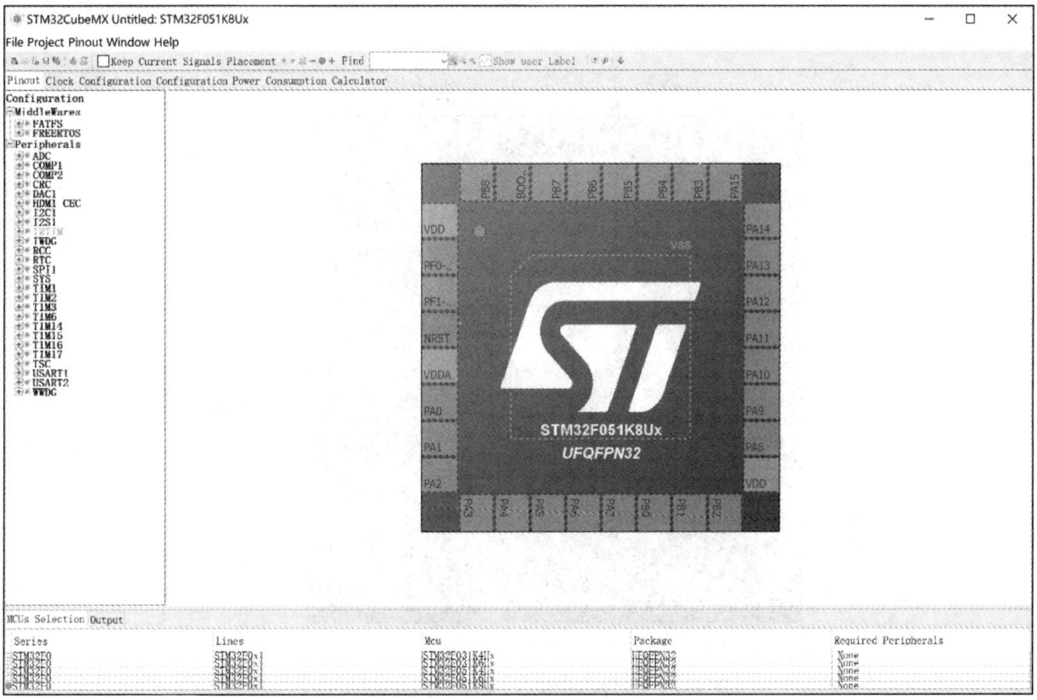

图 6-22 工程界面

(4) 在工程界面右侧的引脚配置列表中找到 UART1，设置如图 6-23 所示。

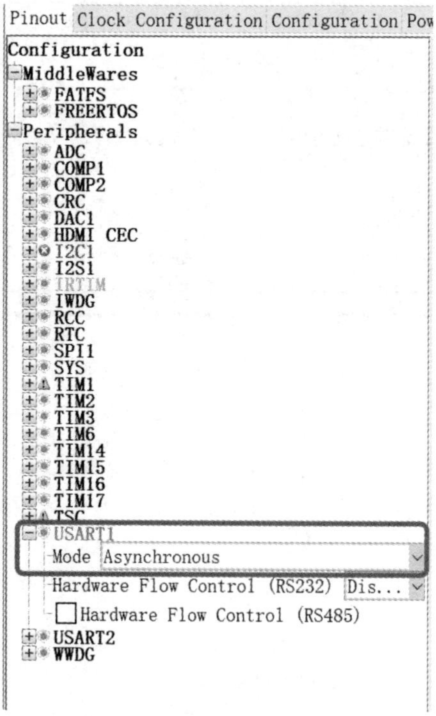

图 6-23　UART1 的设置

(5) 配置 GPIO 口 PB7 为 GPIO_Input，如图 6-24 所示。

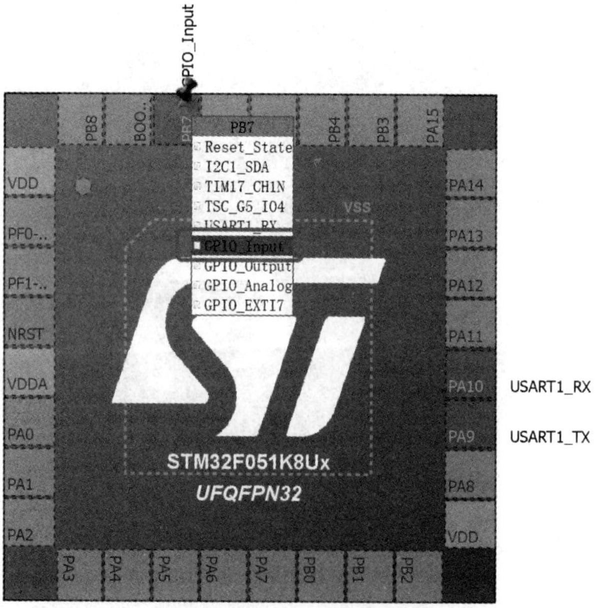

图 6-24　配置 GPIO 口 PB7 为 GPIO_Input

(6) 切换面板至 Configuration，如图 6-25 所示，点击"UART1"按钮来进行串口的配置。

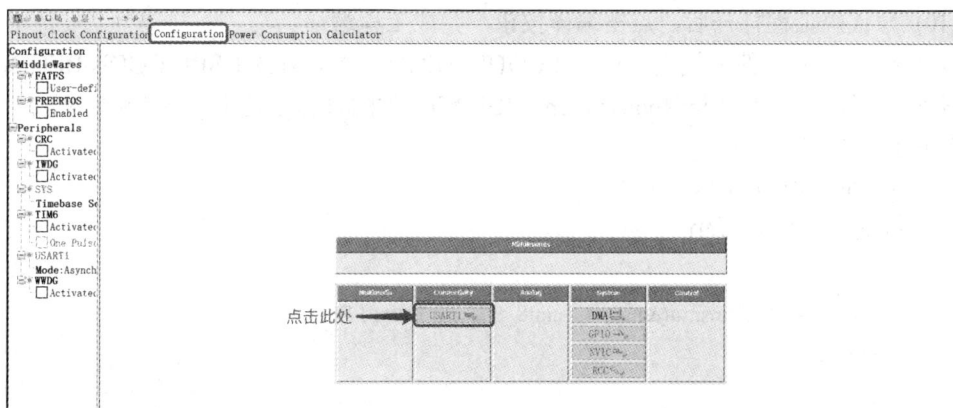

图 6-25　串口配置

(7) 在弹出串口配置对话框的 Parameter Settings 标签页，设置串口的波特率(Baud Rate)为 115 200 b/s，如图 6-26 所示。

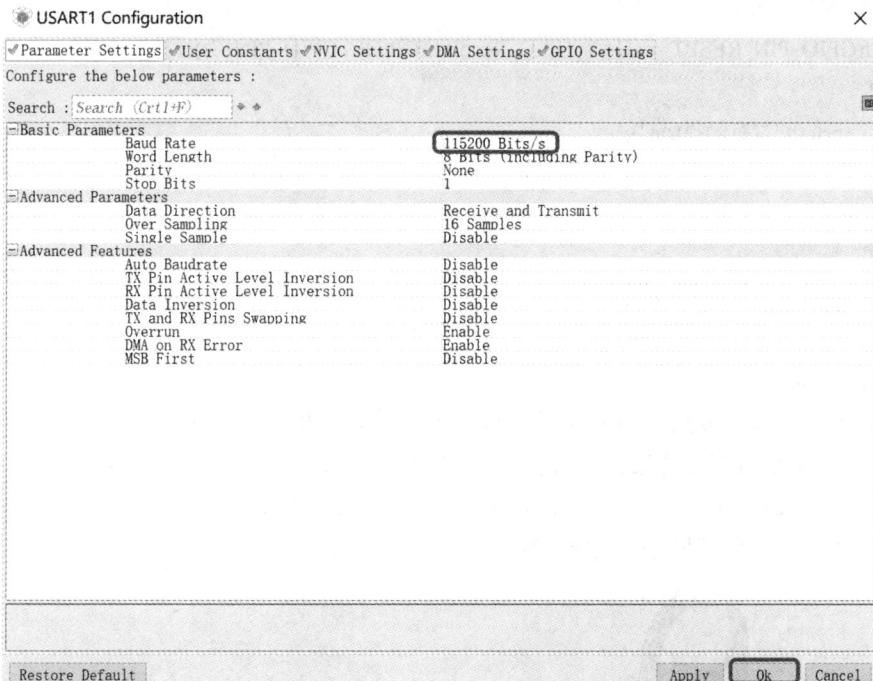

图 6-26　设置串口波特率

(8) 点击工具栏上 ⚙ 按钮，自动生成 MDK-Keil5 工程代码。在弹出的对话框中进行工程名称、保存位置等信息的填写，然后点击"Ok"按钮，完成代码的自动生成。

(9) 工程生成完成后，在弹出的对话框中点击"Open Project"按钮，打开 Keil5 编辑器，如图 6-27 所示。

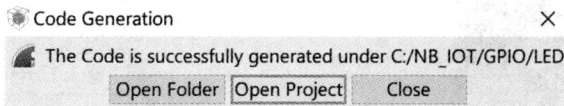

图 6-27　打开 Keil5 工程

(10) 源代码工程打开后，点击编译按钮，完成工程编译。

(11) 在 main.c 文件中找到/* USER CODE BEGIN 4 */，在/* USER CODE BEGIN 4 */下方添加如下代码。重写 int fputc(int ch, FILE *f)函数的目的是使用 printf 函数完成向串口助手发送打印信息。

```
/* USER CODE BEGIN 4 */
int fputc(int ch, FILE *f)
{
    HAL_UART_Transmit(&huart1, (uint8_t*)&ch, 1, 0xFFFF);
    return ch;
}
```

(12) 在 main.c 文件中找到/* USER CODE BEGIN 3 */，在/* USER CODE BEGIN 3 */下方添加如下代码。此段代码是每隔 1 s 读取一次 PB7 引脚的电平状态，如果是低电平，表示没有触摸；反之，表示有触摸。

```
/* USER CODE BEGIN 3 */
if(GPIO_PIN_RESET == HAL_GPIO_ReadPin(GPIOB, GPIO_PIN_7))
{
    printf("没有触摸\r\n");
}
else
{
    printf("手指触摸\r\n");
}
HAL_Delay(1000);
```

(13) 代码编写完成后，重新编译工程，没有错误，即可进行程序的烧录。

(14) 将 ST-Link 线连接到开发底板上，如图 6-28 所示，另一端插入到电脑的 USB 口。

(15) 点击 Keil5 软件工具栏上的 Load 按钮，烧录程序。

(16) 打开串口调试助手，配置参数如图 6-29 所示。

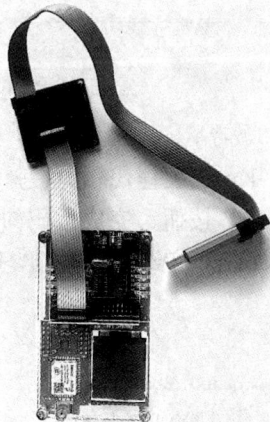

图 6-28　ST-Link 烧录程序　　　　　图 6-29　串口调试助手参数配置

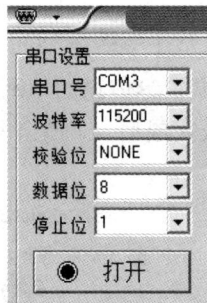

(17) 打开串口调试助手观察实验现象。可以看到，当手指放置在触摸按键上时，串口助手打印出了"手指触摸"；反之，当手指移开按键时，串口助手打印"没有触摸"，如图6-30 所示。

图 6-30　实验现象

6.2.4　项目小结

触摸按键是一种最简单的人机交互传感器。触摸按键的控制引脚 D1 与 STM32F051的 PB7 引脚相连，只要将 PB7 引脚设置为输入模式，程序读取引脚电平的状态，当 PB7为高电平时，表示有触摸；当 PB7 为低电平时，表示没有触摸。我们通过调用HAL_GPIO_ReadPin 函数以轮询的方式查询 GPIO 引脚电平的高低状态，即可感知触摸按键的触摸状态，进而根据触摸状态执行相应的操作，例如触摸开关就是触摸按键在现实中的应用。

6.2.5　知识及技能拓展

电容式感应触摸按键可以穿透绝缘材料外壳厚度 8 mm(玻璃、塑料等)以上，准确无误地侦测到手指的有效触摸。保证了产品的灵敏度、稳定性、可靠性等不会因环境条件的改变或长期使用而发生变化，并具有防水和强抗干扰能力，超强防护和超强适应温度范围的能力。

电容式触摸按键控制芯片广泛适用于遥控器、灯具调光、各类开关以及车载、小家电和家用电器控制界面等应用中。芯片内部集成高分辨率触摸检测模块和专用信号处理电路，以保证芯片对环境变化具有灵敏的自动识别和跟踪能力。芯片必须满足用户在复杂应用中对稳定性、灵敏度、功耗、响应速度、防水、带水操作、抗振动、抗电磁干扰等方面的高体验要求。电容式触摸按键控制芯片在典型应用中，可无须任何外部器件、软件、程序或参数烧录。芯片应用的开发过程非常简单，最大限度地降低了方案成本。为方便用户在应用中对触摸键的灵敏度进行自主控制，芯片设置了灵敏度控制位，用户只需在 PCB 设计中对这个管脚的逻辑电平值进行设置，就能自由选择芯片的检测灵敏度。

6.3　人体红外感知项目

人体红外感知项目

人体红外传感器是一种能检测人体发射的红外线的新型高灵敏度红外探测元件，可以检测人体感知范围内是否有人存在，进而触发某种动作。例如，夜间楼道照明可以通过人体红外传感器控制 LED 的开关，进而达到降低能耗的目的。

6.3.1　项目分析

根据第 3 章的实验平台介绍可以看出，本书的终端设备由三部分构成：传感器或执行器模块、开发底板、NB-IoT 核心板。由完整的 NB-IoT 开发板实物可知，NB-IoT 核心板是通过 CON1 和 CON2 口插接到开发底板上的；MCU 嵌入在 NB-IoT 核心板上；串口(CH340G)嵌入在开发底板上，通过 USB 接口转接；传感器或执行器模块(如人体红外传感器等)插在 P1 和 P2 两个接口上，如图 6-31 所示。

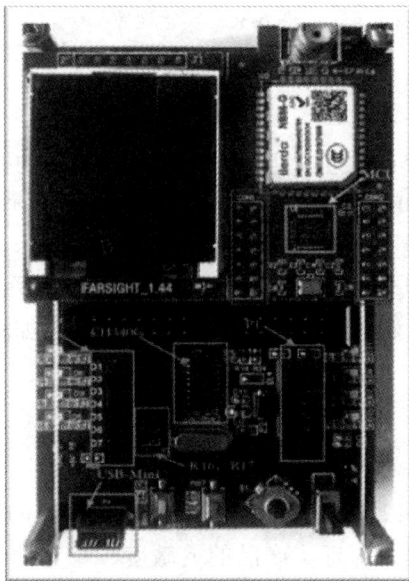

图 6-31　完整的 NB-IoT 开发板

　　因此，只需将人体红外传感器插入到传感器或执行器的插口(即 P1 和 P2)中，就形成了本项目的终端设备，如图 6-32 所示。

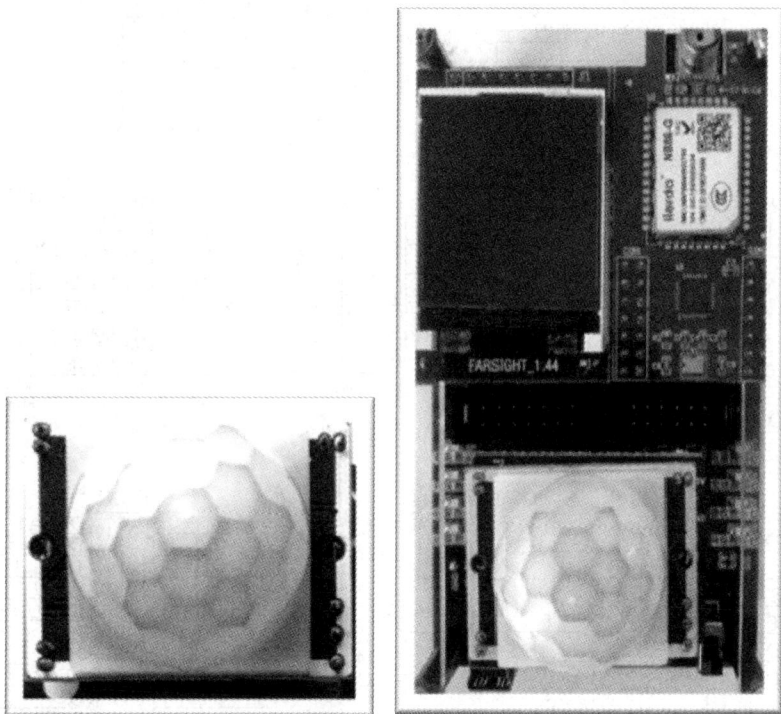

图 6-32　终端设备

　　存在于自然界的物体，如人体、火焰、冰块等物体都会发射红外线，但波长各不相同。人体温度为 36～37℃，所发射的红外线波长为 9～10 μm，属远红外区。热释电红外(PIR)传感器，亦称为热红外传感器，是一种能检测人体发射的红外线的新型高灵敏度红外探测元件，它能以非接触形式检测出人体辐射的红外线能量的变化，并将其转换成电压信号输出。

　　当传感器没有检测到人体辐射出的红外线信号时，在电容两端产生极性相反、电量相等的正、负电荷，由于正负电荷相互抵消，所以回路中无电流，传感器无输出；当人体静止在传感器的检测区域内时，照射到两个电容上的红外线光能量相等，且达到平衡，极性相反、能量相等的光电流在回路中相互抵消，传感器仍然没有信号输出；当人体在传感器的检测区域内移动时，照射到两个电容上的红外线能量不相等，光电流在回路中不能相互抵消，传感器有信号输出。

　　综上所述，热释电红外(PIR)传感器只对移动或运动的人体和体温近似人体的物体起作用。

　　人体红外传感器、P1、P2、CON1、CON2、MCU 的接口原理图如图 6-33 所示。可以看出，人体红外传感器的控制引脚 D2 与 STM32F051 的 PB8 引脚相连，只要将 PB8 引脚设置为输入模式。程序读取 PB8 引脚电平的状态，当有人体在传感器的采集器运动时，模块的数据输出引脚就会拉高置为 1，读取到的 PB8 引脚为高电平；反之，如果没

有人或有人静止在感知区域时，模块的数据输出引脚就会一直为 0，读取到的 PB8 引脚
为低电平。

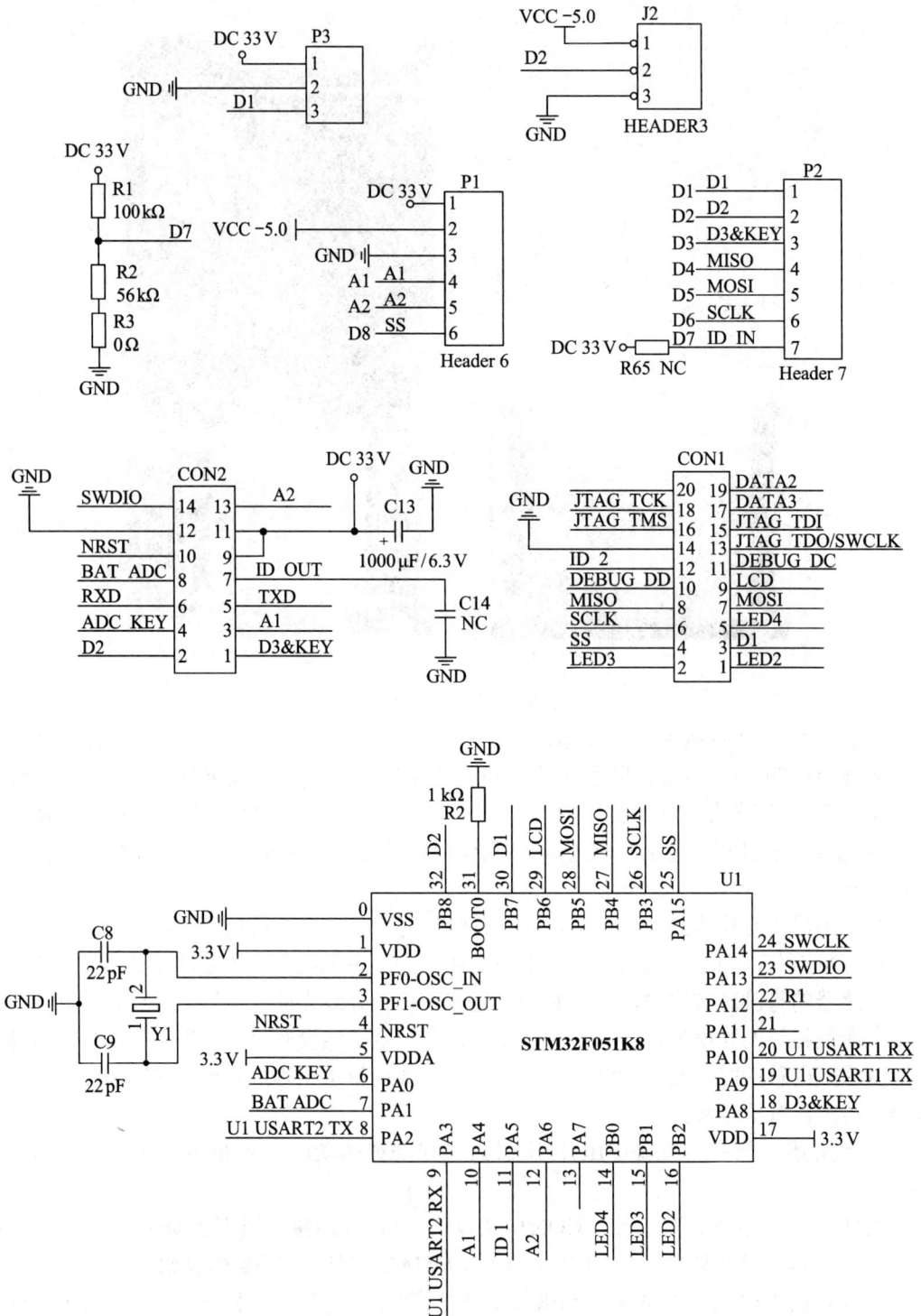

图 6-33　人体红外传感器和 NB-IoT 核心板接口原理图

6.3.2　方 案 设 计

本项目通过读取 MCU GPIO 引脚的电平状态对人体进行感知,并将触摸的状态通过串口发送给串口调试助手打印出来,项目每 1 s 检测一次人体红外感应的状态。

本项目的实现流程如下:

(1) 主程序完成 GPIO、串口 1 的初始化。

(2) 在主程序的 while 循环中,根据设置的 1 s 时间间隔来读取 GPIO PB8 引脚的电平,以轮询的方式实现人体感知状态的查询。

(3) 将查询的状态通过串口打印输出到串口调试助手。

其中的初始化部分可以通过 STM32CubeMX 软件以图形化的方式进行配置,可以大大减轻编程工作量。

6.3.3　项 目 实 施

首先,使用 STM32CubeMX 软件以图形化的方式对 STM32F051K8 芯片进行配置;然后,由 STM32CubeMX 软件生成包含初始化代码的项目文件;接着,使用 MDK-Keil 5 软件根据方案设计修改源代码,并且编译生成可执行文件;最后,使用 ST-Link 仿真器下载并运行项目,观察项目运行效果。具体操作步骤如下:

(1) 打开 STM32CubeMX 软件,点击 "New Project",如图 6-34 所示。

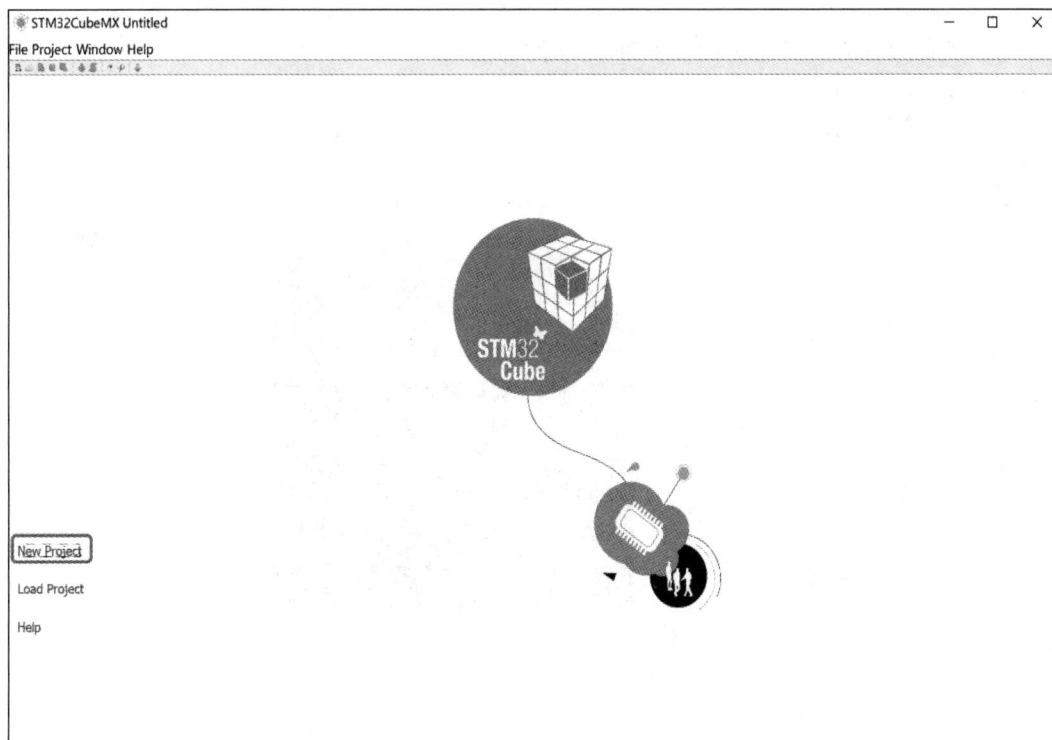

图 6-34　新建工程

(2) 根据 STM32 数据手册里面 MCU 的型号、封装等信息，选择 MCU，如图 6-35 所示。

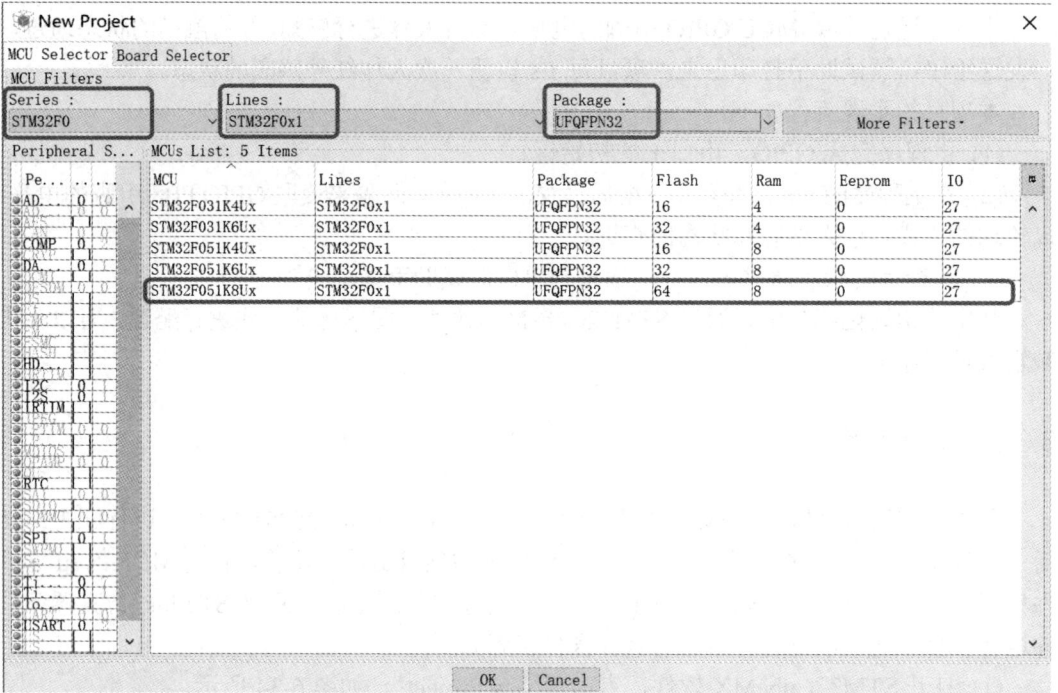

图 6-35　选择 MCU

(3) 工程建立完成，出现如图 6-36 所示的界面。

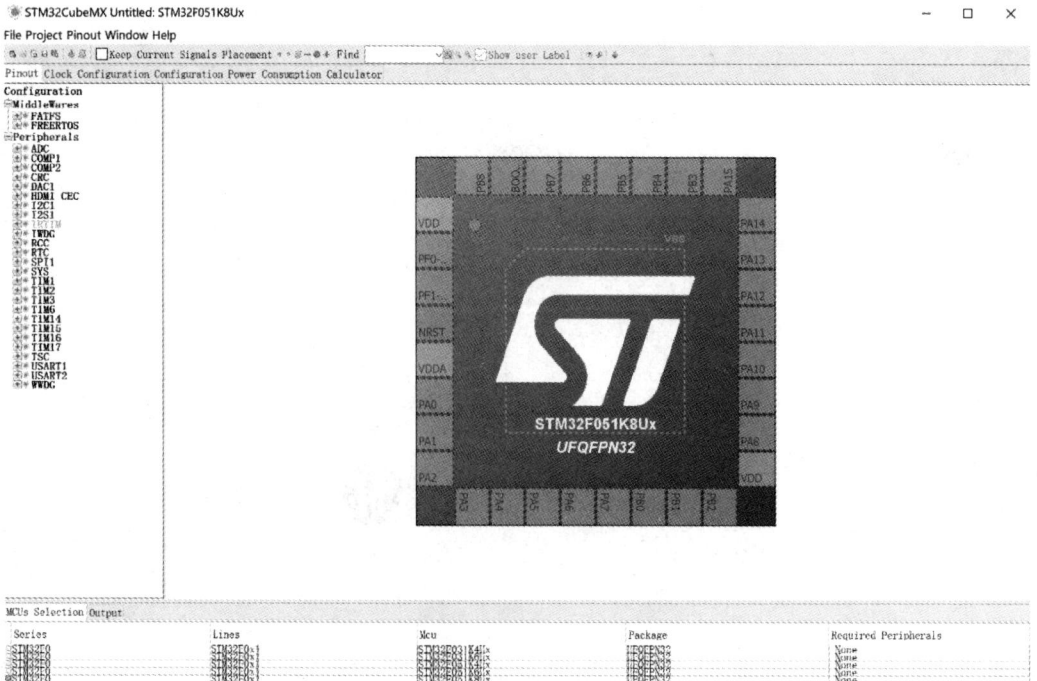

图 6-36　工程界面

(4) 在工程界面右侧的引脚配置列表中找到 UART1，设置如图 6-37 所示。

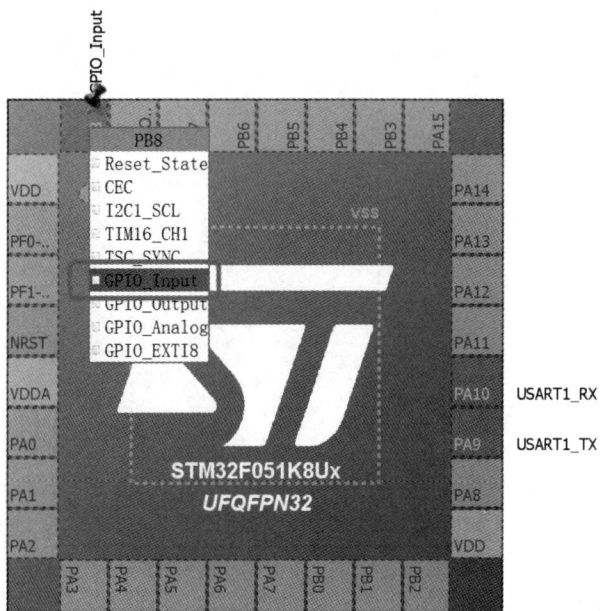

(5) 配置 GPIO 口 PB8 为 GPIO_Input，如图 6-38 所示。

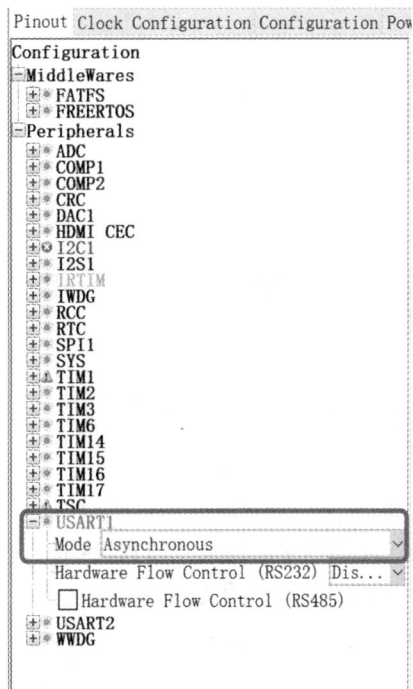

　图 6-37　UART1 的设置　　　　　　　　　图 6-38　配置 GPIO 口 PB8 为 GPIO_Input

(6) 切换面板至 Configuration，如图 6-39 所示，点击"UART1"按钮来进行串口的配置。

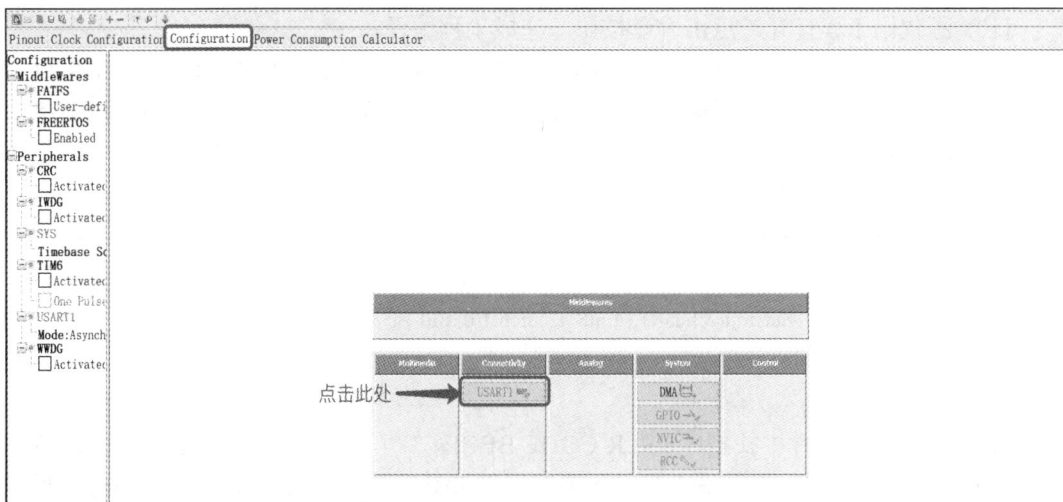

图 6-39　串口配置

(7) 在弹出的串口配置对话框的 Parameter Settings 标签页，设置串口的波特率(Baud Rate)为 115 200 b/s，如图 6-40 所示。

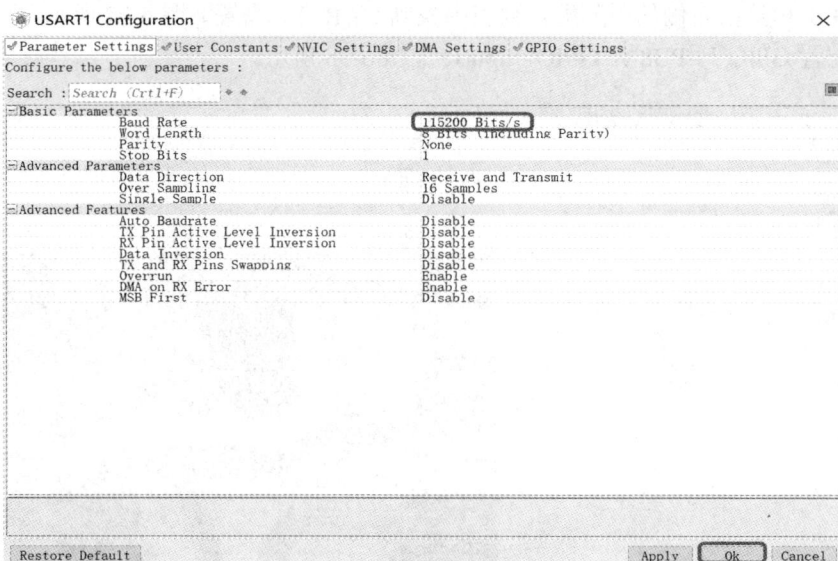

图 6-40　设置串口波特率

(8) 点击工具栏上 ⚙ 按钮，来自动生成 MDK-Keil5 工程代码。在弹出的对话框中进行工程名称、保存位置等信息的填写，然后点击"Ok"按钮，完成代码的自动生成。

(9) 工程生成完成后，在弹出的对话框中点击"Open Project"按钮，打开 Keil5 编辑器，如图 6-41 所示。

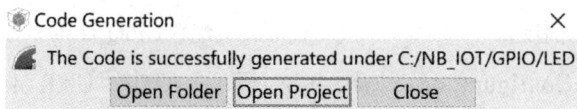

图 6-41　打开 Keil5 工程

(10) 源代码工程打开，点击编译按钮，完成工程编译。

(11) 在 main.c 文件中找到/* USER CODE BEGIN 4 */，在/* USER CODE BEGIN 4 */下方添加如下代码。重写 int fputc(int ch, FILE *f)函数，是为了使用 printf 函数完成向串口助手发送打印信息。

```
/* USER CODE BEGIN 4 */
int fputc(int ch, FILE *f)
{
    HAL_UART_Transmit(&huart1,(uint8_t*)&ch,1,0xFFFF);
    return ch;
}
```

(12) 在 main.c 文件中找到/* USER CODE BEGIN 3 */，在/* USER CODE BEGIN 3 */下方添加如下代码。此段代码是每隔 1 s 读取一次 PB8 引脚的电平状态，如果是低电平，表示没有检测到人；反之，表示检测到人。

```
/* USER CODE BEGIN 3 */
if(GPIO_PIN_RESET == HAL_GPIO_ReadPin(GPIOB, GPIO_PIN_8))
{
```

```
        printf("无人\r\n");
    }
    else
    {
        printf("有人\r\n");
    }
    HAL_Delay(1000);
```

(13) 代码编写完成后，重新编译工程，没有错误，即可进行程序的烧录。

(14) 将 ST-Link 线连接到开发底板上，如图 6-42 所示，另一端插入电脑的 USB 口。

(15) 点击 Keil5 软件工具栏上的 Load 按钮，烧录程序。

(16) 打开串口调试助手，配置参数如图 6-43 所示。

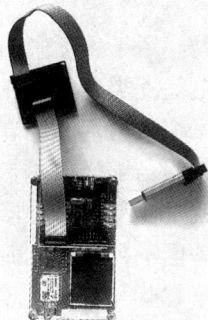

图 6-42　ST-Link 烧录程序　　　　　　图 6-43　串口调试助手参数配置

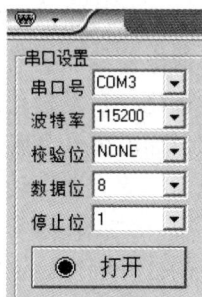

(17) 打开串口调试助手观察实验现象。可以看到，当有人在红外传感器的感知区域移动时，串口助手打印出了"有人"；反之，当人离开感知区域或者静止在感知区域时，串口助手打印"无人"，如图 6-44 所示。

图 6-44　实验现象

6.3.4　项目小结

　　人体红外传感器是一种最简单的人机交互传感器。人体红外传感器的控制引脚 D2 与 STM32F051 的 PB8 引脚相连，我们只要将 PB8 引脚设置为输入模式，程序读取 PB8 引脚电平的状态，当有人体在传感器的感知区域运动时，读取到的 PB8 引脚为高电平；反之，如果没有人或有人静止在感知区域时，读取到的 PB8 引脚为低电平。读取 PB8 引脚电平状态是通过调用 HAL_GPIO_ReadPin 函数来实现。因此，我们可以利用人体红外传感器对区域内的人体进行感知，进而根据感知结果执行相应的操作，例如人体感应灯、人体感应水龙头等都是人体红外感知的实际应用。

6.3.5　知识及技能拓展

　　热释电传感器是一种传感器，别称人体红外传感器，用于生活中的防盗报警、来客告知等，原理是将释放电荷经放大器转为电压输出。压电陶瓷类电介质在电极化后能保持极化状态，称为自发极化。自发极化随温度升高而减小，在居里点温度降为零。因此，当这种材料受到红外辐射而温度升高时，表面电荷将减少，相当于释放了一部分电荷，故称为热释电。释放的电荷经放大器可转换为电压输出，这就是热释电传感器的工作原理。当辐射继续作用于热释电元件，使其表面电荷达到平衡时，便不再释放电荷。因此，热释电传感器不能探测恒定的红外辐射。例如，钽酸锂、硫酸三甘肽等晶体受热时，晶体两端会产生数量相等、符号相反的电荷。1842 年，布鲁斯特将这种由温度变化引起的电极化现象命名为 "pyroelectric"，即热释电效应。红外热释电传感器就是基于热释电效应工作的热电型红外传感器，其结构简单坚固，技术性能稳定，被广泛应用于红外检测报警、红外遥控、光谱分析等领域，是目前使用最广的红外传感器。

　　热释电探测元是热释电传感器的核心元件，是在热释电晶体的两面镀上金属电极，加电极化制成，相当于一个以热释电晶体为电介质的平板电容器。当热释电探测元受到非恒定强度的红外光照射时，产生的温度变化会导致其表面电极的电荷密度发生改变，从而产生热释电电流。

　　探测元的原理参考菲涅尔透镜(Fresnel Lens)，又译菲涅尔透镜，别称螺纹透镜，是由法国物理学家奥古斯丁·菲涅尔发明的一种透镜。此设计原来被应用于灯塔，它可以建造更大孔径的透镜，特点是焦距短，且比一般的透镜的材料用量更少、重量与体积更小。和早期的透镜相比，菲涅尔透镜更薄，因此，可以传递更多的光，使得灯塔即使距离相当远仍可被看见。

6.4　光照强度感知项目

光照强度感知项目

　　本节的光感知项目是通过光敏传感器来实现的。光敏传感器是一种能感知光强度的探测元件，利用光敏传感器所感知到的不同光强值，触发某种动作的执行。例如，生活中使用的手机，其屏幕亮度可以根据外界光照亮度的不同而自动进行调节。同样，我们也可以利用感知的外界光亮强度来控制灯泡的亮暗程度，进而达到降低能耗的目的。

6.4.1　项目分析

根据第 3 章的实验平台介绍可以看出，本书的终端设备由三部分构成：传感器或执行器模块、开发底板、NB-IoT 核心板。由完整的 NB-IoT 开发板实物可知，NB-IoT 核心板是通过 CON1 和 CON2 口插接到开发底板上的；MCU 嵌入在 NB-IoT 核心板上；串口(CH340G)嵌入在开发底板上，通过 USB 接口转接；传感器或执行器模块(如光敏传感器等)插在 P1 和 P2 两个接口上，如图 6-45 所示。

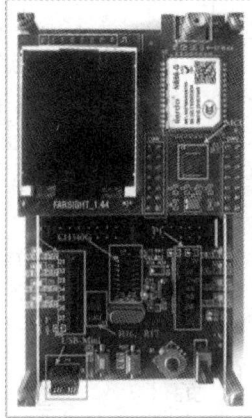

图 6-45　整的 NB-IoT 开发板

因此，只需将光敏传感器插入到传感器或执行器的插口(即 P1 和 P2)中，就形成了本项目的终端设备，如图 6-46 所示。

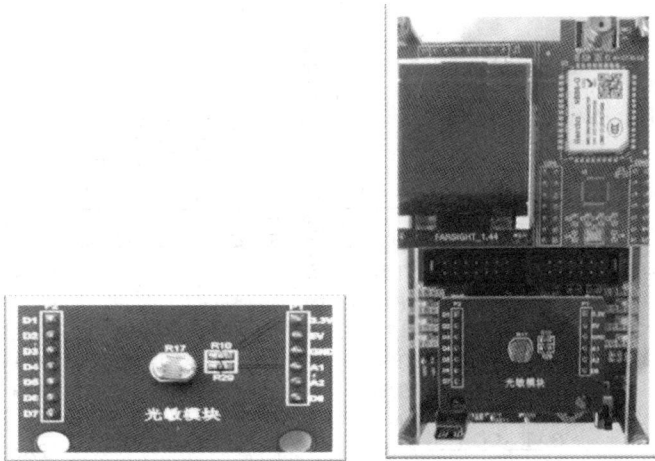

图 6-46　终端设备

光敏传感器是最常见的传感器之一，它的种类繁多，主要有光电管、光电倍增管、光敏电阻、光敏三极管、太阳能电池、红外线传感器、紫外线传感器、光纤式光电传感器、色彩传感器、CCD 和 CMOS 图像传感器等。光敏传感器是目前产量最多、应用最广的传感器之一，它在自动控制和非电量电测技术中占有非常重要的地位。

最简单的光敏传感器是光敏电阻，光敏电阻又叫光感电阻，其工作原理是基于内光电效应。光敏电阻是利用半导体的光电效应制成的一种电阻值随入射光的强弱而改变的电阻器，入射光强，电阻减小；反之，入射光弱，则电阻增大。光敏电阻器一般用于光的测量、光的控制和光电转换。

　　光敏传感器、P1、P2、CON1、CON2、MCU 的接口原理图如图 6-47 所示。可以看出，光敏传感器的 AD 引脚 A1 与 STM32F051 的 PA4 引脚相连，将 PA4 引脚配置成 ADC 模式。

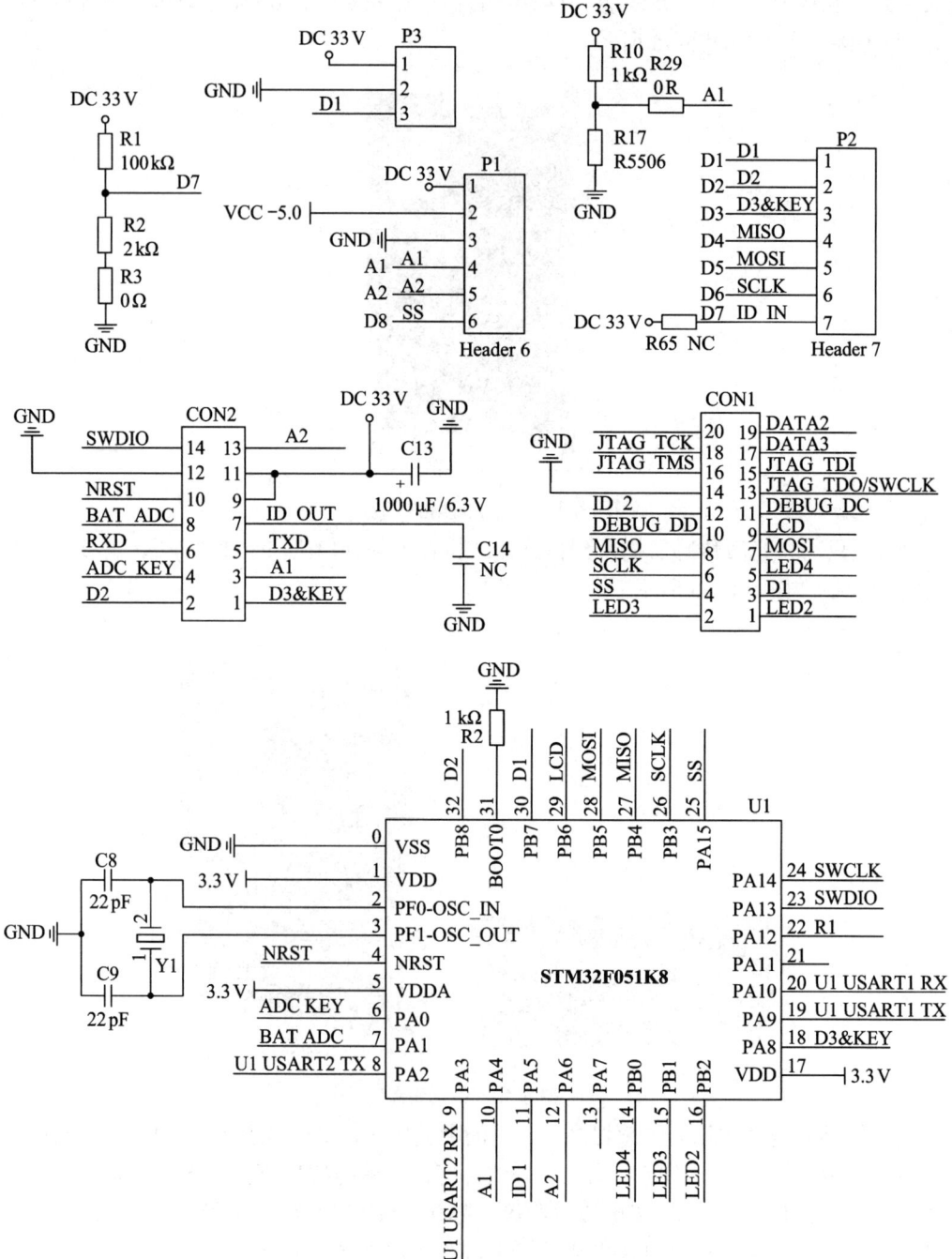

图 6-47　光敏传感器和 NB-IoT 核心板接口原理图

根据第 5 章内容可知，ADC(Analog-to-Digital Convertor)指模/数转换器或者模拟/数字转换器，是指将连续变量的模拟信号转换为离散的数字信号的器件。ADC 部件转换后的数值被保存到一个 16 位的规则通道数据寄存器(或注入通道数据寄存器)中，我们可以通过 DMA 方式把它读取到内存(变量)。

根据 STM32F051 的数据手册，只要把 PA4 引脚配置成 ADC 模式，即打开 ADC 的 IN4 通道，以 DMA 方式读取通道数据寄存器值即可。

6.4.2　方案设计

本项目通过 DMA 方式读取 ADC 的第四通道(IN4)寄存器的值获取感知的光照数据，并将读到的数据经过数值转换后，通过串口发送给串口调试助手打印出来，项目每 2 s 读取一次感知数据。

本项目的实现流程如下：

(1) 主程序完成 GPIO、串口 1、DMA、ADC 的初始化。

(2) 在主程序的 while 循环中，根据设置的 2 s 时间间隔读取 ADC IN4 的数据。

(3) 将读取到的数据经过转换，通过串口打印输出到串口调试助手。

其中的初始化部分可以通过 STM32CubeMX 软件以图形化的方式进行配置，可以大大减轻编程工作量。

6.4.3　项目实施

首先，使用 STM32CubeMX 软件以图形化的方式对 STM32F051K8 芯片进行配置；然后，由 STM32CubeMX 软件生成包含初始化代码的项目文件；接着，使用 MDK-Keil 5 软件根据方案设计修改源代码，并且编译生成可执行文件；最后，使用 ST-Link 仿真器下载并运行项目，观察项目运行效果。具体操作步骤如下：

(1) 打开 STM32CubeMX 软件，点击 "New Project"，如图 6-48 所示。

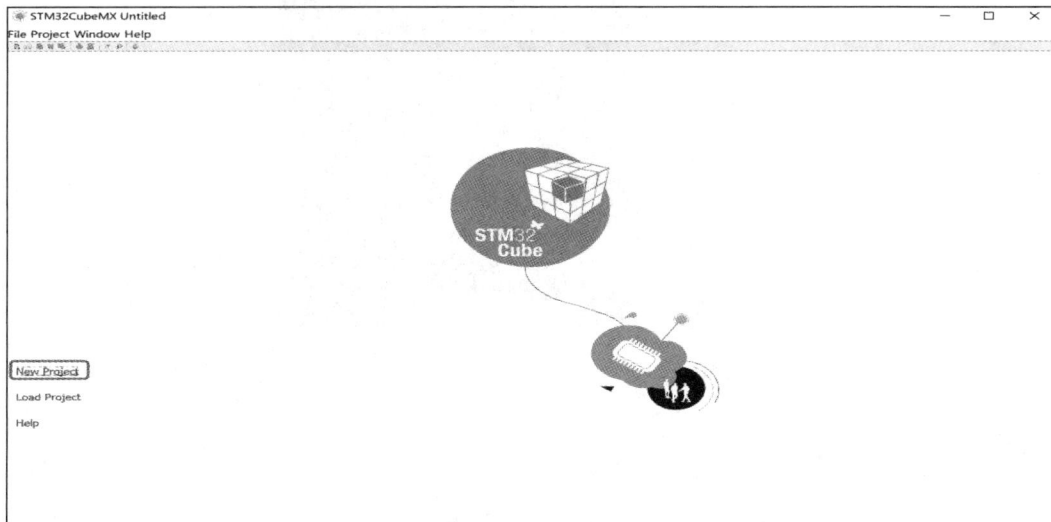

图 6-48　新建工程

(2) 根据 STM32 数据手册里面 MCU 的型号、封装等信息，选择 MCU，如图 6-49 所示。

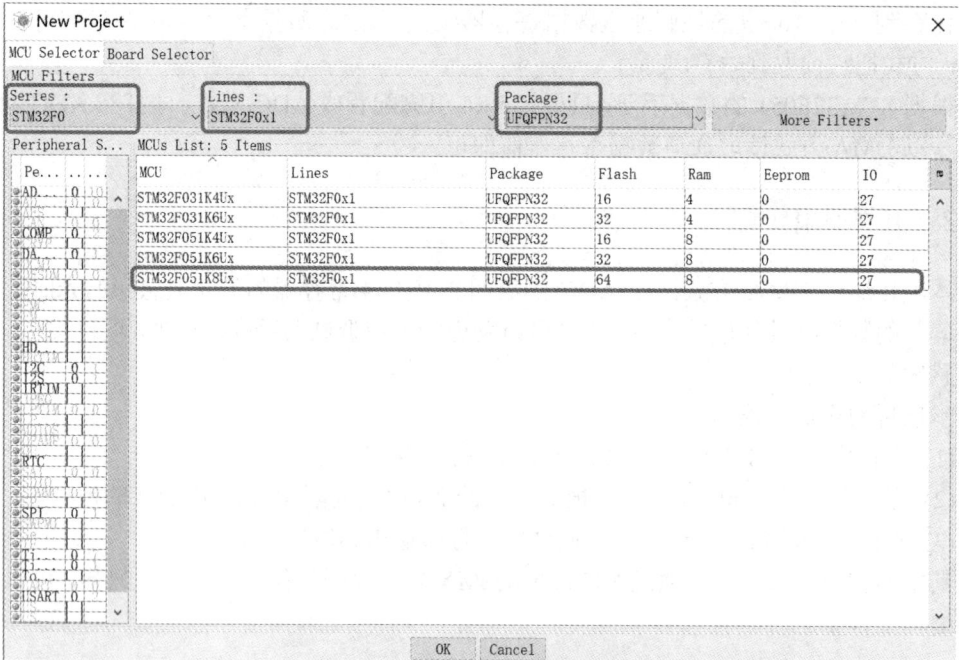

图 6-49　选择 MCU

(3) 工程建立完成，出现如图 6-50 所示的界面。

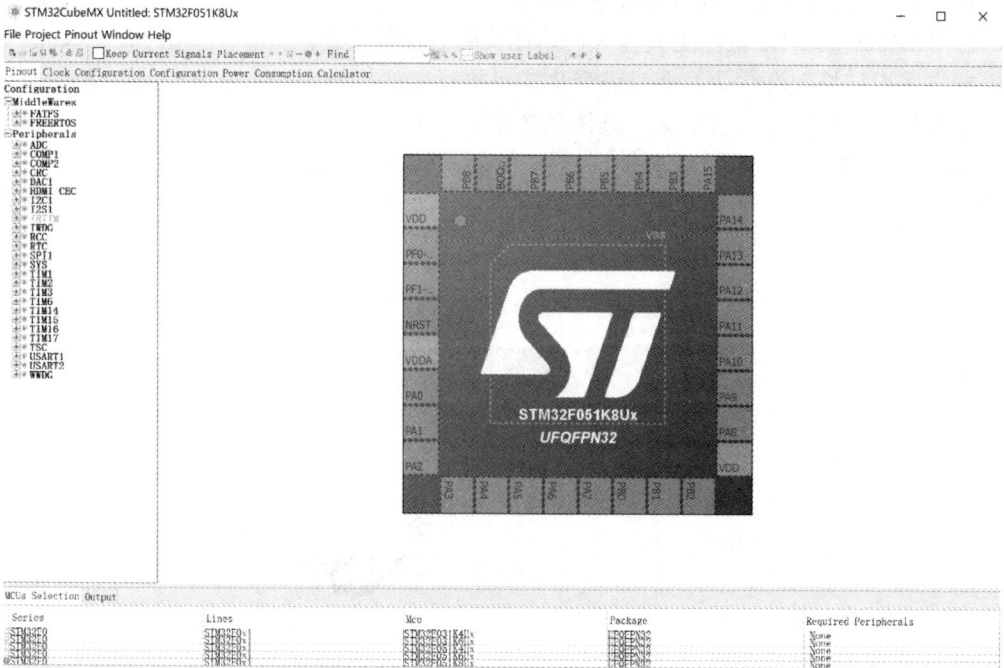

图 6-50　工程界面

(4) 在工程界面右侧的引脚配置列表中找到 ADC、RCC、UART1，每一项的设置如图

6-51 所示。其中，ADC 里面设置了 IN0 和 IN4 两个通道，从 IN0 通道可以读取内部电压；从 IN4 通道可以读取传感器的感知数据，即本项目中的光照强度。

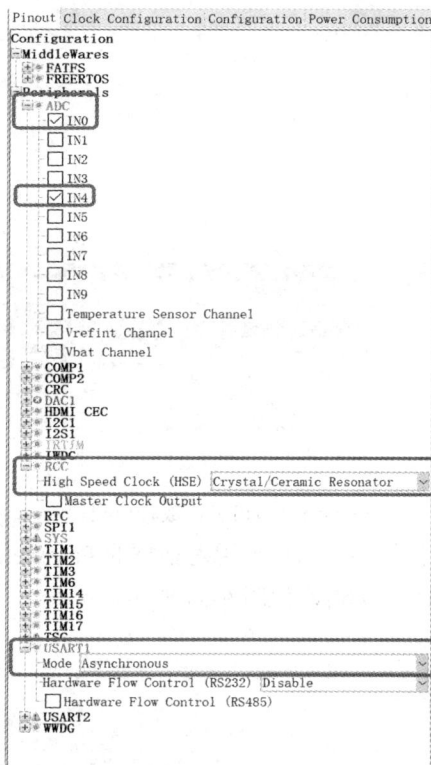

图 6-51　ADC、RCC、UART1 的设置

(5) 切换面板至 Clock Configuration，配置时钟如图 6-52 所示。

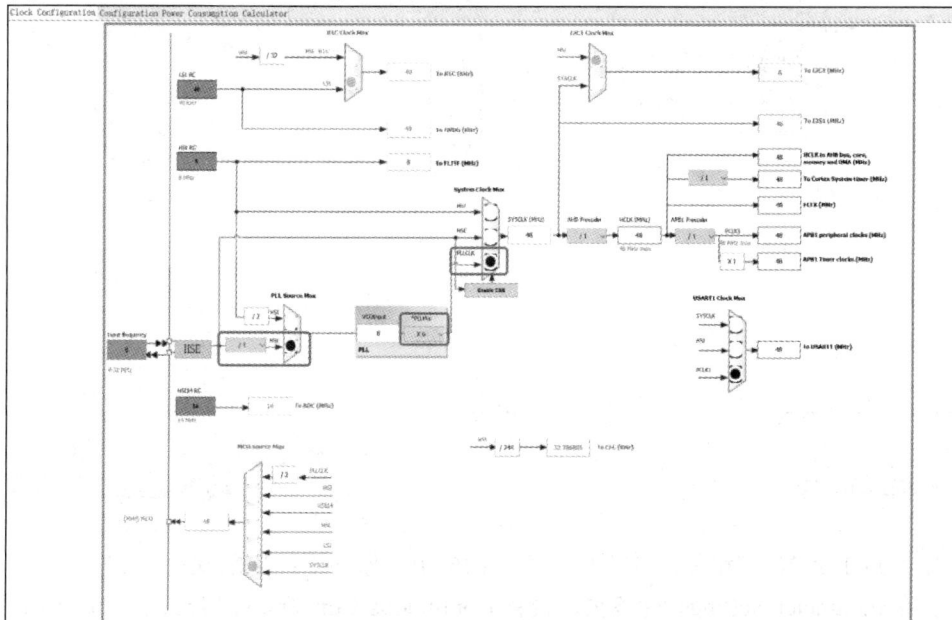

图 6-52　配置时钟

(6) 切换面板至 Configuration，如图 6-53 所示，点击"UART1"和"ADC"按钮来进行串口和模数转换的配置。

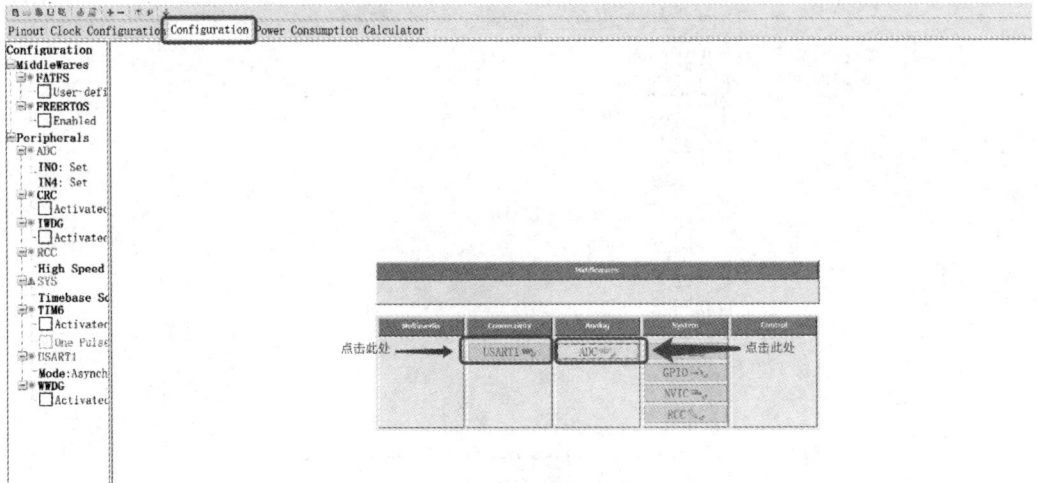

图 6-53 串口和模数转换配置

(7) 在点击"UART1"按钮弹出串口配置对话框的 Parameter Settings 标签页，设置串口的波特率(Baud Rate)为 115 200 b/s，如图 6-54 所示。

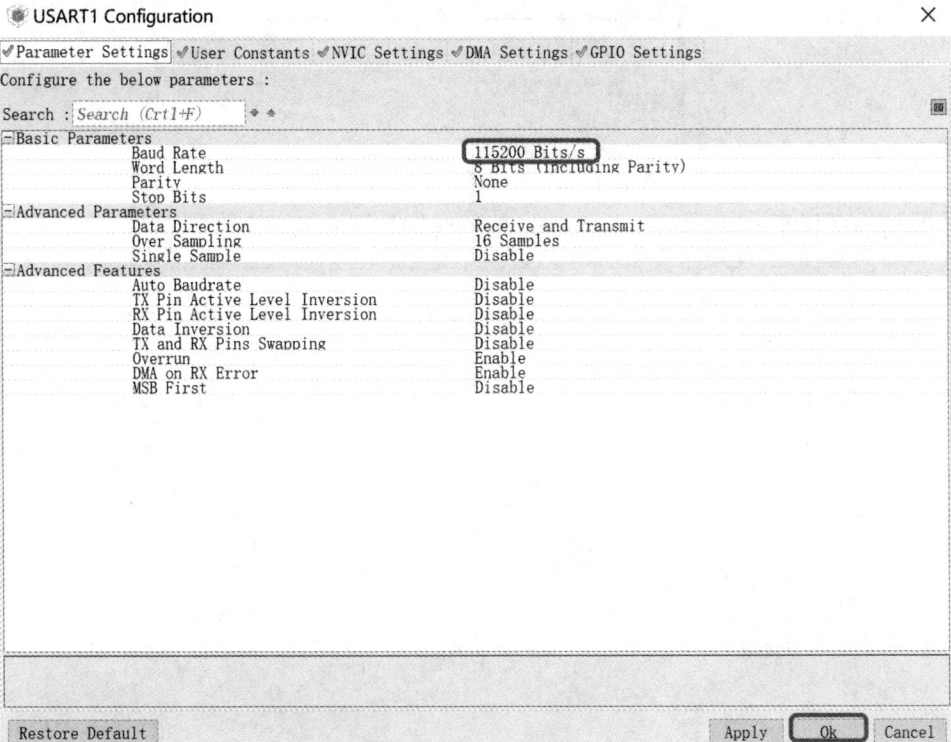

图 6-54 设置串口波特率

(8) 在点击 ADC 按钮弹出的串口配置对话框中，做如下两项配置：

① 在 Parameter Settings 标签页，设置 Continuous Conversion Mode 为 Enabled；设置 DMA Continuous Requests 为 Enabled，如图 6-55 所示。

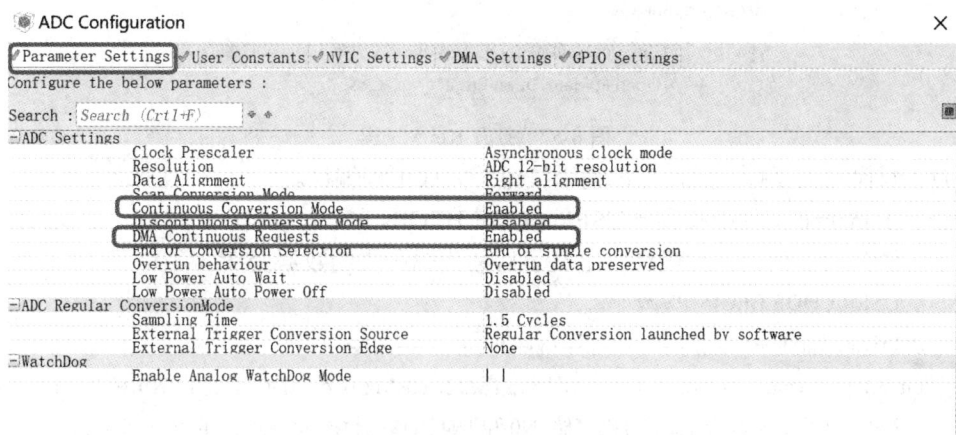

图 6-55　设置 DMA 参数

② 在 DMA Settings 标签页，先点击"Add"按钮，此时列表中会增加一行，按照图 6-56 所示的列表内容完成选择；然后更改 Mode 为 Circular，更改 Data Width 为 Word；最后点击"Ok"按钮。

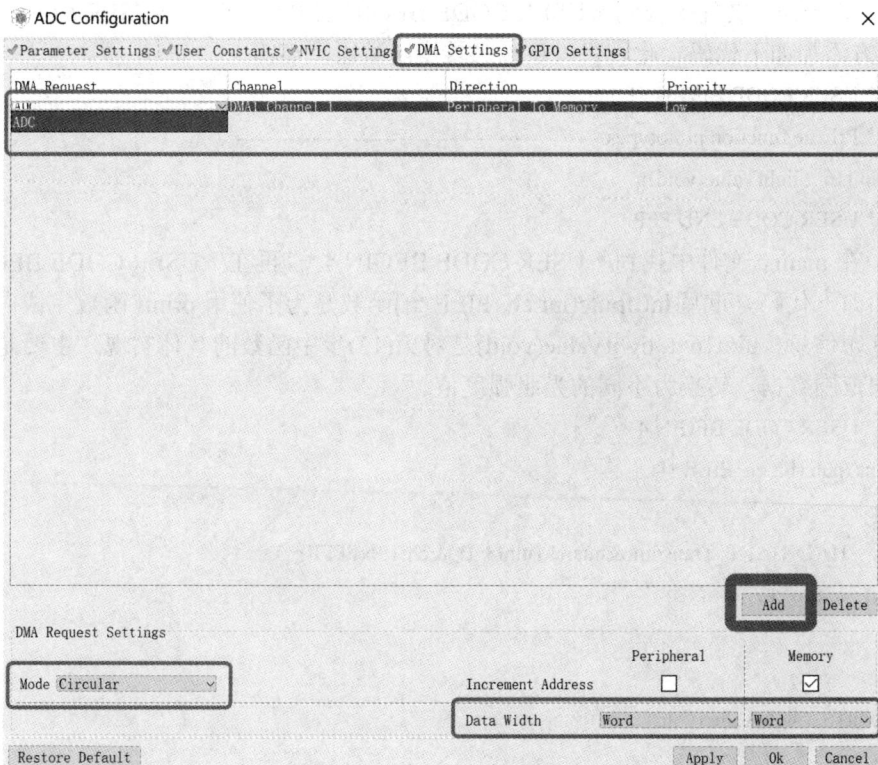

图 6-56　设置 DMA 请求模式

(9) 点击工具栏上 　 按钮，自动生成 MDK-Keil5 工程代码。在弹出的对话框中进行工程名称、保存位置等信息的填写，然后点击"Ok"按钮，完成代码的自动生成。

(10) 工程生成完成后，在弹出的对话框中点击"Open Project"按钮，打开 Keil5 编辑器，如图 6-57 所示。

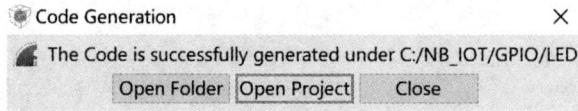

图 6-57　打开 Keil5 工程

(11) 源代码工程打开后，点击编译按钮，完成工程编译。

(12) 在 main.c 文件中找到/* USER CODE BEGIN PV */，再在/* USER CODE BEGIN PV */下方添加如下代码。此段代码定义了后续代码所需的数据变量。

```
/* USER CODE BEGIN PV */
/* Private variables ---------------------------------------------------*/
uint32_t adcValue[2]={0};          //因为 STM32CubeMx 中给 ADC 设置了 IN0 和 IN4 两个通道
//这里定义两个元素的数组，分别存储 IN0 和 IN4 通道的数据 adcValue[0]：IN0 和 adcValue[1]：IN4

uint8_t AdcData_H = 0;          //存储感知数据的高 8 位
uint8_t AdcData_L = 0;          //存储感知数据的低 8 位
/* USER CODE END PV */
```

(13) 在 main.c 文件中找到/* USER CODE BEGIN PFP */，再在/* USER CODE BEGIN PFP */下方添加如下代码。此段代码是光照转换函数原型声明。

```
/* USER CODE BEGIN PFP */
/* Private function prototypes -----------------------------------------*/
uint16_t lightValue(void);
/* USER CODE END PFP */
```

(14) 在 main.c 文件中找到/* USER CODE BEGIN 4 */，再在/* USER CODE BEGIN 4 */下方添加如下代码。重写 int fputc(int ch, FILE *f)函数是为了使用 printf 函数完成向串口助手发送打印信息。uint16_t lightValue(void)是对第(13)步中函数的具体实现，主要是对感知到的不同范围数据，转换为不同的光照强度值。

```
/* USER CODE BEGIN 4 */
int fputc(int ch, FILE *f)
{
    HAL_UART_Transmit(&huart1,(uint8_t*)&ch,1,0xFFFF);
    return ch;
}

uint16_t lightValue(void)
{
    uint32_t AdValue=0;
    uint32_t AdSsendValue =0;
    AdValue =    (uint16_t)adcValue[1];

    if(AdValue > 0xe4f)
```

```
            AdValue = 0;
        else if(AdValue > 0x6E5 && AdValue <= 0xe4f)
        {
            AdSsendValue = (0xe4f - AdValue);
        }
        else if(AdValue > 0x63d && AdValue <= 0x6e5)
        {
            AdSsendValue = ((343*AdValue)/(0x6E5-0x63d));
            AdSsendValue = 3792 - AdSsendValue;
        }
        else if(AdValue > 0x5b4 && AdValue <= 0x63d)
        {
            AdSsendValue = 5976 - ((467*AdValue)/(0x63d-0x5b4));
        }
        else if(AdValue > 0x44b && AdValue <= 0x5b4)
        {
            AdSsendValue = 8539 - ((1864*AdValue)/(0x5b4-0x44b));
        }
        else if(AdValue >= 0x2d0 && AdValue <= 0x44b)
        {
            AdSsendValue = 5837 - ((1025*AdValue)/(0x5b4-0x44b));
        }
        else if( AdValue < 0x3d0)
        {
            AdSsendValue = 3892;
        }
        AdcData_L = AdSsendValue;
        AdcData_H = AdSsendValue >> 8;
        return (uint16_t)AdSsendValue;
    }
    /* USER CODE END 4 */
```

(15) 在 main.c 文件中找到/* USER CODE BEGIN 3 */,再在/* USER CODE BEGIN 3 */下方添加如下代码。此段代码是每隔 2 s 从 ADC 的数据缓存区中读取一次感知数据(包括电量和光照),并将其通过串口 1 打印输出到串口调试助手。

```
    /* USER CODE BEGIN 3 */
    uint32_t power = (uint16_t)adcValue[0];
    power = (power * 3300)/4096;
    uint8_t percent = ((power - 2340)*100) / 460;
```

```
printf("POWER(%%):%d\r\n", percent);
printf("LIGHT VALUE:%d\r\n\r\n", lightValue());

HAL_Delay(2000);
```

(16) 打开 dmc.c 文件，找到 MX_DMA_Init 函数，按照下面的代码将 HAL_NVIC_SetPriority(DMA1_Channel1_IRQn, 0, 0) 和 HAL_NVIC_EnableIRQ(DMA1_Channel1_IRQn) 两行代码注释。这一步非常重要，否则 DMA 方式不能成功读取 ADC 数据，每次从 STM32CubMXe 里面更新代码后，此步骤要重新完成。

```
/**
 * Enable DMA controller clock
 */
void MX_DMA_Init(void)
{
    /* DMA controller clock enable */
    __HAL_RCC_DMA1_CLK_ENABLE();

    /* DMA interrupt init */
    /* DMA1_Channel1_IRQn interrupt configuration */
    //HAL_NVIC_SetPriority(DMA1_Channel1_IRQn, 0, 0);    //将这行代码注释
    //HAL_NVIC_EnableIRQ(DMA1_Channel1_IRQn);            //将这行代码注释
}
```

(17) 代码编写完成后，重新编译工程，没有错误，即可进行程序的烧录。

(18) 将 ST-Link 线连接到开发底板上，如图 6-58 所示，另一端插入到电脑的 USB 口。

(19) 将光敏感知模块插入到开发板上，如图 6-59 所示。

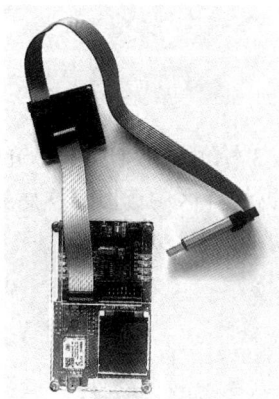

图 6-58　ST-Link 烧录程序　　　　图 6-59　光敏模块插入开发板

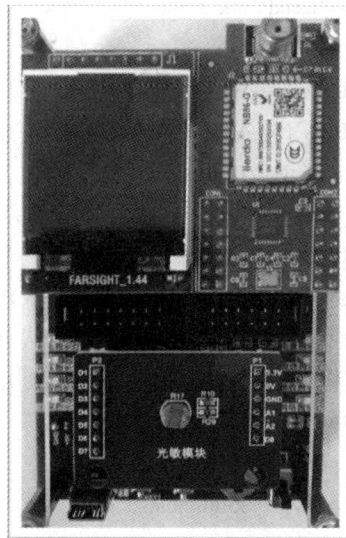

(20) 点击 Keil5 软件工具栏上的 Load 按钮，烧录程序。

(21) 打开串口调试助手，配置参数如图 6-60 所示。

(22) 打开串口调试助手观察实验现象。可以看到感知的光照强度值，以及读取的设备电量值。当用手遮挡光敏传感器时，感知的光强数据会降低；去除遮挡，数据会升高，如图 6-61 所示。

图 6-60　串口调试助手
参数配置

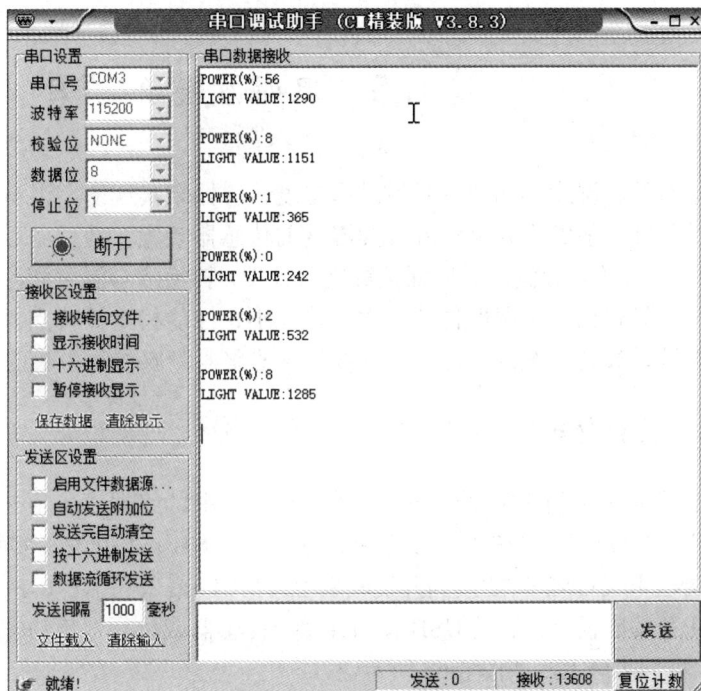

图 6-61　实验现象

6.4.4　项目小结

光敏传感器是目前产量最多、应用最广的传感器之一，它在自动控制和非电量电测技术中占有非常重要的地位。光敏传感器的 AD 引脚 A1 与 STM32F051 的 PA4 脚相连，把 PA4 引脚配置成 ADC 模式，打开 ADC 的第 4 通道(IN4)，以 DMA 方式读取通道寄存器的数据，经过转换后，即可得到感知的光照强度数据。在定义好数据缓冲区后，调用 HAL_ADC_Start_DMA 函数实现数据自动读取。我们可以利用光敏传感器对感知区域内的光照强度进行感知，进而根据感知结果执行相应的操作，例如，手机屏幕亮度的自动调节就是光照传感器的一种实际应用。

6.4.5　知识及技能拓展

光敏传感器是对外界光信号或光辐射有响应或转换功能的敏感装置，利用光敏元件将光信号转换为电信号，它的敏感波长在可见光波长附近，包括红外线波长和紫外线波长。光传感器不只局限于对光的探测，还可以作为探测元件组成其他传感器，对许多非电量进行检测，只要将这些非电量转换为光信号的变化即可。主要有光电管、光电倍增管、光敏电阻、光敏三极管、太阳能电池、红外线传感器、紫外线传感器、光纤式光电传感器、色彩传感器、CCD 和 CMOS 图像传感器等。光敏传感器主要应用于太阳能草坪灯、光控小夜灯、照相机、监控器、光控玩具、声光控开关、摄像头、防盗钱包、光控音乐盒、生日音乐蜡烛、音乐杯、人体感应灯、人体感应开关等电子产品光自动控制领域。

6.5　温湿度感知项目

温湿度感知项目

本节的温湿度感知项目是通过温湿度传感器来实现的。温湿度传感器是一种装有湿敏和热敏元件，能够用来测量温度和湿度的传感器装置。经过稳压滤波、运算放大、非线性校正、V/I 转换、恒流及反向保护等电路处理，转换成与温度和湿度呈线性关系的电流信号或电压信号输出。温湿度传感器由于体积小、性能稳定等特点，被广泛应用在生产生活的各个领域，如智慧农业中使用温湿度传感器来监测农作物生长的温湿度参数。

6.5.1　项目分析

根据第 3 章的实验平台介绍可以看出，本书的终端设备由三部分构成：传感器或执行器模块、开发底板、NB-IoT 核心板。由完整的 NB-IoT 开发板实物可知，NB-IoT 核心板通过 CON1 和 CON2 口插接到开发底板上；MCU 嵌入在 NB-IoT 核心板上；串口(CH340G)嵌入在开发底板上，通过 USB 接口转接；传感器或执行器模块(如温湿度传感器等)插在 P1 和 P2 两个接口上，如图 6-62 所示。

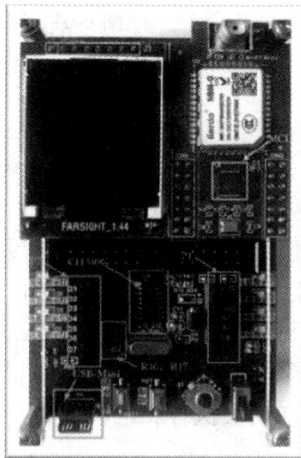

图 6-62　完整的 NB-IoT 开发板

因此，只需将温湿度传感器插入到传感器或执行器的插口(即 P1 和 P2)中，就形成了本项目的终端设备，如图 6-63 所示。

本项目使用的温湿度传感器产品为数字温湿度传感器(DHT11)，它是一款含有已校准数字信号输出的温湿度复合传感器，应用专用的数字模块采集技术和温湿度传感技术，确保产品具有极高的可靠性与卓越的长期稳定性。传感器包括一个电阻式感湿元件和一个 NTC 测温元件，并与一个高性能 8 位单片机相连接。因此，该产品具有品质卓越、超快响应、抗干扰能力强、性价比极高等优点。

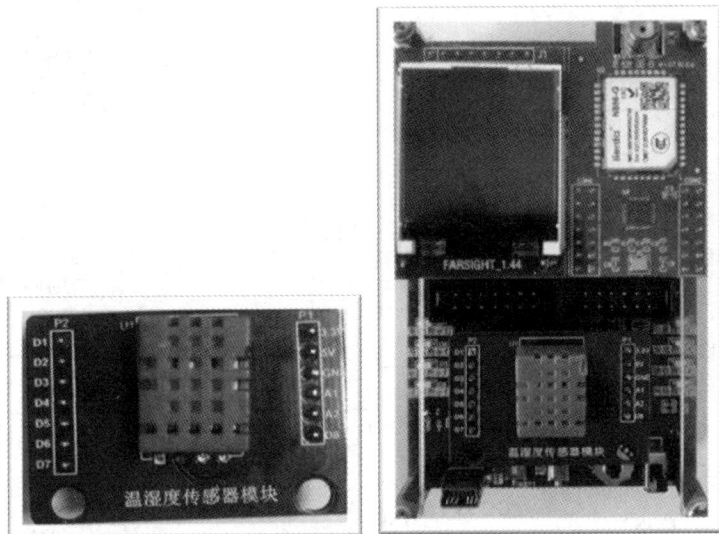

图 6-63　终端设备

DHT11 为 4 针单排引脚封装，每个引脚的作用如表 6-1 所示。DATA 引脚用于微处理器 MCU 与 DHT11 之间的通信和同步。

表 6-1　DHT11 引脚说明

Pin	名　称	功　能
1	VDD	供电 3～5.5 V 直流电
2	DATA	串行数据，单总线
3	NC	空脚，悬空
4	GND	接地，电源负极

DHT11 采用单总线传输方式，一次通信时间 4 ms 左右，一次传送 40 位数据，数据分小数部分和整数部分，高位先出。具体数据格式如下：

8 bit 湿度整数数据 +8 bit 湿度小数数据 +8 bit 温度整数数据 +8 bit 温度小数数据 +8 bit 校验位。当前温度和湿度的小数部分用于以后扩展，现读出的数据均为零。

例如：接收到一次 40 位数据，如表 6-2 所示。

表 6-2　一次温湿度传输数据示例

0011 0101	0000 0000	0001 1000	0000 0000	0100 1101
湿度高 8 位	湿度低 8 位	温度高 8 位	温度低 8 位	校验位

接收到数据后，计算 0011 0101+0000 0000+0001 1000+0000 0000 的结果为 0100 1101，与校验位的值相同，表示数据正确；否则，数据错误。按照数据格式解析，得到湿度数据为 0011 0101 = 35H = 53%RH；温度数据为 0001 1000 = 18H = 24℃。

温湿度传感器、P1、P2、CON1、CON2、MCU 的接口原理图如图 6-64 所示。可以看出，温湿度传感器的引脚 D2 与 STM32F051 MCU 上的 PB8 引脚相连，采集到的数据从此引脚读取。

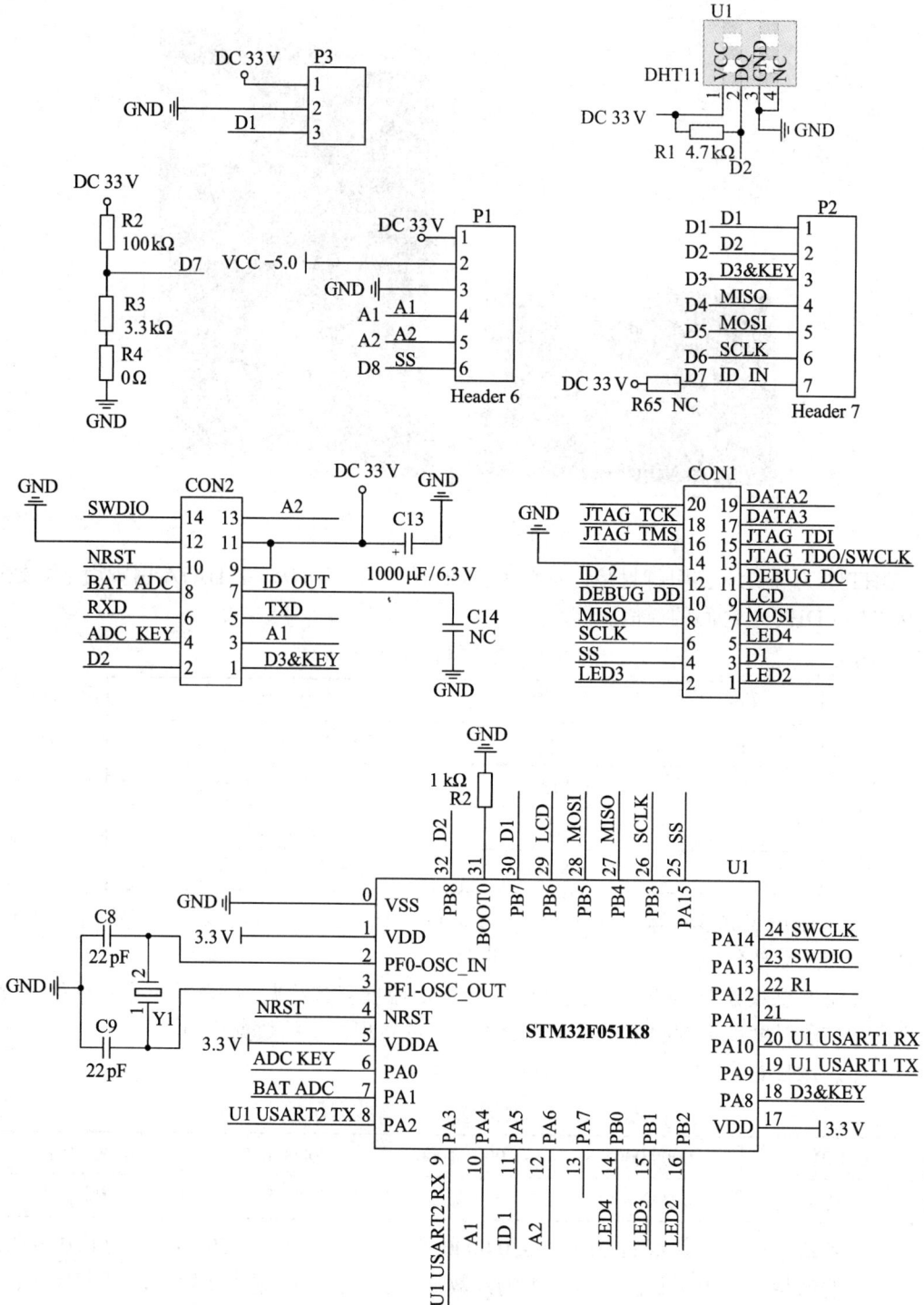

图 6-64　温湿度传感器和 NB-IoT 核心板接口原理图

6.5.2　方案设计

本项目利用温湿度传感器周期性地(如每 5 s)感知周围环境温湿度，并将温湿度数据通过串口发送给串口调试助手打印出来。

本项目的实现流程如下：

(1) 主程序完成 GPIO、串口 1、定时器等的初始化。

(2) 在主程序的 while 循环中，根据设置的 5 s 时间间隔读取 GPIOPB8 引脚的数据，并按照 DHT11 的数据格式进行解析。

(3) 将读取到的温湿度数据，通过串口打印输出到串口调试助手。

其中的初始化部分可以通过 STM32CubeMX 软件以图形化的方式进行配置，可以大大减轻编程工作量。

6.5.3　项目实施

首先，使用 STM32CubeMX 软件以图形化的方式对 STM32F051K8 芯片进行配置；然后，由 STM32CubeMX 软件生成包含初始化代码的项目文件；接着，使用 MDK-Keil 5 软件根据方案设计修改源代码，并且编译生成可执行文件；最后，使用 ST-Link 仿真器下载并运行项目，观察项目运行效果。具体操作步骤如下：

(1) 打开 STM32CubeMX 软件，点击"New Project"，如图 6-65 所示。

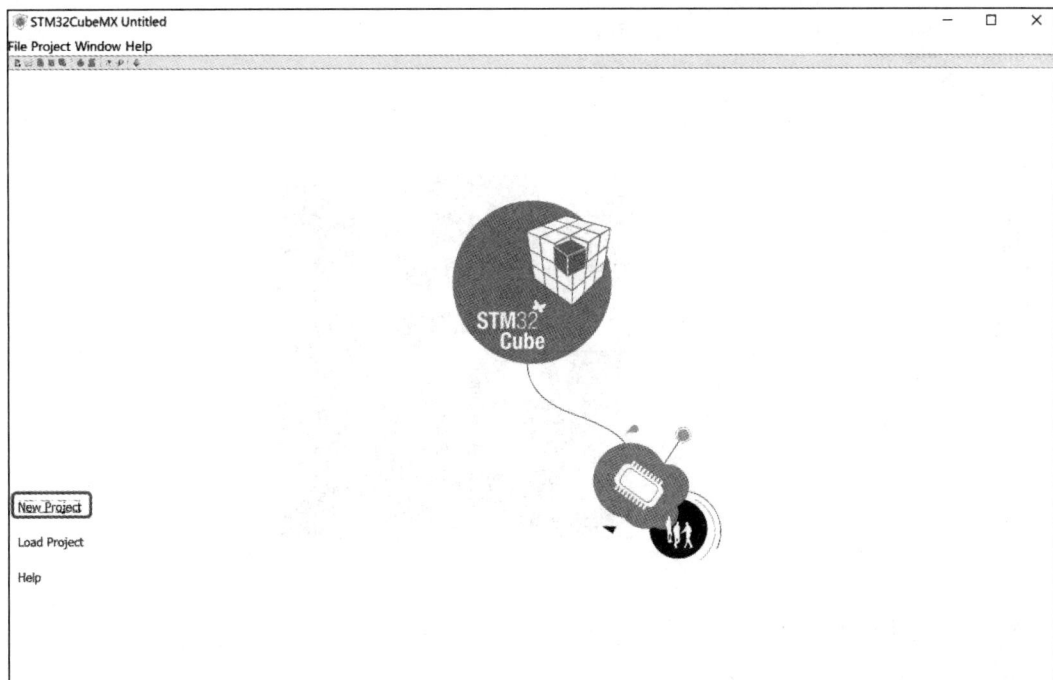

图 6-65　新建工程

(2) 根据 STM32 数据手册里面 MCU 的型号、封装等信息，选择 MCU，如图 6-66 所示。

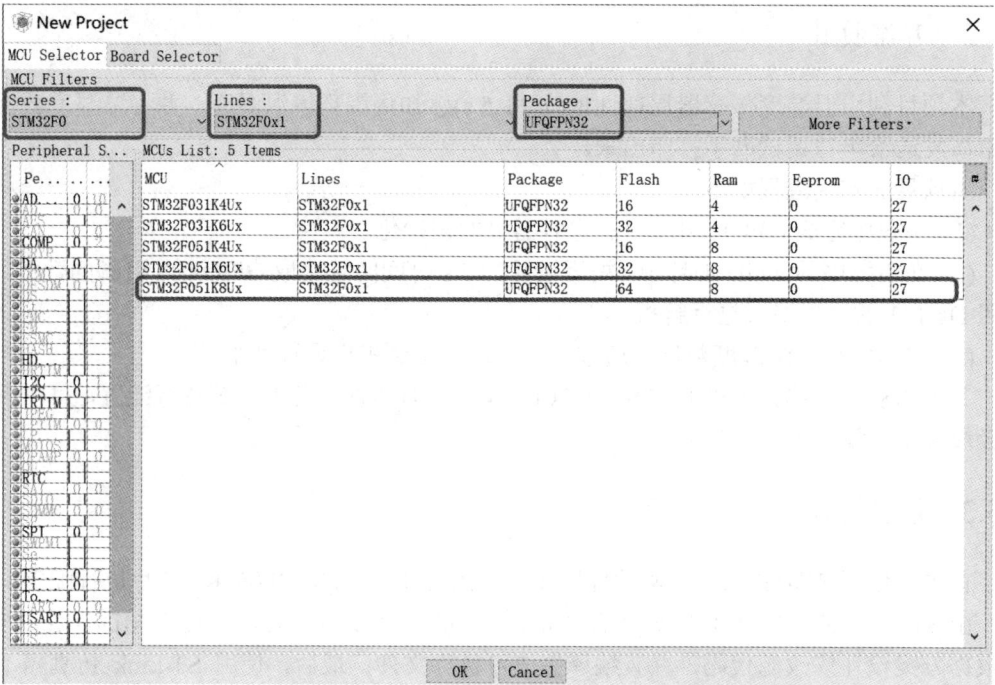

图 6-66　选择 MCU

(3) 工程建立完成，出现图 6-67 所示的界面。

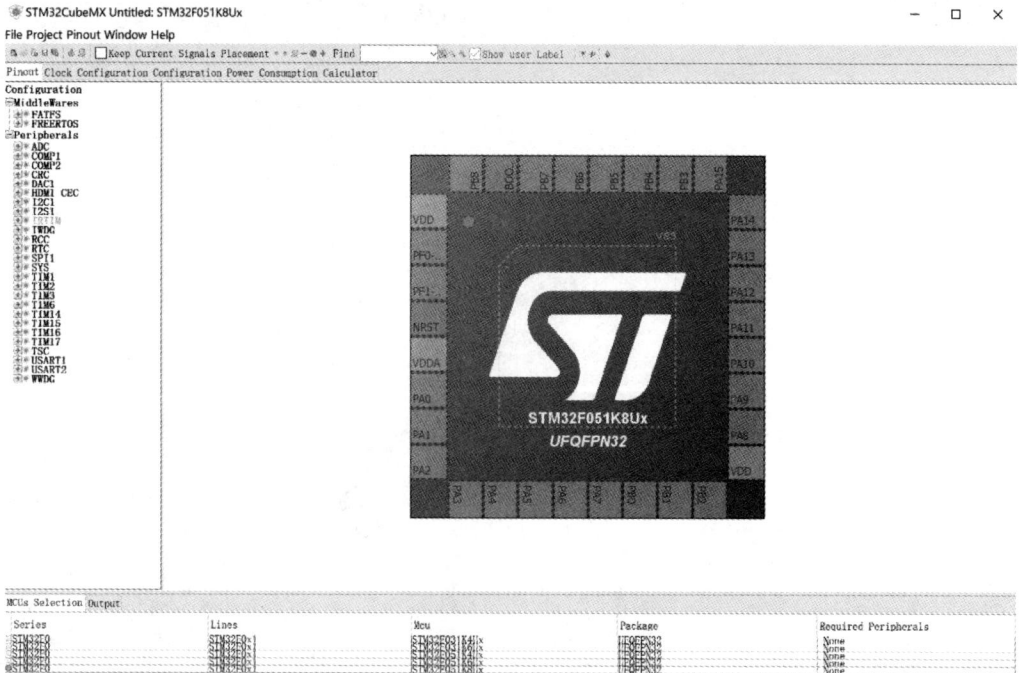

图 6-67　工程界面

(4) 在工程界面右侧的引脚配置列表中找到 RCC、TIM2、UART1，每一项的设置如图 6-68 所示。

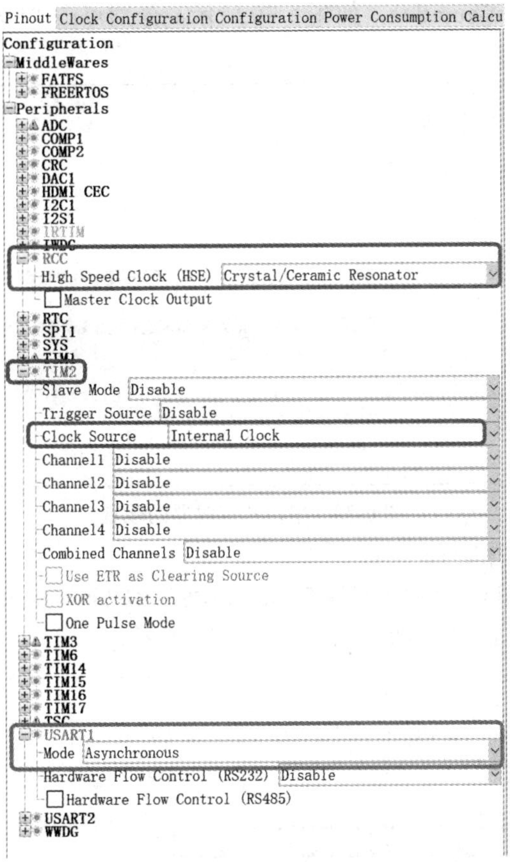

图 6-68　RCC、TIM2、UART1 的设置

(5) 切换面板至 Clock Configuration，配置时钟如图 6-69 所示。

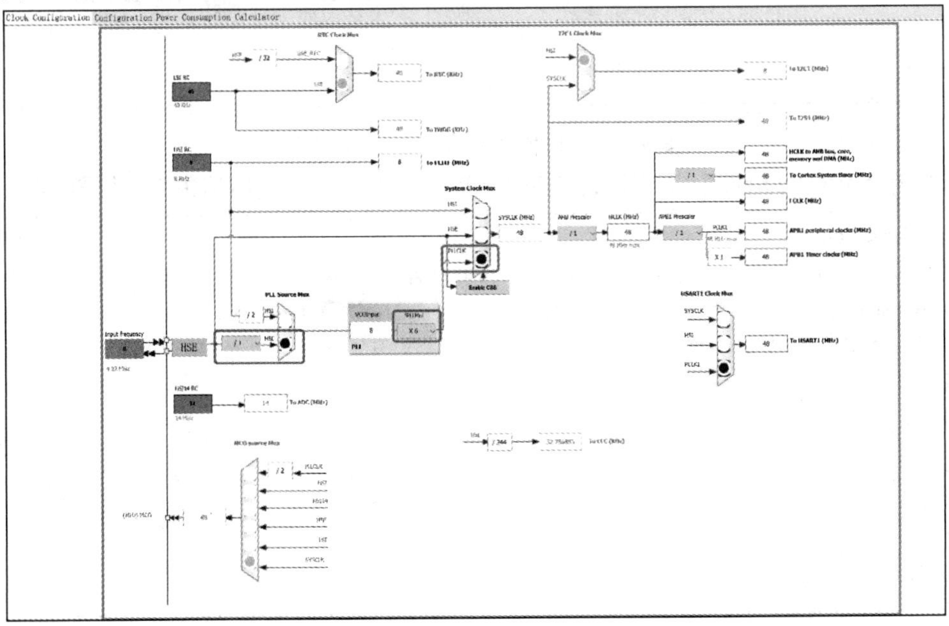

图 6-69　配置时钟

(6) 切换面板至 Configuration，如图 6-70 所示，分别点击"UART1"和"TIM2"按钮进行串口和定时器的配置。

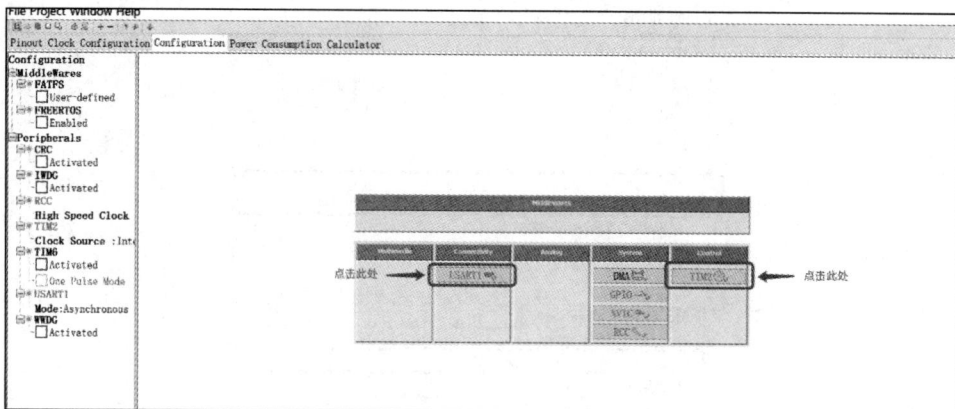

图 6-70　串口和定时器的配置

(7) TIM2 做如下两项配置：

① 在 Parameter Settings 标签页设置 Prescaler(PSC- 16 bits value)为 4800‒1；设置 Counter Period (AutoReload Register)为 10000‒1，如图 6-71 所示。

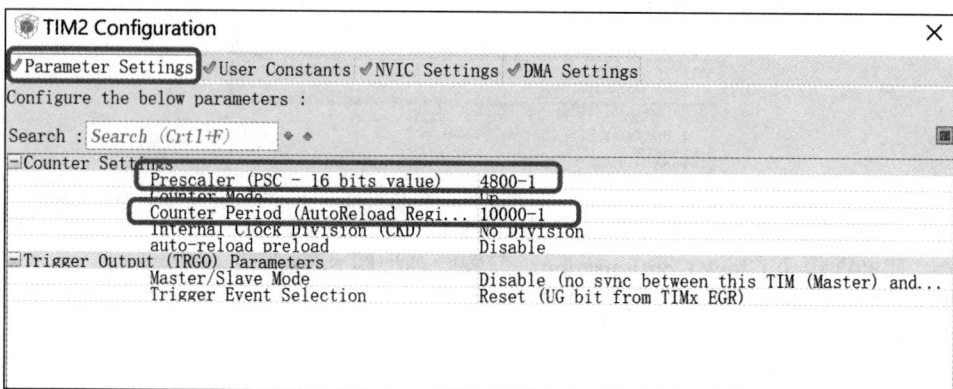

图 6-71　定时器 Parameter Settings 的配置

② 在 NVIC Settings 标签页勾选"Enabled"复选框，使能定时器中断，如图 6-72 所示。

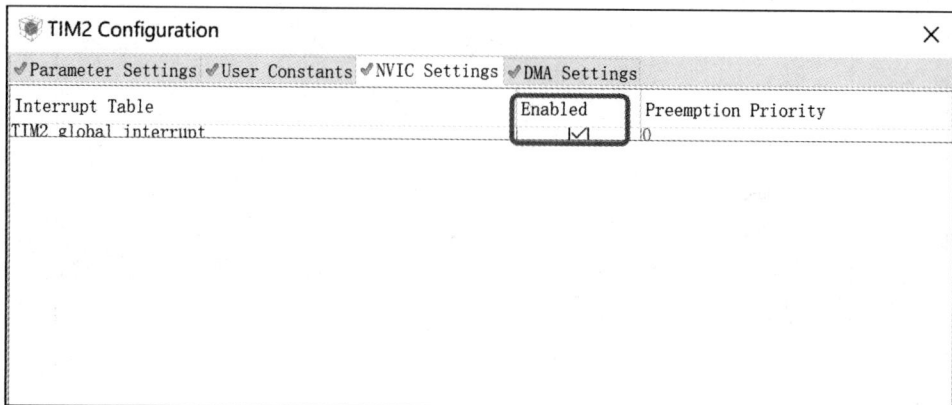

图 6-72　定时器 NVIC Settings 的配置

(8) 对串口 UART1 做如下配置。在 Parameter Settings 标签页设置串口的波特率(Baud Rate)为 115 200 b/s，如图 6-73 所示。

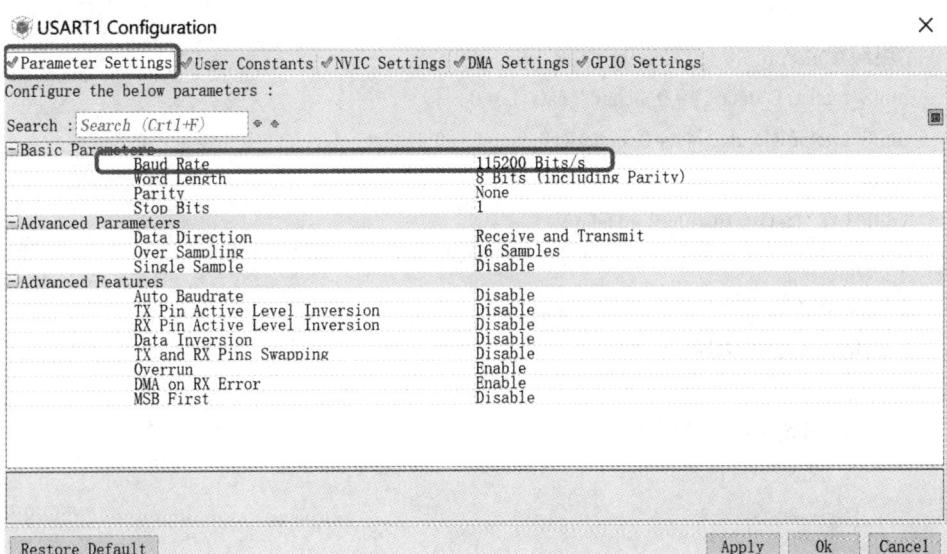

图 6-73　串口波特率的配置

(9) 点击工具栏上 ⚙ 按钮，自动生成 MDK-Keil5 工程代码。在弹出的对话框中进行工程名称、保存位置等信息的填写，然后点击"Ok"按钮，完成代码的自动生成。

(10) 工程生成完成，在弹出的对话框中点击"Open Project"按钮，打开 Keil5 编辑器，如图 6-74 所示。

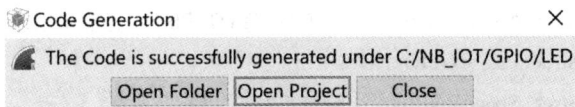

图 6-74　打开 Keil5 工程

(11) 源代码工程打开后，点击编译按钮，完成工程编译。

(12) 新建头文件 dht11.h，代码如下：

```
#ifndef __DHT11_H__
#define __DHT11_H__

#include "main.h"
extern uint8_t ucharT_data_H, ucharT_data_L;
extern uint8_t ucharRH_data_H,ucharRH_data_L;
extern uint8_t ucharcheckdata;
extern void HAL_Delay_1us(uint8_t Delay);
void DHT11_TEST(void);          //温湿度感知启动函数
#endif
```

(13) 新建源文件 dht11.c，代码如下：

```
#include "tim.h"
```

```c
#include "gpio.h"
#include "dht11.h"

//温湿度定义
uint8_t ucharT_data_H = 0, ucharT_data_L = 0;
uint8_t ucharRH_data_H = 0, ucharRH_data_L = 0;
uint8_t ucharcheckdata=0;
void HAL_Delay_1us(uint8_t Delay)
{
    uint8_t i,j;
    for(i = 0; i < Delay; i++)
    {
        for(j = 0; j < 7; j++)
        { }
    }
}


void D2_OUT_GPIO_Init(void)
{
    GPIO_InitTypeDef GPIO_InitStruct;
    GPIO_InitStruct.Pin = GPIO_PIN_8;
    GPIO_InitStruct.Mode = GPIO_MODE_OUTPUT_PP;
    GPIO_InitStruct.Pull = GPIO_NOPULL;
    GPIO_InitStruct.Speed = GPIO_SPEED_FREQ_LOW;
    HAL_GPIO_Init(GPIOB, &GPIO_InitStruct);
}
void D2_IN_GPIO_Init(void)
{
    GPIO_InitTypeDef GPIO_InitStruct;
    GPIO_InitStruct.Pin = GPIO_PIN_8;
    GPIO_InitStruct.Mode = GPIO_MODE_INPUT;
    GPIO_InitStruct.Pull = GPIO_PULLUP;
    GPIO_InitStruct.Speed = GPIO_SPEED_FREQ_LOW;
    HAL_GPIO_Init(GPIOB, &GPIO_InitStruct);
}

void DHT11_TEST(void)      //温湿度感知启动
{
    uint8_t ucharT_data_H_temp, ucharT_data_L_temp;
```

```
uint8_t ucharRH_data_H_humidity, ucharRH_data_L_humidity;
uint8_t ucharcheckdata_temp;
volatile uint8_t ucharFLAG = 0,uchartemp = 0;
volatile uint8_t ucharcomdata;
uint8_t i;
D2_OUT_GPIO_Init();
HAL_Delay_1us(30);
HAL_GPIO_WritePin(GPIOB,GPIO_PIN_8,GPIO_PIN_RESET);
HAL_Delay(30);
HAL_GPIO_WritePin(GPIOB,GPIO_PIN_8,GPIO_PIN_SET);
HAL_Delay_1us(30);
D2_IN_GPIO_Init();
HAL_Delay_1us(20);
if(!HAL_GPIO_ReadPin(GPIOB,GPIO_PIN_8))
{
    ucharFLAG = 2;
    while((!HAL_GPIO_ReadPin(GPIOB,GPIO_PIN_8)) && ucharFLAG++);
    ucharFLAG = 2;
    while(HAL_GPIO_ReadPin(GPIOB,GPIO_PIN_8) && ucharFLAG++);
    for(i = 0; i < 8; i++)
    {
        ucharFLAG = 2;
        while((!HAL_GPIO_ReadPin(GPIOB,GPIO_PIN_8))&& ucharFLAG++);
        HAL_Delay_1us(35);
        uchartemp = 0;
        if(HAL_GPIO_ReadPin(GPIOB,GPIO_PIN_8))
            uchartemp = 1;

        ucharFLAG = 2;
        while(HAL_GPIO_ReadPin(GPIOB,GPIO_PIN_8) && ucharFLAG++);
        if(ucharFLAG == 1)
            break;
        ucharcomdata <<= 1;
        ucharcomdata |= uchartemp;
    }

    ucharRH_data_H_humidity = ucharcomdata;

    for(i = 0; i < 8; i++)
```

```
{
    ucharFLAG = 2;
    while((!HAL_GPIO_ReadPin(GPIOB,GPIO_PIN_8))&& ucharFLAG++);
    HAL_Delay_1us(35);
    uchartemp = 0;
    if(HAL_GPIO_ReadPin(GPIOB,GPIO_PIN_8))
        uchartemp = 1;
    ucharFLAG=2;
    while(HAL_GPIO_ReadPin(GPIOB,GPIO_PIN_8) && ucharFLAG++);
    if(ucharFLAG == 1)
        break;
    ucharcomdata <<= 1;
    ucharcomdata |= uchartemp;
}

ucharRH_data_L_humidity = ucharcomdata;
for(i=0;i<8;i++)
{
    ucharFLAG = 2;
    while((!HAL_GPIO_ReadPin(GPIOB,GPIO_PIN_8))&& ucharFLAG++);
    HAL_Delay_1us(35);
    uchartemp = 0;
    if(HAL_GPIO_ReadPin(GPIOB,GPIO_PIN_8))
        uchartemp=1;

    ucharFLAG = 2;
    while((HAL_GPIO_ReadPin(GPIOB,GPIO_PIN_8)) && ucharFLAG++);
    if(ucharFLAG == 1)
        break;

    ucharcomdata <<= 1;
    ucharcomdata |= uchartemp;
}

ucharT_data_H_temp = ucharcomdata;

for(i = 0; i < 8; i++)
{
    ucharFLAG = 2;
```

```
        while((!HAL_GPIO_ReadPin(GPIOB,GPIO_PIN_8))&& ucharFLAG++);
        HAL_Delay_1us(35);
        uchartemp = 0;
        if(HAL_GPIO_ReadPin(GPIOB,GPIO_PIN_8))
            uchartemp = 1;

        ucharFLAG = 2;
        while((HAL_GPIO_ReadPin(GPIOB,GPIO_PIN_8)) && ucharFLAG++);
        if(ucharFLAG == 1)
            break;

        ucharcomdata <<= 1;
        ucharcomdata |= uchartemp;
    }

    ucharT_data_L_temp = ucharcomdata;

    for(i=0;i<8;i++)
    {
        ucharFLAG = 2;
        while((!HAL_GPIO_ReadPin(GPIOB,GPIO_PIN_8))&& ucharFLAG++);
        HAL_Delay_1us(30);
        uchartemp = 0;
        if(HAL_GPIO_ReadPin(GPIOB,GPIO_PIN_8))
            uchartemp = 1;

        ucharFLAG = 2;
        while((HAL_GPIO_ReadPin(GPIOB,GPIO_PIN_8)) && ucharFLAG++);
        if(ucharFLAG == 1)
            break;
        ucharcomdata <<= 1;
        ucharcomdata |= uchartemp;
    }

    ucharcheckdata_temp = ucharcomdata;

    uchartemp = (ucharT_data_H_temp + ucharT_data_L_temp + ucharRH_data_H_humidity +
ucharRH_data_L_humidity);
```

```
            if(uchartemp == ucharcheckdata_temp)
            {
                ucharT_data_H = ucharT_data_H_temp;
                ucharT_data_L = ucharT_data_L_temp;
                ucharRH_data_H = ucharRH_data_H_humidity;
                ucharRH_data_L = ucharRH_data_L_humidity;
                ucharcheckdata = ucharcheckdata_temp;
            }
        }

    else //没有成功读取，返回 0
    {
        ucharT_data_H  = 0;
            ucharT_data_L  = 0;
            ucharRH_data_H = 0;
            ucharRH_data_L = 0;
    }
    }
```

(14) 添加 DH11 驱动头文件, 将 dht11.h 文件拷贝到工程目录的 Inc 文件夹下, 如图 6-75 所示。

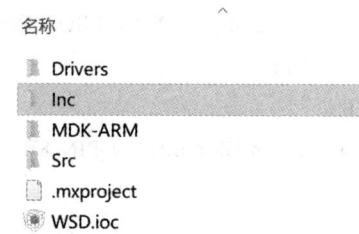

名称

- Drivers
- Inc
- MDK-ARM
- Src
- .mxproject
- WSD.ioc

图 6-75　添加 DH11 驱动头文件

(15) 添加 DH11 驱动源文件, 将 dht11.c 文件拷贝到工程目录的 Src 文件夹下, 如图 6-76 所示。

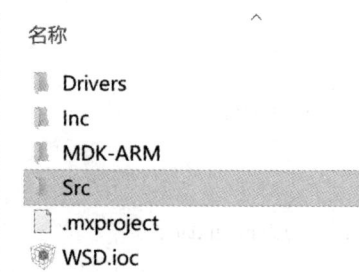

名称

- Drivers
- Inc
- MDK-ARM
- Src
- .mxproject
- WSD.ioc

图 6-76　添加 DH11 驱动源文件

(16) 在 Keil 的 Project 面板中, 鼠标右键单击 "Application/User", 在弹出的菜单中, 选择 "Add Existing Files to Group 'Application/User' ..." 子菜单, 如图 6-77 所示。

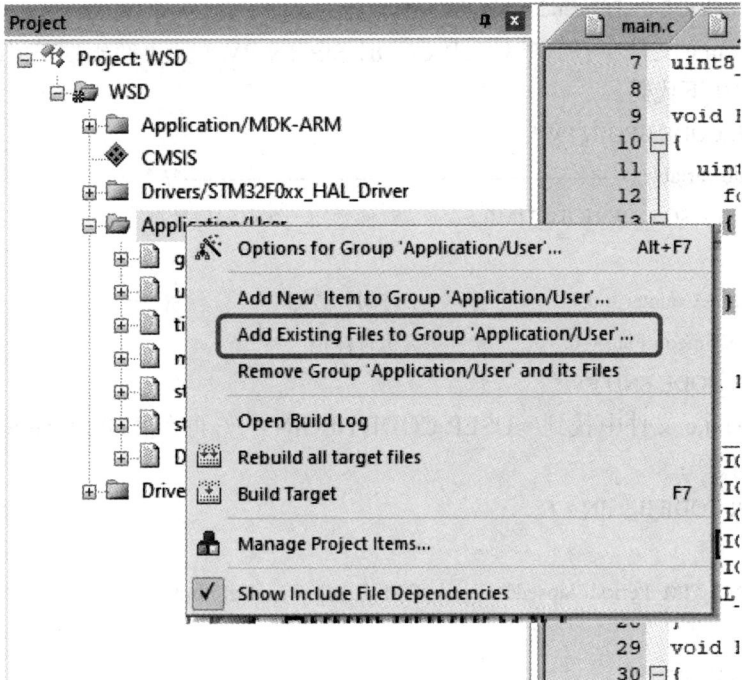

图 6-77　添加文件到工程组

(17) 在弹出的文件选择对话框中找到之前拷贝到 Src 文件夹下的 DH11.c 文件，点击"Add"按钮，如图 6-78 所示。

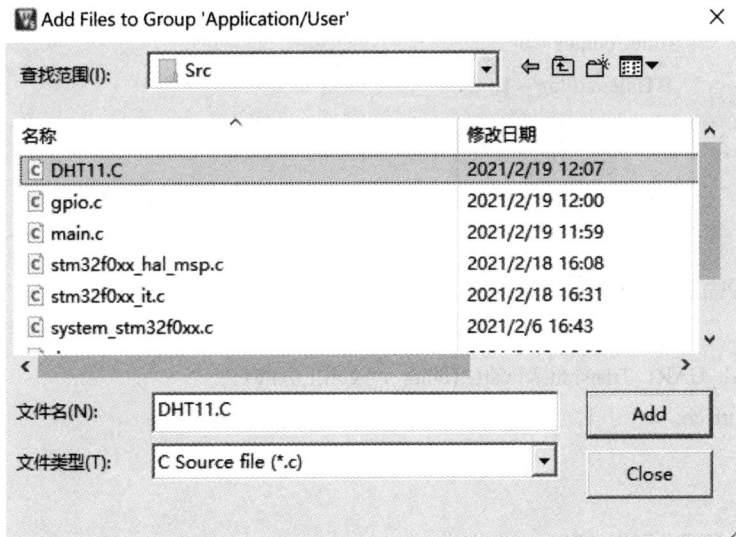

图 6-78　添加 DH11.c 源文件到工程组

(18) 在 main.c 文件中找到/* USER CODE BEGIN Includes */，再在/* USER CODE BEGIN Includes */下方添加如下代码来引入温湿度传感器的头文件。

/* USER CODE BEGIN Includes */

#include "dht11.h"

```
/* USER CODE END Includes */
```

(19) 在 main.c 文件中找到/* USER CODE BEGIN PV */，再在/* USER CODE BEGIN
PV */下方添加如下代码：

```
/* USER CODE BEGIN PV */
/* Private variables -----------------------------------------------------*/
#define SENSOR_PERIOD_TIME 5        //5 秒感知一次温湿度数据

uint8_t timeCounter = 0;                    //时间计数器
uint8_t isTimeoutFlag = 0;                  //超时标记
/* USER CODE END PV */
```

(20) 在 main.c 文件中找到/* USER CODE BEGIN 4 */，再在/* USER CODE BEGIN 4 */
下方添加如下代码：

```
/* USER CODE BEGIN 4 */

void HAL_TIM_PeriodElapsedCallback(TIM_HandleTypeDef *htim)
{
    timeCounter++;
    if(htim == &htim2)
    {
        if(timeCounter >= SENSOR_PERIOD_TIME)
        {
            timeCounter = 0;
            isTimeoutFlag = 1;
        }
    }
}

int fputc(int ch, FILE *f)
{
    HAL_UART_Transmit(&huart1,(uint8_t*)&ch,1,0xFFFF);
    return ch;
}

/* USER CODE END 4 */
```

(21) 在 main.c 文件中找到/* USER CODE BEGIN 2 */，再在/* USER CODE BEGIN 2 */
下方添加如下代码：

```
/* USER CODE BEGIN 2 */
HAL_TIM_Base_Start_IT(&htim2);        //使能定时器中断
printf("Start sensing data ... \r\n\r\n");
```

```
/* USER CODE END 2 */
```

(22) 在 main.c 文件中找到/* USER CODE BEGIN 3 */，再在/* USER CODE BEGIN 3 */
下方添加如下代码：

```
/* USER CODE BEGIN 3 */
if(isTimeoutFlag == 1)
{
    isTimeoutFlag = 0;
    DHT11_TEST();
    printf("Temp:%d\tHumi:%d\r\n\r\n", ucharT_data_H, ucharRH_data_H);
}
```

(23) 双击打开 gpio.c 文件，在 void MX_GPIO_Init(void)函数体中增加如下代码，此代
码的功能是打开 GPIOB 组口的时钟。

```
__HAL_RCC_GPIOB_CLK_ENABLE();
```

注意：

① 如果项目中用到了 GPIO 口的 B 组引脚(如 PB0～PB8 中的某个引脚在 STM32CubeMX
软件中进行配置)，那么上面第(23)步可以省略。

② 如果项目中没有用到 GPIO 口的 B 组引脚(如 PB0～PB8 中的任何一个引脚都没有
在 STM32CubeMX 软件中进行配置)，则第(23)步不能省略。因为，温湿度传感器的 D2 是
和 PB8 相连接的。

③ 因为添加__HAL_RCC_GPIOB_CLK_ENABLE(); 这行代码没有写在一对 BEGIN
和 END 之间，所以，一旦 STM32CubeMX 软件中更新了代码，第(23)步必须重新做一遍。

(24) 代码编写完成后，重新编译工程，没有错误，将 ST-Link 线连接到开发底板上，
如图 6-79 所示。另一端插入到电脑的 USB 口，点击 Keil5 软件工具栏上的 Load 按钮，进
行程序的烧录。

(25) 将温湿度传感器模块插入到开发板上，如图 6-80 所示。

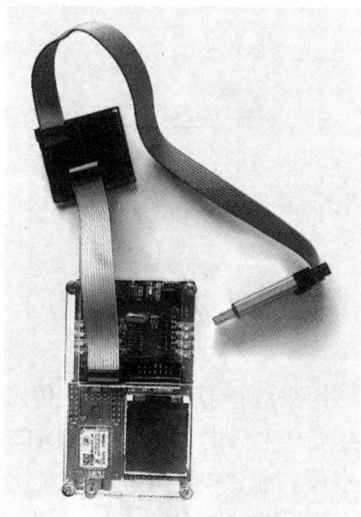

图 6-79　ST-Link 烧录程序

图 6-80　温湿度传感器插入开发板

(26) 打开串口调试助手，配置参数如图 6-81 所示。

(27) 将 USB 转串口线接入开发底板上，另外一头插入电脑的 USB 口，如图 6-82 所示。

图 6-81　串口调试助手参数配置

图 6-82　串口接线连接

(28) 打开串口调试助手观察实验现象，可以看到感知的温湿度数据。当用手长时间触摸温湿度传感器时，感知的温度和湿度数据都会上升，如图 6-83 所示。

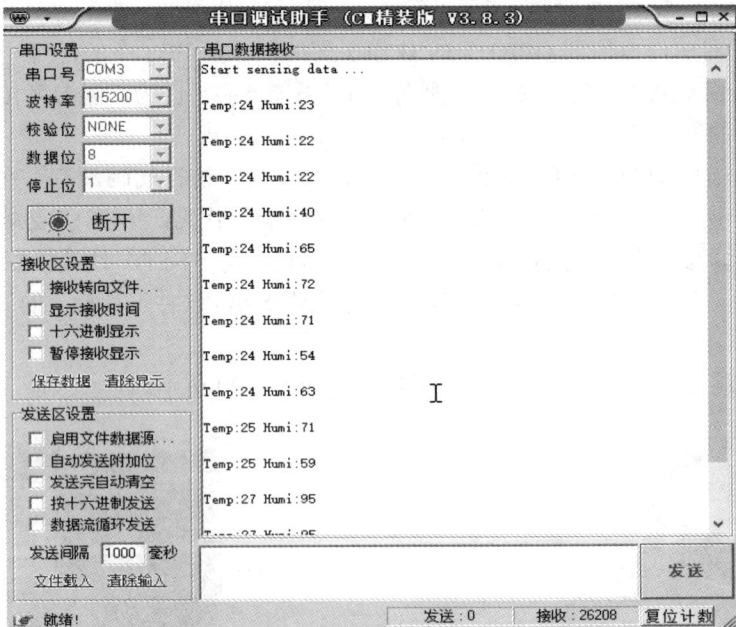

图 6-83　实验现象

6.5.4　项目小结

　　温湿度传感器是一种装有湿敏和热敏元件，能够用来测量温度和湿度的传感器装置。温湿度传感器由于体积小，性能稳定，被广泛应用在生产生活的各个领域。DHT11 是一款有已校准数字信号输出的温湿度传感器，具有品质卓越、超快响应、抗干扰能力强、性价比高等优点。DHT11 采用单总线传输方式，一次通信时间在 4 ms 左右，一次传送 40 位数据，数据分为小数部分和整数部分，高位先出。温湿度传感器模块的引脚 D2 与 STM32F051 MCU 上的 PB8 引脚相连，采集到的数据从此引脚读取，通过调用 DHT11_TEST 函数来实现温湿度数据读取和解析。我们可以利用温湿度传感器对感知区域内的温度和湿度进行感知，进而根据感知结果执行相应的操作。当前，智能农业、工业控制、智能家居等领域都有温湿度传感器的典型应用。

6.5.5　知识及技能拓展

温湿度传感器是能将温度量和湿度量转换成容易被测量处理的电信号的设备或装置。市场上的温湿度传感器一般用于测量温度量和相对湿度量。温湿度传感器按监测方法分有接触式和非接触式两种。接触式温度传感器的检测部分与被测对象有良好的接触，又称温度计。温度计通过传导或对流达到热平衡，从而使温度计的示值能直接表示被测对象的温度，其测量精度较高。在一定的测温范围内，温度计也可测量物体内部的温度分布。但对于运动体、小目标或热容量很小的对象，使用温度计会产生较大的测量误差。常用的温度计有双金属温度计、玻璃液体温度计、压力式温度计、电阻温度计、热敏电阻和温差电偶等。非接触式温度传感器的敏感元件与被测对象互不接触，又称非接触式测温仪表。这种仪表可用来测量运动物体、小目标和热容量小或温度变化迅速(瞬变)的对象的表面温度，也可用于测量温度场的温度分布。最常用的非接触式测温仪表基于黑体辐射的基本定律，称为辐射测温仪表。辐射测温法包括亮度法(见光学高温计)、辐射法(见辐射高温计)和比色法(见比色温度计)。各类辐射测温方法只能测出对应的光度温度、辐射温度或比色温度。

6.6　MCU 与 NB-IoT 模块通信项目

MCU 与 NB-IoT
模块通信项目

NB-IoT 是构建于蜂窝网络上的一种窄带物联网通信技术。物联网终端设备中通过 NB-IoT 网络接入互联网的核心组件是 NB-IoT 模块。NB-IoT 模块含有 NB-IoT 芯片及 SIM 卡。在物联网中，AT 指令集用于控制和调测设备、通信模块入网。本节利用 MCU 的串口给 NB-IoT 模块发送 AT 指令，实现 MCU 与 NB-IoT 模块的通信，进而驱动 NB-IoT 模块与基站建立连接。

6.6.1　项目分析

根据第 3 章的实验平台介绍可以看出，本书的终端设备由三部分构成：传感器或执行器模块、开发底板、NB-IoT 核心板。由完整的 NB-IoT 开发板实物可知，NB-IoT 核心板通过 CON1 和 CON2 口插接到开发底板上；MCU 嵌入 NB-IoT 核心板上；串口(CH340G) 嵌入开发底板上，通过 USB 接口转接；传感器或执行器模块(如温湿度传感器等)插在 P1 和 P2 两个接口上，设备顶部的白色模块即为 NB-IoT 模块。完整的 IoT 开发板如图 6-84 所示。

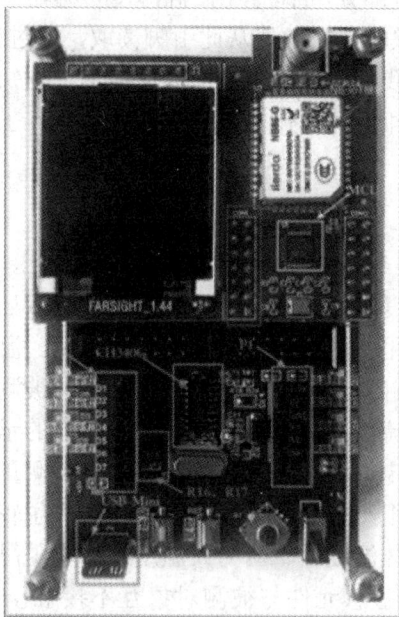

图 6-84　完整的 NB-IoT 开发板

　　在终端设备的侧面有 NB-IoT 的 SIM 卡插槽,将 SIM 卡插入插槽后就形成了本项目的终端设备,如图 6-85 所示。

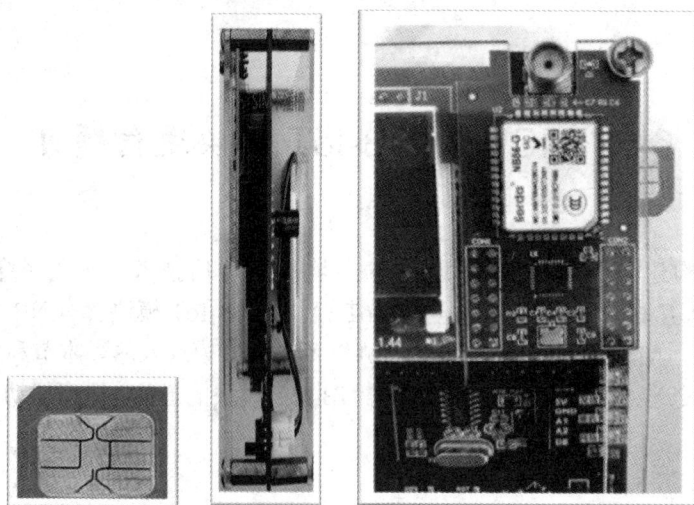

图 6-85　终端设备

　　NB-IoT 设备入网的第一步,是利用 MCU 的串口给 NB-IoT 模块发送 AT 指令,以驱动 NB-IoT 模块与基站建立连接。

1. NB-IoT 芯片和模组

　　随着 NB-IoT 技术的发展,NB-IoT 芯片和模块产业也得到了迅速发展。目前,市面上主流的 NB-IoT 芯片和模块如表 6-3 和表 6-4 所示。

表 6-3 主流 NB-IoT 芯片

地区	品 牌	产 品	特 性
中国	海思 HISILICON	Boudica120/ Hi2110 Boudica150/ Hi2115	频段范围 698~960 MHz 和 1695~2180 MHz
美国	高通 Qualcomm	MDM9206	支持 LET-M1 和 NB-IoT 全球所有频段,集成了 GPS、格洛纳斯、北斗及伽利略全球导航卫星定位服务
中国	中兴微电子 SANECHIPS	RoseFinch7100	专为低功耗物联网而设计,支持 R14 全频段
中国	紫光展锐 unisoc	V8811	支持 3GPP NB-IoT R13/R14/R15/R16,可以与 5G NR 网络共存,可以接入 5G 核心网
美国	Intel	XMM 7115 XMM 7315	支持 3GPP Release 13 LTE-M 和 NB-IoT
挪威	Nordic	nRF9160	支持 LTE-M 和 NB-IoT,集成 GPS 接收器,同时支持 SIM 和 eSIM 卡
以色列	Sony Semiconductor Israel	ALT1255	支持 3GPP Release 14
美国	SEQUANS	Monarch	支持 LTE Cat M1/NB1/NB2

表 6-4 主流 NB-IoT 模块

品 牌	产 品	芯 片
中兴通讯	ZM8300	高通 MDM920
中兴物联	ME3612	高通 MDM9206
上海移远	BC95-B20/B8/B5/B28	华为 Boudica
上海移远	BG96	高通 MDM9206
中移物联	M5310	华为海思 Hi2110
利尔达科技	NB05/NB08	华为 Boudica
上海移柯	L700	高通 MDM9206

2. 物联网 SIM 卡

物联网通过终端设备上的各种传感器(如温湿度传感器、RFID 标签等)感知物理世界的数据,并通过固定宽带、NB-IoT、2G/3G/4G/5G 等多种网络将感知的数据传送出去,这就需要将终端设备接入物联网平台进行互联。若设备使用 2G/3G/4G/5G 和 NB-IoT 网络接入,则需要通过 SIM 卡接入运营商网络。

随着物联网的发展,设备类型越来越多,设备尺寸越来越小,对 SIM 卡外部环境的适配性要求越来越高,要求 SIM 卡的寿命越来越长,SIM 卡的尺寸越来越小,促使 SIM 卡的形态从插拔式 SIM 卡演进到嵌入式 SIM 卡和 vSIM 卡,如图 6-86 所示。

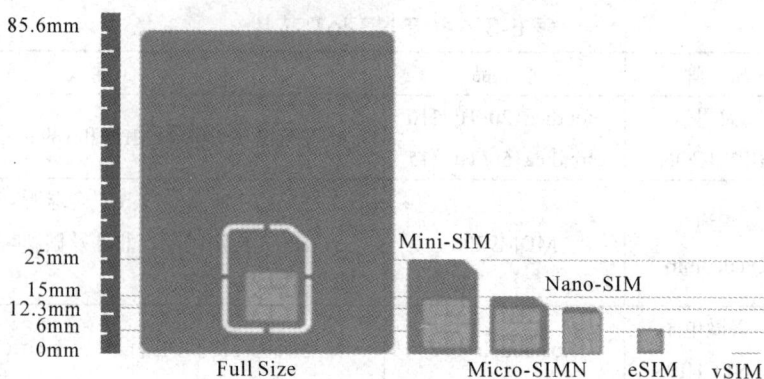

图 6-86　SIM 卡的演进

(1) Mini-SIM 卡。Mini-SIM 在 20 世纪 90 年代中期推出，以适应较小的移动设备，它的尺寸约为 25 mm × 15 mm，是三张可移动 SIM 卡中最大的一张。Mini-SIM 卡通常用于自动售货机和车辆跟踪的物联网应用。

(2) Micro-SIM 卡。与 Mini-SIM 相比，Micro-SIM 可以在更小的封装中提供相同的存储和身份验证功能。尺寸为 15 mm × 12 mm 的 Micro-SIM 的大小是其前代产品的一半，可以轻松地安装到更紧凑的物联网设备(如平板电脑、调度单元和移动医疗设备)中。

(3) Nano-SIM。Nano-SIM 的处理器和内存与 Mini-SIM 和 Micro-SIM 的相同，可提供的最小尺寸为 12.3 mm × 8.8 mm。Nano-SIM 的厚度比 Micro-SIM 薄 15%左右，适用于移动支付设备和可穿戴设备等物联网应用。

(4) eSIM 卡。eSIM 也称 eUICC(embedded UICC)，与传统可插拔的 SIM 卡不同，eSIM 将 SIM 卡直接嵌入设备中。eSIM 的本质还是 SIM 卡，但它的"卡体"是一颗直接嵌在电路板的可编程的集成电路，其大小仅为 Nano-SIM 的几分之一。目前最小的 eSIM 卡的尺寸为 6 mm × 5 mm。因为具有可编程特性，所以，eSIM 支持通过 OTA(空中写卡)方式进行远程配置，更新运营商配置文件，实现网络切换。

(5) vSIM 卡。vSIM 即 virtual-SIM。vSIM 是 eSIM 的进一步演进，继承了 eSIM 的功能，并完全消灭了卡体，直接依托通信模块自身的软硬件实现通信。若终端设备配置有 vSIM 功能的通信模块，配合为 vSIM 特殊定制的底层软件，则可实现内置加密存储数据。在登录网络、鉴权、通信时，vSIM 自动处理相应的逻辑，从而实现不需要实体 SIM 卡也能提供稳定的通信体验。

综上所述，eSIM 和 vSIM 除了进一步缩小甚至消灭了实体卡之外，更重要的功能是解除了用户和运营商的直接绑定，对用户来说，切换运营商变得和切换 WiFi 一样简单。但对运营商来说，用户对他们的黏性变小了，这显然不是一件好事，但是为什么他们在大力支持 eSIM 和 vSIM 呢？主要是因为对于物联网设备来说，传统的插拔式 SIM 卡已经无法满足其设备上网的需求。例如，若一个设备需要全球漫游，但它在漫游过程中又需要全程联网上报数据，那么负责这个设备的企业只能办一张有全球漫游功能的 SIM 卡，这样的话，漫游资费就太贵了。如果该设备需要经过多个国家或区域，就必须办理多张本地 SIM 卡，每到一个新地方就换卡，这样的话，维护和运营成本又会太高。eSIM/vSIM 的空中写卡能力则能完美解决这个问题，设备到达每个新区域前，仅需联网更新配置，到了新区域后就可以使用本地网络资费上网了。所以，物联网设备生产商都会去追求这些新技术，而物联网的海量设备全部需要接入网络。

由于不同行业对物联网 SIM 卡的需求不同，因此需要根据物联网具体的应用场景来选择 SIM 卡，如表 6-5 所示。

表 6-5　物联网 SIM 卡选择

网络/SIM 卡	特　　点	典 型 行 业
NB-IoT、2G/3G	传输速率 < 100 kb/s，成本低，功耗低，覆盖广	电气水表、POS 机、共享单车等
4G、5G	传输速率 > 1 Mb/s，功耗较高	车联网、视频监控、工业物联网等

物联网 SIM 卡和普通 SIM 卡的区别主要体现在以下几个方面：

(1) 面向的群体不同。普通 SIM 卡主要针对的是终端客户、用户手机；物联网 SIM 卡是商业级卡片，主要针对企业和集团的研发生产智能设备。

(2) 号段不同。三大运营商(电信、联通、移动)的 SIM 卡号段是 134、135 和 137…(11 位)，130、131 和 132…(11 位)，180、181 和 189…(11 位)；而物联网 SIM 卡有自己的专属号段，为 10648(13 位)、147(11 位)、10646(13 位)、145(11 位)、10649(13 位)、149(11 位)。

(3) 卡片形态不同。普通 SIM 卡的形态是插入式，而物联网 SIM 卡则有三种形态，分别是普通 SIM 卡、插入式物联网卡(mp 卡)、贴片式物联网卡(ms 卡)。

(4) 功能不同。普通 SIM 卡主要用于移动通信领域，具备语音、短信、流量、彩信等功能；物联网流量卡则只有无线数据通信功能，用于连接终端设备，传输数据；物联网语音卡有语音功能和无线数据通信功能，用在智能穿戴设备上。

(5) 网元不同。普通 SIM 卡主要接入点话网络；物联网 SIM 卡则接入物联网专网，可以防止恶意攻击，保证数据安全。

(6) 资费不同。普通 SIM 卡一般以月为单位，计费周期较短；物联网 SIM 卡计费灵活，可以按照月/季/半年/年收费，满足产品不同阶段的使用需求。

(7) 查询管理方式不同。普通 SIM 卡可以通过短信、电话、微信、营业厅、支付宝等方式查询和续费；物联网 SIM 卡则可直接通过物联网云平台查询。

(8) 应用领域不同。普通 SIM 卡主要是帮助人们联系他人；而物联网 SIM 卡则实现万物互联，可以应用于智能家居、共享经济、智能穿戴、智能医疗、车联网、金融、物流、工业自动化等诸多领域。

3. AT 指令集

AT 指令集是由拨号调制解调器(Modem)的发明者贺氏公司(Hayes)为了控制 Modem 发明的控制协议。在物联网中，AT 指令集可用于控制和调测设备、通信模块入网。AT 指令都是以 "AT" 开头，以回车(即\r，回车符)结束的字符串，AT 指令的响应数据包含在其中。每个 AT 指令都有相应的返回码，用于判断指令执行的结果。AT 指令可分为三个类型，如表 6-6 所示。

表 6-6　AT 指令的类型

类别	语　　法	说　　明
执行指令	有参数：AT + <x> = <…>	用来设置 AT 命令中的属性
	无参数：AT + <x>	
测试指令	AT + <x> = ?	用来显示 AT 命令设置的合法参数值有哪些(范围)
查询指令	AT + <x>?	用来查询当前 AT 命令设置的属性值

　　以移远通信的 BC95 模块为例，常用的 NB-IoT 3GPP 相关指令及其常见用法如下(具体请参考移远 BC95 AT 指令手册)：

　　(1) AT + CFUN：该指令用于设置和查询模块的射频功能是否开启。示例：

　　　　发送：AT + CFUN = 0　　　//关闭射频功能

　　　　返回：OK

　　　　发送：AT + CFUN = 1　　　//开启模块射频功能

　　　　返回：OK

　　　　发送：AT + CFUN?　　　　//查询模块的射频开启状态

　　　　返回：+CFUN:1　　　　　//射频功能已打开成功，若回复 0，则通常是因为 SIM 卡的电路与

　　　　　　　　　　　　　　　//模块没有连接成功

　　(2) AT + NBAND：该指令用于设置和查询模块的射频工作的频段。示例：

　　　　发送：AT + NBAND = 5　　//设置模块工作的射频频段

　　　　返回：OK

　　　　发送：AT + NBAND?　　　//查询模块当前工作的射频频段

　　　　返回：5

　　　　OK

　　(3) AT + NCDP：该指令用于设置和查询设备连接的物联网云平台服务器。示例：

　　　　发送：AT + NCDP = 119.3.250.80,5683　　//设置设备连接的物联网云平台服务器 IP 地址和端口号

　　　　返回：OK

　　　　发送：AT + NCDP?　　　　//返回当前设备连接的物联网云平台服务器的 IP 地址和端口

　　　　返回：+NCDP:221.229.214.202,5683

　　　　OK

　　(4) AT + NRB：该指令用于重启 NB-IoT 模块。示例：

　　　　发送：AT + NRB

　　　　返回：REBOOTING

　　(5) AT + CSQ：该指令用于查询信号强度。返回值为+CSQ：<rssi>,<ber>。rssi 越大，表示信号越强。示例：

　　　　发送：AT + CSQ

　　　　返回：+CSQ:31,99

　　　　OK

　　(6) AT + NMGS = <length>,<data>：该指令用于终端发送信息到设备连接的物联网云平台。示例：

　　　　发送：AT + NMGS = 2,0022　　　//2 表示字节长度，0022 表示发送的内容，两位表示 1 字节

　　　　返回：OK

　　(7) AT + NMGR：该指令用于终端设备接收物联网云平台消息。示例：

　　　　发送：AT + NMGR

　　　　返回：2,0022　　　　　　　　//2 表示接收 2 字节长度的内容，0022 表示接收到的信息内容

　　　　OK

　　(8) AT + CGSN：该指令用于查询设备序列号。示例：

发送：AT + CGSN = 1

返回：+CGSN:490154203237511　　　//NB-IoT 模块的 IMEI 号

OK

6.6.2　方案设计

本项目利用 MCU 的串口给 NB-IoT 模块发送 AT 指令来实现 MCU 与 NB-IoT 模块的通信。为了能与 NB-IoT 进行 AT 指令交互，实验利用串口调试助手向 NB-IoT 模块发送 AT 指令，并将指令执行的结果返回给串口调试助手打印出来。

整个 NB-IoT 开发板由三部分构成：传感器模块、一键还原底板、NB-IoT 核心板。本实验未使用传感器，只涉及一键还原底板和 NB-IoT 核心板。由 NB-IoT 开发板的实物可知，NB-IoT 核心板通过 CON1 和 CON2 口插接到一键还原底板上；MUC 嵌入在 NB-IoT 核心板上；串口(CH340G)嵌入在一键还原底板上，通过 USB 接口转接，如图 6-84 所示。NB-IoT 核心板上的 MCU 要通过串口完成与外设的通信，就必须理清电路的连接关系。MCU、CON1、CON2 的接口如图 6-87 所示。

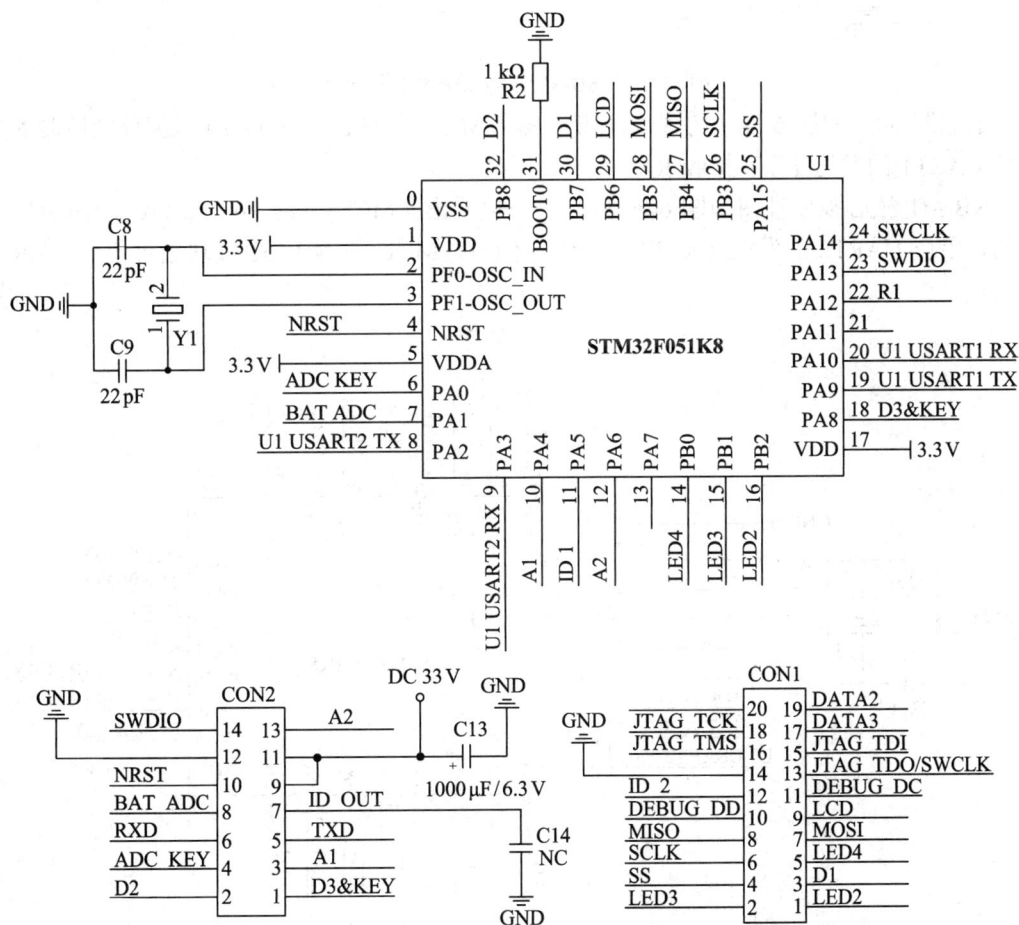

图 6-87　MCU、CON1、CON2 接口图

一键还原底板上 USB-MiNi 口与 CH340G 的电路接口如图 6-88 所示。

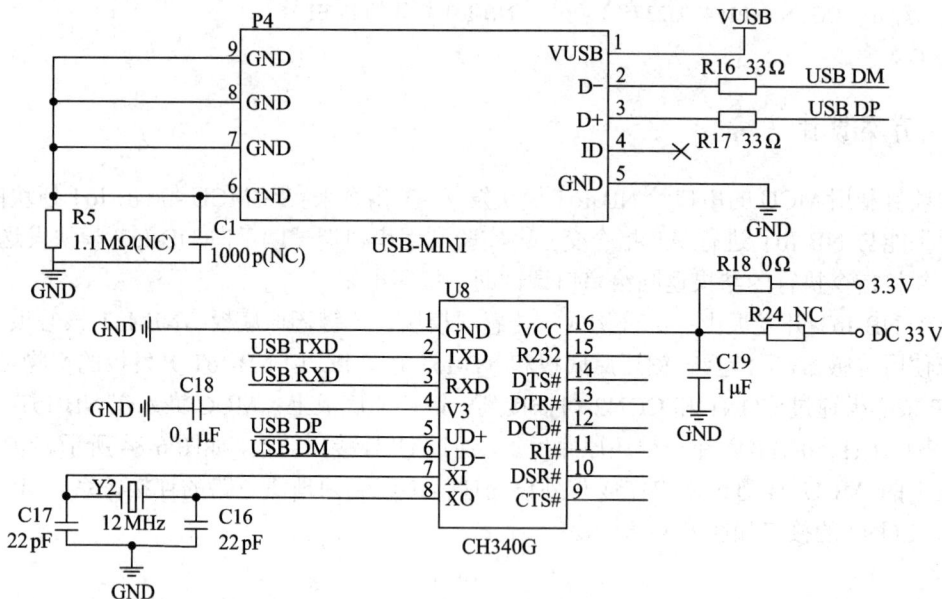

图 6-88　USB-MiNi 与 CH340G 原理图

通过图 6-87 和图 6-88 中引脚的标识可知,MCU 上的 PA9 和 PA10 引脚分别控制的是串口 UART1 的发送 TX 和接收 RX。

NB-IoT 核心板原理图如图 6-89 所示。可以看出,MCU 上的 PA2 和 PA3 引脚分别控制的是串口 UART2 的发送 TX 和接收 RX。同时,MCU 与 NB-IoT 模块通过串口 UART2 通信。

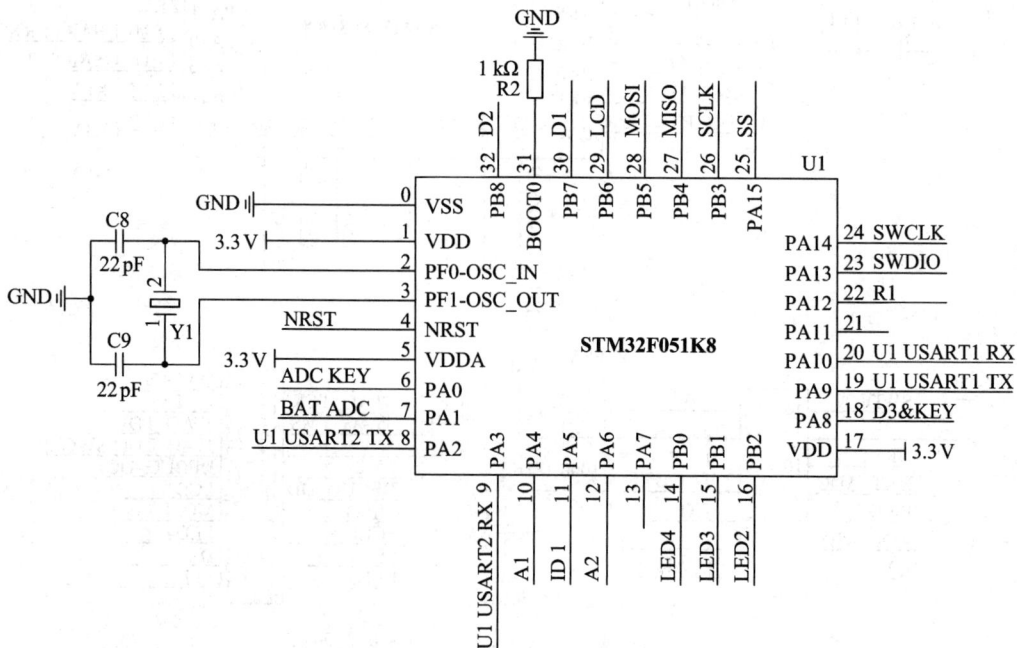

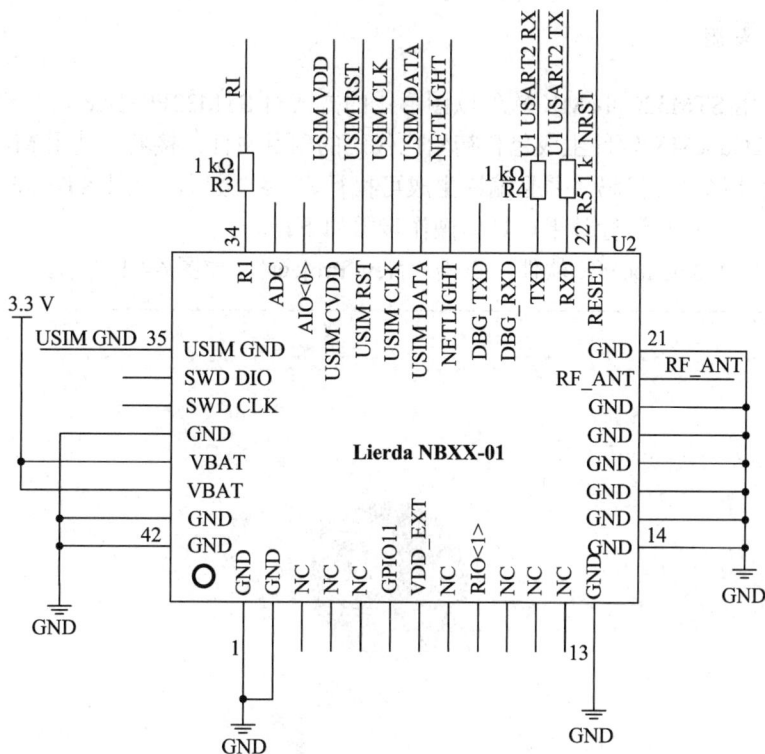

图 6-89　NB-IoT 核心板原理图

本项目的通信流程如图 6-90 所示。串口调试助手发送 AT 指令给 MCU 的 UART1，经过 UART1 中转给 MCU 的 UART2，再通过 UART2 发送给 NB-IoT 模块；同样，AT 指令的执行结果也是先返回到 MCU 的 UART2，再经过 UART2 的中转给 MCU 的 UART1，再通过 UART1 发送给串口调试助手打印出来。

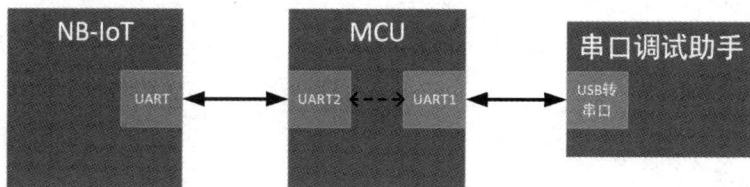

图 6-90　项目通信流程

本项目的实现流程如下：

(1) 主程序完成 GPIO、串口 1 和串口 2 的初始化，并使能串口 1 和串口 2 的中断接收。

(2) 在主程序的 while 循环中，如果收到串口调试助手通过串口 1 发来的 AT 指令，将其转发给串口 2，进而由 NB-IoT 模块接收执行。

(3) 如果串口 2 的中断接收函数收到 AT 指令的执行结果，则将其转发给串口 1，由串口调试助手打印输出。

硬件初始化部分可以通过 STM32CubeMX 软件以图形化的方式进行配置，这样可以大大减轻编程工作量。

6.6.3　项目实施

首先，使用 STM32CubeMX 软件以图形化的方式对 STM32F051K8 芯片进行配置；然后，由 STM32CubeMX 软件生成包含初始化代码的项目文件；接着，使用 MDK-Keil 5 软件根据方案设计修改源代码，并且编译生成可执行文件；最后，使用 ST-Link 仿真器下载并运行项目，观察项目运行效果。具体操作步骤如下：

(1) 打开 STM32CubeMX 软件，点击"New Project"，如图 6-91 所示。

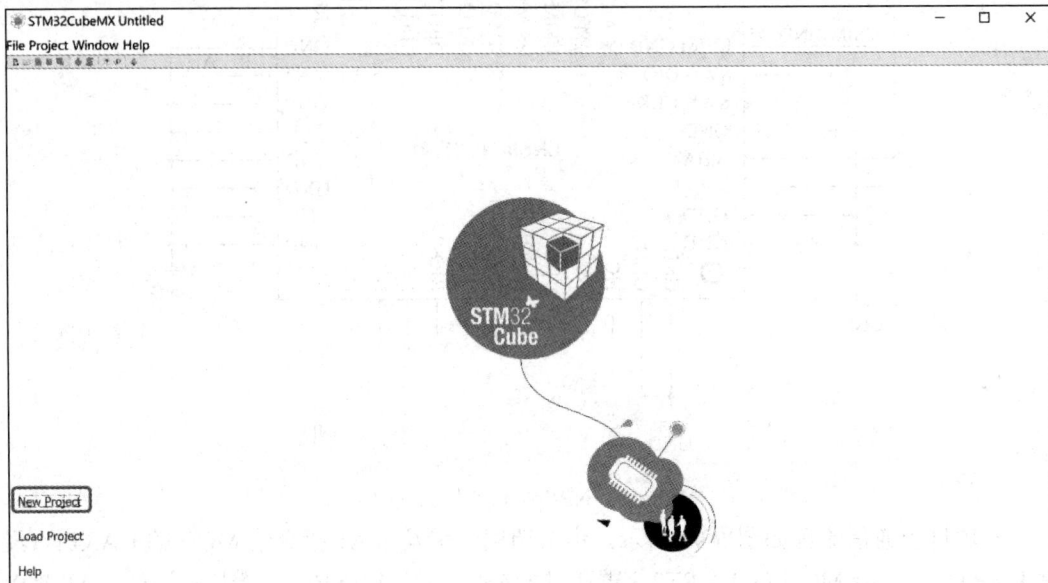

图 6-91　新建工程

(2) 根据 STM32 数据手册里面 MCU 的型号、封装等信息，选择 MCU，如图 6-92 所示。

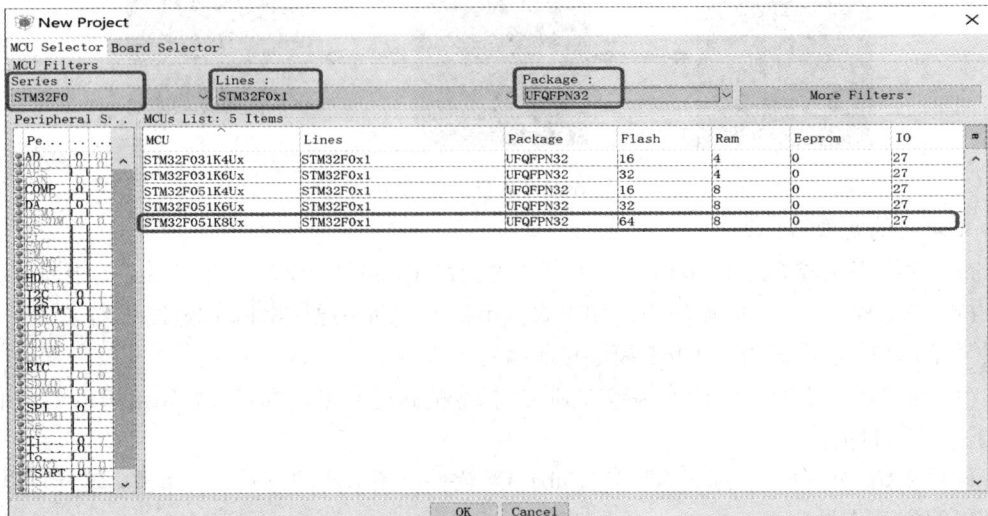

图 6-92　选择 MCU

（3）工程建立完成，出现图 6-93 所示的界面。

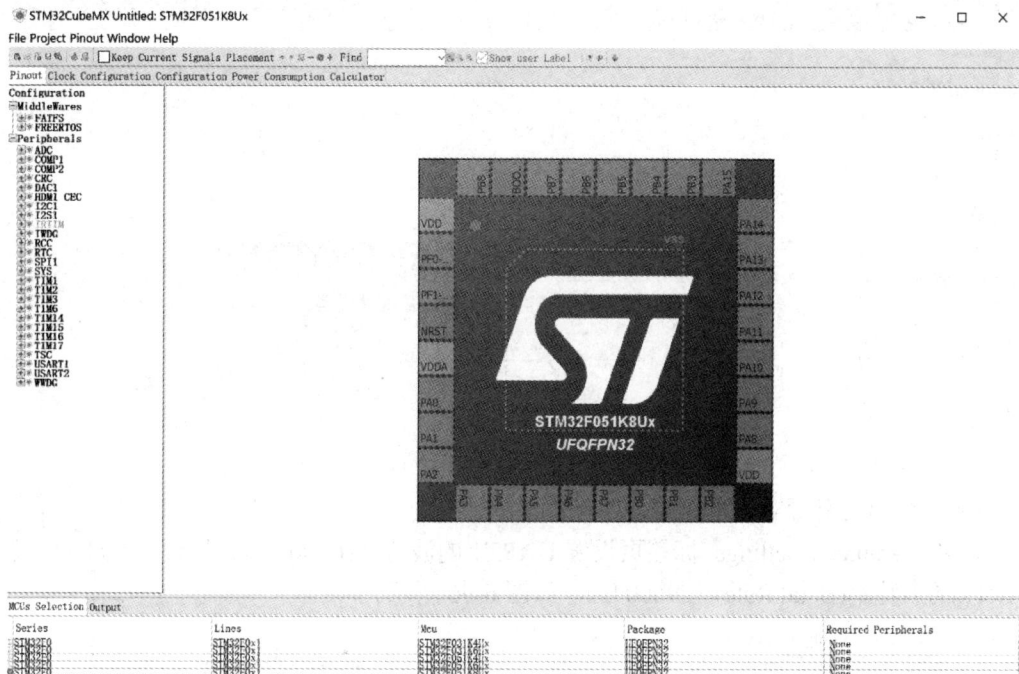

图 6-93　工程界面

（4）在右侧的引脚配置列表中找到 UART1 和 UART2，设置它们的 Mode 为 Asynchronous，如图 6-94 所示。

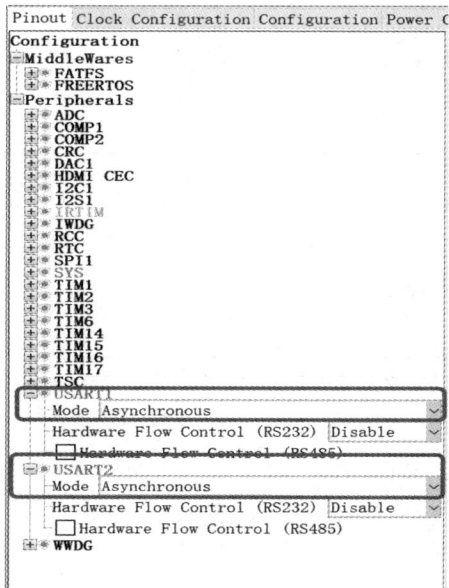

图 6-94　UART1 和 UART2 的模式设置

（5）切换面板至 Configuration，分别点击图 6-95 所示的 "UART1" 和 "UART2" 按钮，进行 UART1 和 UART2 的配置。

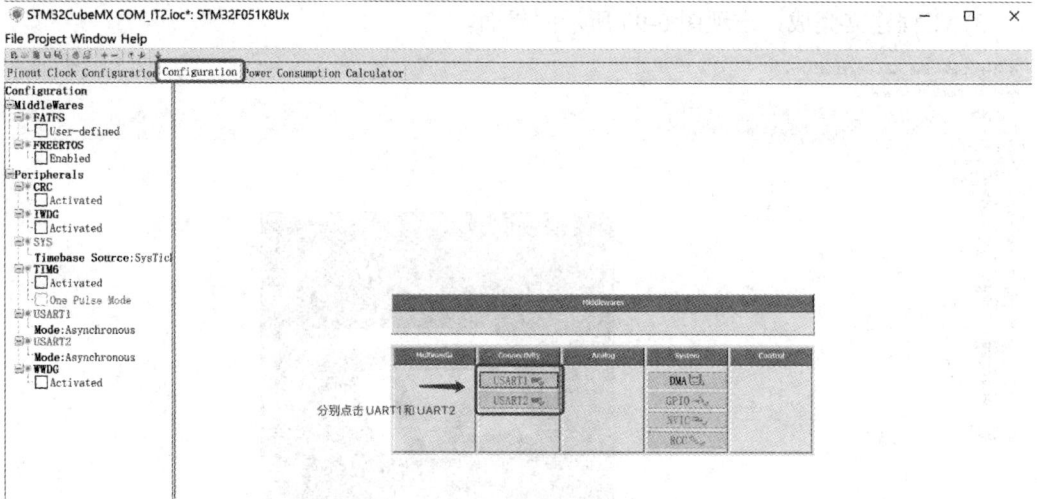

图 6-95　UART1 和 UART2 的配置

(6) 在弹出的配置对话框中做如下两项配置：

① 在 Parameter Settings 标签页设置 UART1 的波特率(Baud Rate)为 115 200 b/s，设置 UART2 的波特率(Baud Rate)为 9600 b/s，如图 6-96 所示。

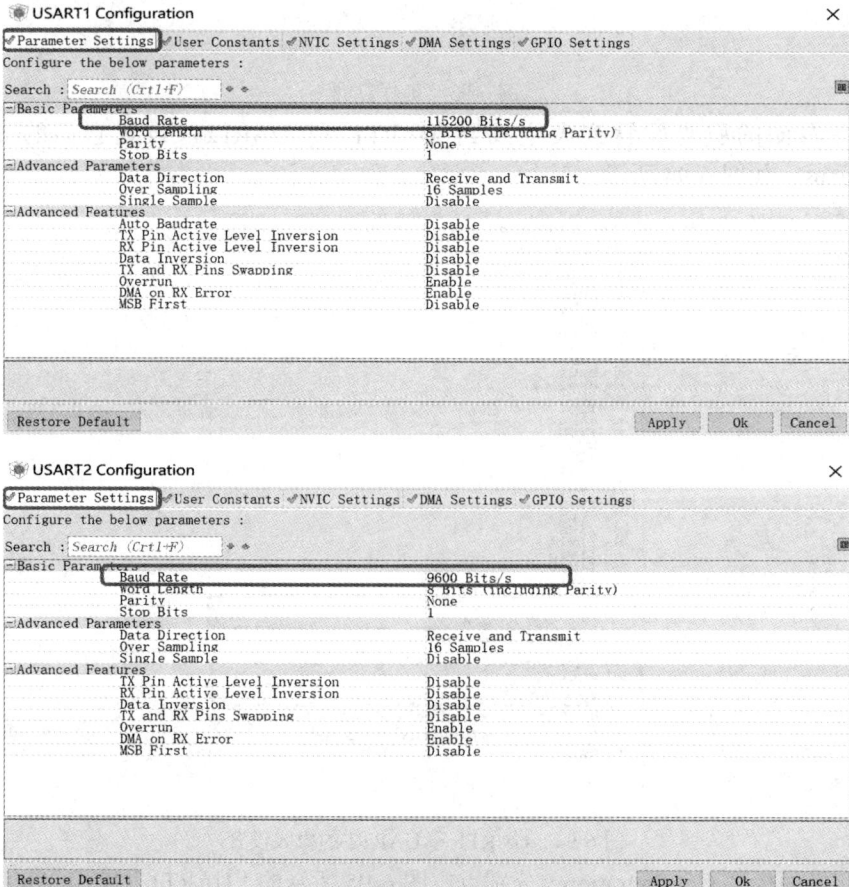

图 6-96　设置 UART1 和 UART2 的波特率

② 在 NVIC Settings 标签页，勾选"Enabled"复选框，使能串口中断，如图 6-97 所示。

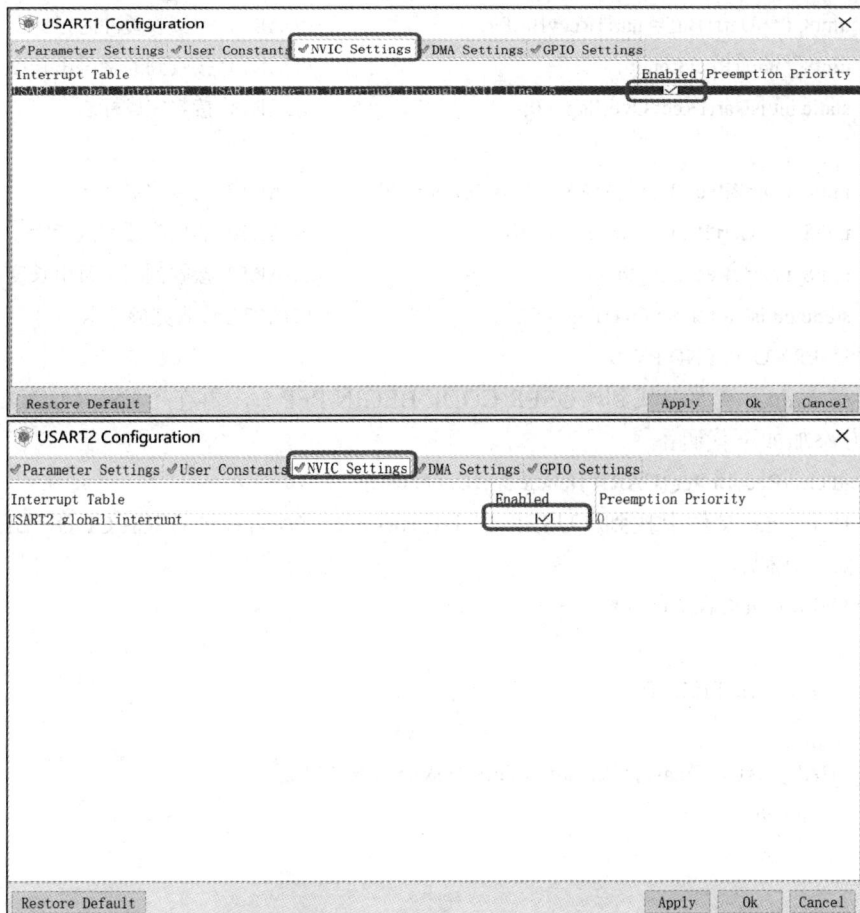

图 6-97　使能 UART1 和 UART2 的中断

(7) 点击工具栏上 按钮，自动生成 MDK-Keil5 工程代码。在弹出的对话框中进行工程名称、保存位置等信息的填写，然后点击"Ok"按钮，完成代码的自动生成。

(8) 工程生成后，在弹出的对话框中点击"Open Project"按钮，打开 Keil5 编辑器，如图 6-98 所示。

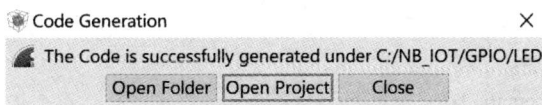

图 6-98　打开 Keil5 工程

(9) 源代码工程打开后，点击编译按钮，完成工程编译。

(10) 在 main.c 文件中找到/* USER CODE BEGIN PV */，再在/* USER CODE BEGIN PV */下方添加如下代码：

```
/* USER CODE BEGIN PV */
/* Private variables ---------------------------------------------------------*/
#define MAX_RECV_LEN 1024
```

```
uint8_t uart1RecvBuffer[MAX_RECV_LEN]={0};        //UART1 的接收缓冲区
uint8_t *pUart1Buf = uart1RecvBuffer;             //UART1 的接收缓冲区指针
uint8_t uart1RecvLength = 0;                       //UART1 接收到的字符串长度
static int isUart1RecvOverflag = 0;               //UART1 接收完成标志

uint8_t uart2RecvBuffer[MAX_RECV_LEN]={0};        //UART2 的接收缓冲区
uint8_t *pUart2Buf = uart1RecvBuffer;             //UART2 的接收缓冲区指针
uint8_t uart2RecvLength = 0;                       //UART2 接收到的字符串长度
static int isUart2RecvOverflag = 0;               //UART2 接收完成标志
/* USER CODE END PV */
```

(11) 在 main.c 文件中找到/* USER CODE BEGIN PFP */，再在/* USER CODE BEGIN PFP */下方添加如下代码：

```
void clearRecvBuffer (UART_HandleTypeDef *huart);
```

(12) 在 main.c 文件中找到/* USER CODE BEGIN 4 */，再在/* USER CODE BEGIN 4 */下方添加如下代码：

```
/* USER CODE BEGIN 4 */

int fputc(int ch, FILE *f)
{
    HAL_UART_Transmit(&huart1,(uint8_t*)&ch,1,0xFFFF);
    return ch;
}

void HAL_UART_RxCpltCallback(UART_HandleTypeDef *huart)
{
    uint8_t ret = HAL_OK;

    if(&huart1 == huart)
    {
        pUart1Buf++;
        uart1RecvLength++;
        if(pUart1Buf == uart1RecvBuffer + MAX_RECV_LEN)
        {
            pUart1Buf = uart1RecvBuffer;
        }

        do
        {
            ret = HAL_UART_Receive_IT(&huart1, (uint8_t*)pUart1Buf, 1);
```

```
        }while(ret != HAL_OK);

        if(*(pUart1Buf-1)=='\n')
        {
            isUart1RecvOverflag = 1;
        }
    }
    else if(&huart2 == huart)
    {
        HAL_UART_Transmit(&huart1, uart2RecvBuffer,1,100);  //UART2 收到 AT 指令结果后
                                                            //转发给 UART1
        HAL_UART_Receive_IT(&huart2, uart2RecvBuffer, 1);
    }
}

void clearRecvBuffer(UART_HandleTypeDef *huart)
{
    if(&huart1 == huart)
    {
        memset(uart1RecvBuffer, 0, sizeof(uart1RecvBuffer));
        pUart1Buf = uart1RecvBuffer;
        (&huart1)->pRxBuffPtr = pUart1Buf;
        isUart1RecvOverflag = 0;
        uart1RecvLength = 0;
    }
    else if(&huart2 == huart)
    {
        memset(uart2RecvBuffer, 0, sizeof(uart2RecvBuffer));
        pUart2Buf = uart2RecvBuffer;
        (&huart1)->pRxBuffPtr = pUart2Buf;
        isUart2RecvOverflag = 0;
        uart2RecvLength = 0;
    }
}
/* USER CODE END 4 */
```

(13) 在 main.c 文件中找到/* USER CODE BEGIN 2 */，再在/* USER CODE BEGIN 2 */
下方添加如下代码：

```
/* USER CODE BEGIN 2 */
HAL_UART_Receive_IT(&huart1, (uint8_t*)pUart1Buf, 1);      //使能 UART1 接收中断
```

```
HAL_UART_Receive_IT(&huart2, uart2RecvBuffer, 1);          //使能 UART2 接收中断
/* USER CODE END 2 */
```

(14) 在 main.c 文件中找到/* USER CODE BEGIN 3 */, 再在/* USER CODE BEGIN 3 */
下方添加如下代码:

```
/* USER CODE BEGIN 3 */
if(isUart1RecvOverflag == 1)
{
    printf("command: %s\r\ncommand len:%d\r\n", uart1RecvBuffer,uart1RecvLength);
    HAL_UART_Transmit(&huart2, uart1RecvBuffer, uart1RecvLength, 100); //UART1 收到 AT 指令
                                                               //后转发给 UART2
    clearRecvBuffer(&huart1);
}
HAL_Delay(1000);
```

(15) 代码编写完成后,重新编译工程,没有错误,将 ST-Link 线连接到开发底板上,
如图 6-99 所示。另一端插入到电脑的 USB 口,点击 Keil5 软件工具栏上的 Load 按钮,进
行程序烧录。

(16) 打开串口调试助手,配置参数如图 6-100 所示。

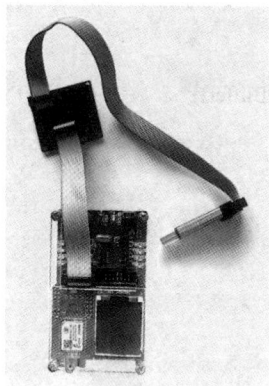

图 6-99 ST-Link 烧录程序   图 6-100 串口调试助手参数配置

(17) 将 USB 转串口线接入开发底板,另外一头插入电脑的 USB 口,如图 6-101 所示。

图 6-101 串口接线连接

(18) 打开串口调试助手，在下方输入相关 AT 指令，点击"发送"按钮，发送给单片机，如图 6-102 所示(注意，数据的发送必须以换行符结束)。

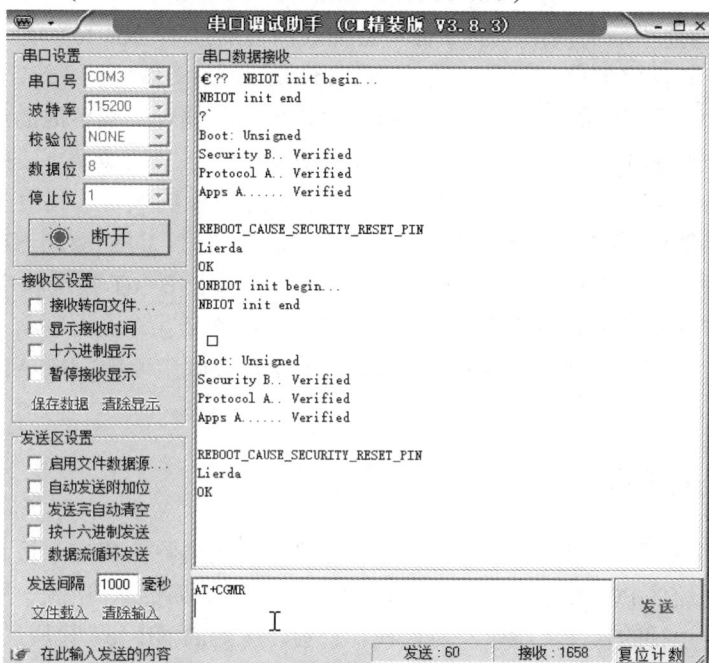

图 6-102　输入 AT 指令

(19) 可以看到，串口助手发送给单片机的 AT + CGMR 指令得到了执行，并且将执行结果在串口助手中打印了出来，如图 6-103 所示。

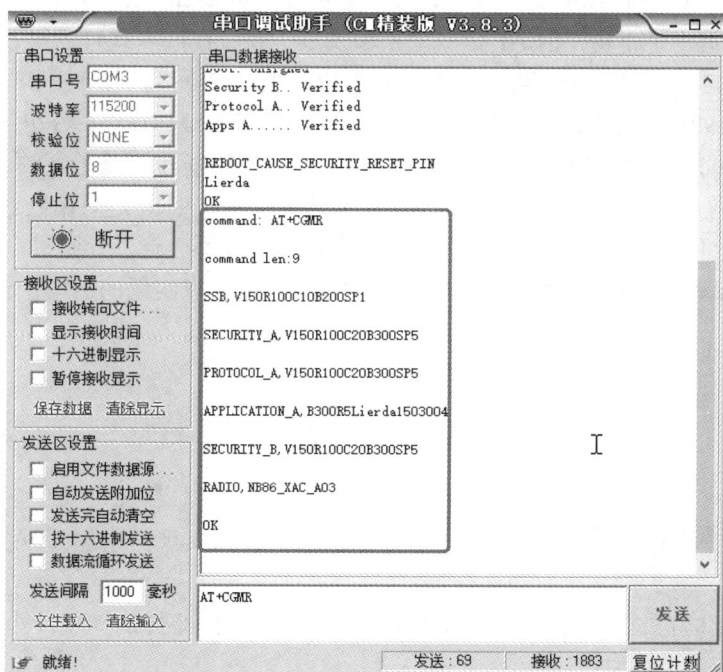

图 6-103　AT 指令执行结果

6.6.4　项目小结

NB-IoT 是构建于蜂窝网络上的一种窄带物联网通信技术。NB-IoT 模块是物联网终端设备接入 NB-IoT 网络的核心组件，含有 NB-IoT 芯片及 SIM 卡。利尔达 NB-IoT 模块 NB86-G 是基于海思平台宽电压模块，宽电压模块可以降低对终端电池的放电特性要求，大大降低终端电池成本，以满足电信、移动、联通及海外大部分运营商的网络要求。

在物联网中，AT 指令集用于控制和调测设备、通信模块入网。利用 MCU 的串口给 NB-IoT 模块发送 AT 指令实现 MCU 与 NB-IoT 模块的通信，进而驱动 NB-IoT 模块与基站建立连接。根据我们使用的开发板特点，以 MCU 作为 NB-IoT 模块和串口调试助手的中转，实现串口调试助手直接与 NB-IoT 模块的 AT 指令交互，进而驱动 NB-IoT 模块工作。代码实现上，主要是在 UART1 和 UART2 的串口接收中断中完成 AT 指令的接收和解析。

6.6.5　知识及技能拓展

NB-IoT 模块就是实现 NB-IoT 通信功能的组件，一般由硬件 PCBA 板和包含协议栈嵌入式软件组成。硬件 PCBA 板一般由基带芯片、射频电路和天线、电源、屏蔽罩等组成；嵌入式软件包含运行的软件环境以及协议栈。目前，主流的 NB-IoT 模块厂商有中兴通讯、移远通信、中兴物联、中移物联、利尔达科技等。芯片是 NB-IoT 模块的核心，目前，有三类芯片公司涉足 NB-IoT 领域：一是通信芯片公司，如高通、华为、中兴等；二是计算芯片公司，如 Intel；三是无线芯片公司，如 Nordic、Qorvo 等。

AT 指令是由 Dennis Hayes 发明，最初是用来指导 modem 工作。随着技术的发展，低速 modem 已经退出了市场，但 AT 指令却不断发展，并且在嵌入式行业里各类联网模块中发挥着重要的作用。目前，AT 指令发展过程形成两个重要标准，一个是 V.250，该标准于 1995 年建立，1998 年重新命名为 V.250；另一个是 ETSI GSM 07.07(3GPP TS 27.007)，用于控制 GSM modem 的 AT 指令集，GSM 07.07 基于 V.250 标准，是最新的 AT 标准。目前的 AT 指令着重应用在蜂窝模块、WiFi 模块、BLE 模块中，目的是简化嵌入式设备联网的复杂度。但是，由于每个厂家的模块不一样，实现的功能不一样，导致每个 AT 模块厂家有自己的一套私有的 AT 指令集，因此，每一个 AT 模块厂家实现的 AT 指令集解析器也不一样。

习　　题

1. 结合触摸按键和开发板上的 LED 灯，读者可尝试实现一个触摸开关控制 LED 的亮灭。

2. 结合人体红外传感器和开发板上的 LED 灯，读者可尝试实现一个人体感应灯的应用。

3. 结合光照传感器和开发板上的 LED 灯，读者可尝试实现一个根据光照强度的不同控制 LED 闪烁快慢的应用，光照强度越强，LED 灯闪烁得越快；反之，越慢。

4. 结合温湿度传感器和开发板上的三盏 LED 灯，读者可尝试实现一个根据温度报警器，不同的 LED 灯指示不同的温度范围。

5. 根据 MCU 与 NB-IoT 的通信原理，查阅相关的 AT 指令，读者可尝试实现一个单片机设备开机时的自动入网功能，将网络信息通过串口调试助手打印输出。

第 7 章　　NB-IoT 应用实践项目

◆ 【本章导览】

　　NB-IoT 物联网应用开发中，首先要使用终端设备感知到物理世界的数据，然后通过 NB-IoT 通信技术将感知的数据传送到物联网云平台，实现数据的上报与命令的下达。要实现终端设备与云平台的正确对接，必须在物联网云平台上完成产品的定义、编解码插件的开发、设备的绑定和调试。本章通过华为物联网云平台和智慧农业温湿度感知两个项目，重点讲解如何在物联网云平台上定义产品模型、开发编解码插件与绑定和调试设备，通过一个温湿度感知综合项目，带领读者体验完整的 NB-IoT 物联网应用开发过程。

◆ 【本章知识结构图】

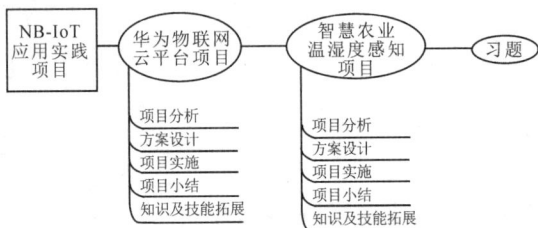

◆ 【学习目标】

通过本章内容的学习，学生应该：
(1) 会在华为物联网云平台上进行产品模型的定义。
(2) 会在华为物联网云平台上开发编解码插件。
(3) 会在华为物联网云平台上绑定终端设备并进行调试。
(4) 会通过编程实现感知数据并上报到云平台。
(5) 会通过编程实现云平台下发命令给终端设备。

7.1　华为物联网云平台项目

华为物联网
云平台项目

华为物联网云平台包括应用管理、设备管理、系统管理等功能，实现统一安全的网络接入、各种终端的灵活适配、海量数据的采集分析，从而实现新价值的创造。本节主要向读者讲解如何在华为物联网云平台上实现设备的接入，包括产品模型的定义、编解码插件的开发和模拟设备的调试。

7.1.1　项目分析

华为物联网平台(IoT 设备接入云服务)提供海量设备的接入和管理能力，可以将 IoT 设备连接到华为云，支撑设备数据采集上云和云端下发命令给设备的远程控制。使用物联网云平台构建一个完整的物联网应用主要包括 3 部分：物联网云平台、业务应用和终端设备。物联网云平台作为连接业务应用和终端设备的中间层，屏蔽了各种复杂的设备接口，实现设备的快速接入；同时提供强大的开放能力，支持行业用户快速构建各种物联网业务应用。终端设备可以通过固网、2G/3G/4G/5G、NB-IoT、WiFi 等多种网络接入物联网云平台，并使用 LwM2M/CoAP 或 MQTT 协议将业务数据上报到平台，平台也可以将控制命令下发给终端设备。业务应用通过调用物联网云平台提供的 API，实现终端设备数据采集、命令下发、设备管理等业务场景。物联网云平台支持终端设备直接接入，也可以通过工业网关或者家庭网关接入。

使用物联网云平台的第一步就是在云平台上创建产品。产品是设备的集合，是某一类具有相同能力或特征的设备的合集。产品创建完成之后，就可以进行产品模型的开发。产品模型用于描述设备具备的能力和特性。通过定义产品模型，在物联网云平台构建一款设备的抽象模型，使平台理解该款设备支持的服务、属性、命令等信息。产品模型包括描述一款设备基本信息的产品信息和描述设备具备的业务能力的服务信息两部分。

产品模型定义完成之后，要实现设备与业务应用正确进行通信，需要进行编解码插件开发。这是因为 NB-IoT 设备和物联网平台之间采用 CoAP 协议通信，CoAP 消息的 payload 为应用层数据，应用层数据的格式由设备自行定义。由于 NB-IoT 设备一般对省电要求较高，所以应用层数据一般不采用流行的 JSON 格式，而是采用二进制格式。但是，物联网平台与应用侧使用 JSON 格式进行通信。因此，需要开发编码插件，供物联网平台调用，以完成二进制格式和 JSON 格式的转换。

当产品模型和编解码插件开发完成后，应用服务器就可以通过物联网平台接收设备上报的数据以及向设备下发命令。设备接入控制台提供产品在线调测的功能，可以根据自己的业务场景，在开发真实应用和真实设备之前，使用应用模拟器和设备模拟器对数据上报和命令下发等场景进行调测，也可以在真实设备开发完成后，使用应用模拟器验证业务流。当设备侧开发和应用侧开发均未完成时，开发者可以创建模拟设备，使用应用模拟器和设备模拟器对产品模型、插件等进行调测。当设备侧开发已经完成，但应用侧开发还未完成时，开发者可以创建真实设备，使用应用模拟器对设备、产品模型、插件等进行调测。

本节通过一个智慧农业环境感知项目，介绍如何利用华为物联网云平台进行产品的创建、产品模型的定义、编解码插件的开发及虚拟设备的在线调试，并通过模拟设备数据上报和命令下达，帮助读者熟悉物联网云平台的业务操作流程。

7.1.2 方案设计

本项目是一个简易的 NB-IoT 智慧农业环境感知产品,该产品可以采集环境温度、湿度、光照数据,并将这些数据上报到物联网云平台。同时,可以通过云平台向感知终端设备下达指令,远程控制灯光和风扇的开关。

本项目的实现流程主要有产品创建、产品模型定义、编解码插件开发和设备在线调试四个部分,如图 7-1 所示。

产品创建 → 产品模型定义 → 编解码插件开发 → 设备在线调试

图 7-1 项目实现流程

产品创建时的基本信息如表 7-1 所示。

表 7-1 产品基本信息

字段名称	字段值	字段约束	自定义规则
产品名称	可自定义	必填项	长度不超过 64,只允许中文、字母、数字以及_?'#().,&%@!-等字符组合
协议类型	LwM2M/CoAP	必填项	无
数据格式	二进制码流	必填项	无
厂商名称	可自定义	必填项	长度不超过 32,只允许中文、字母、数字以及_?'#().,&%@!-等字符组合
所属行业	智慧农业	选填项	无
设备类型	可自定义	必填项	长度不超过 32,只允许中文、字母、数字以及_?'#().,&%@!-等字符组合

根据智慧农业环境感知产品的功能,产品具有的服务列表信息如表 7-2 所示。

表 7-2 产品服务列表信息

服务 ID	服务类型	服务描述
环境数据感知服务	环境数据感知服务	感知温度、湿度和光照数据,并可远程控制灯光和风扇的开关

产品的"环境数据感知服务"中的属性列表信息如表 7-3 所示。

表 7-3 产品属性列表信息

属性名称	数据类型	访问权限	取值范围	步长	单位
Temperature	int(整数)	可读可写	0~100	1	摄氏度(℃)
Humidity	int(整数)	可读可写	0~100	1	百分比(%)
Luminance	int(整数)	可读可写	0~100	1	勒克斯(lux)

产品的"环境数据感知服务"中的命令列表信息如表 7-4 所示。

表 7-4　产品命令列表信息

命令名称	参数类型	参数名称	数据类型	数据范围/长度	枚举值
Control_Light	下发参数	Light	string(字符串)	3	ON，OFF
	响应参数	Light_State	int(整数)	0～1	—
Control_Fan	下发参数	Fan	string(字符串)	3	ON，OFF
	响应参数	Fan_State	int(整数)	0～1	—

在进行编解码插件开发时，根据产品所上报的数据和下达的命令，消息列表信息如表 7-5 所示。

表 7-5　消息列表信息

序号	消　息　名	消息类型	地址域(messageId)
1	Agriculture	数据上报	00
2	Agriculture_Control_Light	命令下发	01
		响应字段	02
3	Agriculture_Control_Fan	命令下发	03
		响应字段	04

Agriculture 数据上报消息结构如表 7-6 所示。

表 7-6　Agriculture 数据上报消息结构

码流偏移值	0	1	2	3	4
字段名称	messageId	Temperature	Humidity	Luminance	
数据类型	int8u	int8u	int8u	Int16u	
长度	1	1	1	2	
十六进制默认值	00	19	3C	00	64

Agriculture_Control_Light 命令下发消息结构如表 7-7 所示。

表 7-7　Agriculture_Control_Light 命令下发消息结构

码流偏移值	0	1	2	3	4	5
字段名称	messageId	mid		Light		
数据类型	int8u	int16u		string		
长度	1	2		3		
十六进制默认值	01	00	01	4F	4E	—
				4F	46	46
响应字段名称	messageId	mid		errcode	Light_State	—
数据类型	int8u	int16u		int8u	int8u	—
长度	1	2		1	1	—
十六进制默认值	02	00	01	00/01	00/01	

Agriculture_Control_Fan 命令下发消息结构如表 7-8 所示。

表 7-8　Agriculture_Control_Fan 命令下发消息结构

码流偏移值	0	1	2	3	4	5
字段名称	messageId	mid		Fan		
数据类型	int8u	int16u		string		
长度	1	2		3		
十六进制默认值	03	00	01	4F	4E	—
				4F	46	46
响应字段名称	messageId	mid		errcode	Fan_State	—
数据类型	int8u	int16u		int8u	int8u	—
长度	1	2		1	1	—
十六进制默认值	04	00	01	00/01	00/01	

7.1.3　项目实施

首先注册个人的华为云账号，并进行实名认证；然后进入设备接入云平台，按照"产品创建""产品模型定义""编解码插件开发"和"设备在线调试"的顺序，完成各部分开发内容。具体操作步骤如下：

(1) 创建华为云账号，并进行实名认证。

① 打开华为云官方网站 https://www.huaweicloud.com/，点击右上角的"注册"按钮进行华为云账号的注册。如果已有账号，可直接点击"登录"按钮，如图 7-2 所示。

图 7-2　华为官方网站

② 填写相关注册信息，如图 7-3 所示。

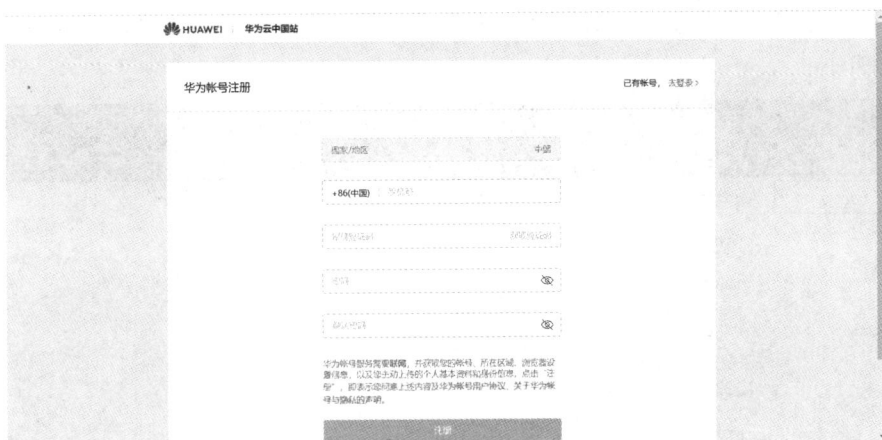

图 7-3　注册信息填写界面

③ 注册完成之后，登录账号。然后将鼠标放置在账号名称上，在下列菜单里面点击"账号中心"链接，如图 7-4 所示。进入后点击左侧"实名认证"，选择"个人账号"，根据提示进行实名认证。

图 7-4　实名认证

(2) 创建产品。

① 实名认证完成之后，点击"控制台"菜单，如图 7-5 所示。

图 7-5　控制台

② 在服务列表里面搜索"物联网"，选择 IoT 物联网分类下面的"设备接入 IoTDA"，如图 7-6 所示。

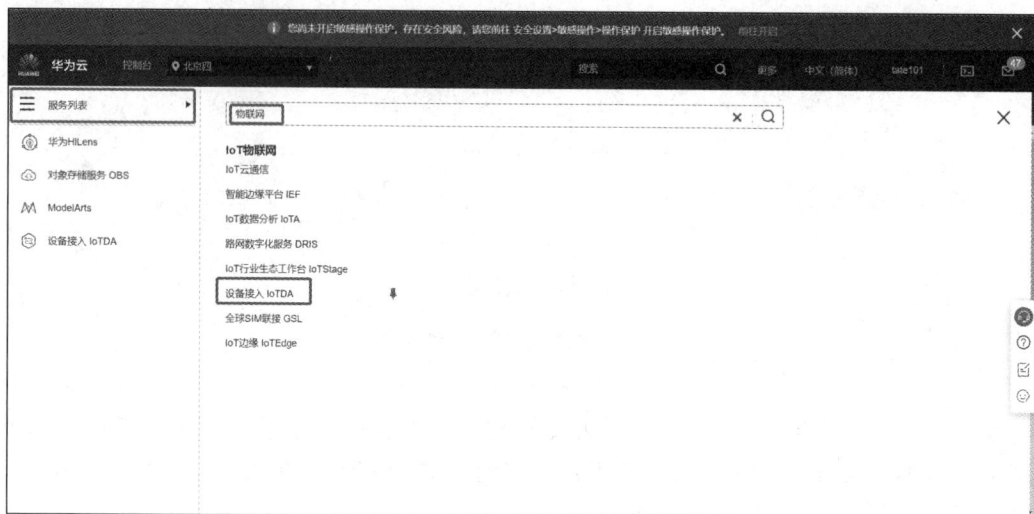

图 7-6　设备接入 IoTDA

③ 进入后，点击左侧的"产品"，然后点击右上角的"创建产品"，如图 7-7 所示。

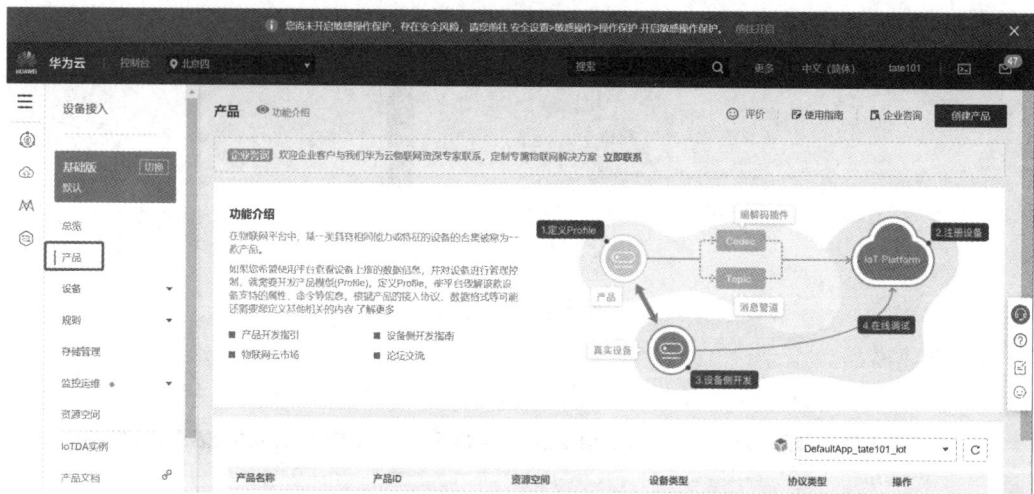

图 7-7　创建产品

④ 在弹出的产品创建界面按照如下信息填写，如图 7-8 所示。
- 所属资源空间：DefaultApp-tate101-Iot。
- 产品名称：NB-IoT 智慧农业环境感知。
- 协议类型：LwM2M/CoAP。
- 数据格式：二进制码流。
- 厂商名称：测试厂商。
- 所属行业：智慧农业。
- 所属子行业：农业机械。
- 设备类型：农业机械。

图 7-8　产品信息

⑤ 产品信息录入完成之后，点击"确定"按钮，完成产品的创建。产品创建成功之后，会生成一个产品 ID，如图 7-9 所示。

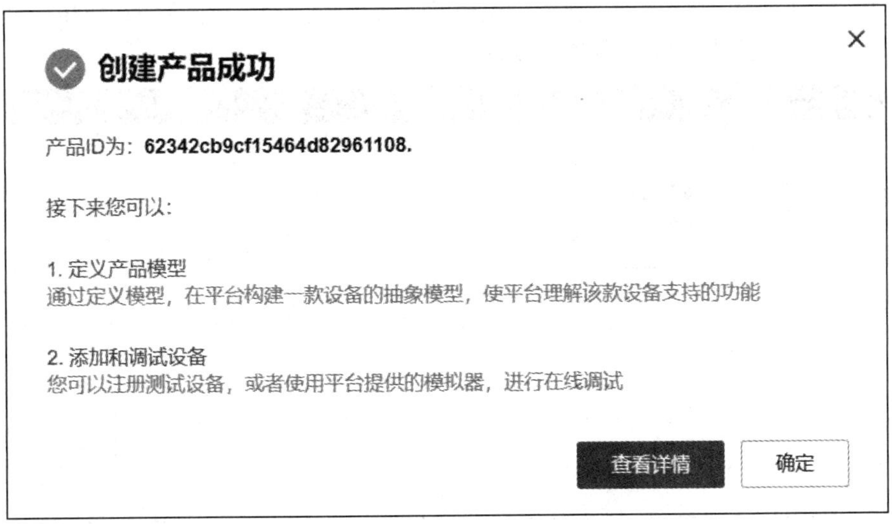

图 7-9　产品创建成功

(3) 定义产品模型。

① 点击产品列表中对应的产品名称，进入产品详细信息界面。点击下方的"自定义模型"，如图 7-10 所示。

图 7-10　产品详细信息

② 在弹出的添加服务界面，按照表 7-2 所示的信息填写，如图 7-11 所示。

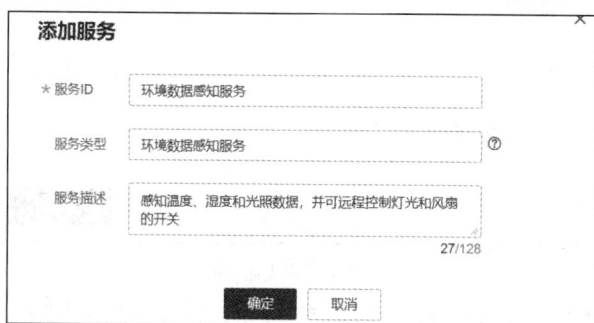

图 7-11　添加服务

③ 填写完成后点击"确定"按钮，在服务列表里面会显示刚刚添加完成的服务，如图 7-12 所示。一个产品中可以添加多个服务。

图 7-12　服务添加成功

④ 按照 7.1.2 节的方案设计，本产品的"环境数据感知服务"中共有 Temperature(温度)、Humidity(湿度)、Luminance(光照强度)三个属性和 Control_Light(灯光控制)、Control_Fan(风扇控制)两个命令。具体配置信息见表 7-3 和表 7-4。

　　⑤ 点击"添加属性"按钮，按照表 7-3 中的属性信息，分别完成 Temperature(温度)、Humidity(湿度)、Luminance(光照强度)三个属性的添加，如图 7-13 所示。

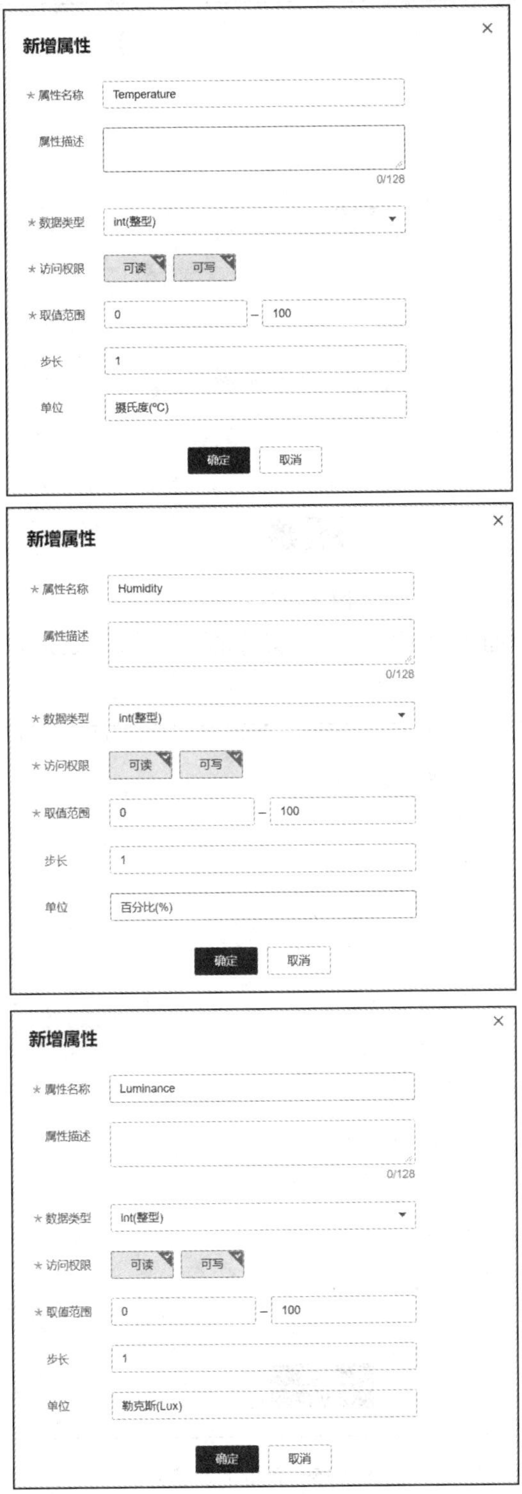

图 7-13　添加属性

⑥ 点击"添加命令"按钮，按照表 7-3 中 Control_Light 命令的信息，完成命令的添加，如图 7-14 所示。

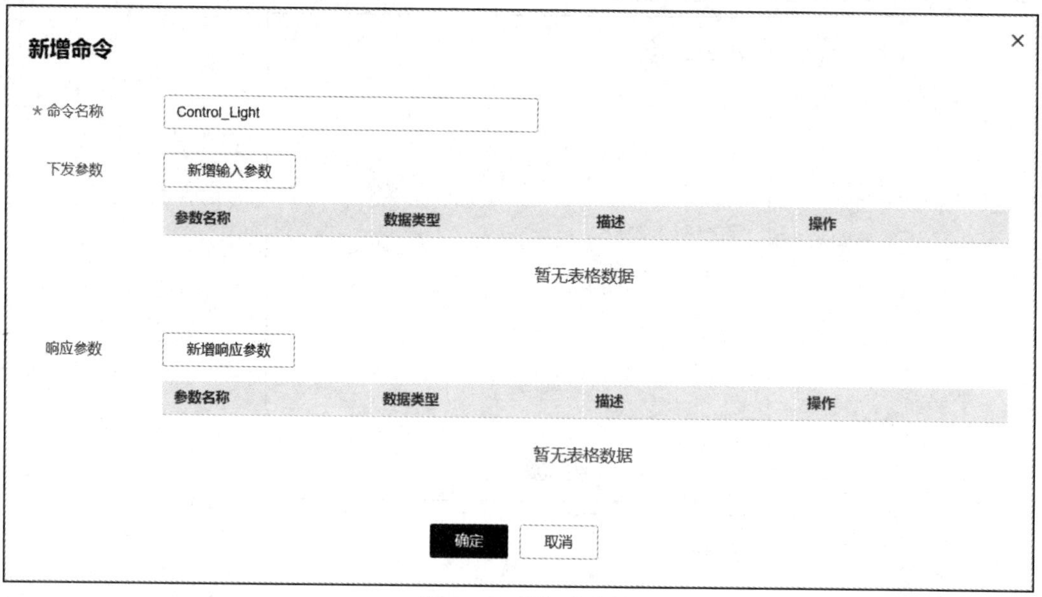

图 7-14　添加命令

⑦ 点击新增命令界面中"下发参数"旁边的"新增输入参数"按钮，新增下发参数，如图 7-15 所示。

图 7-15　新增下发参数

⑧ 点击新增命令界面中"响应参数"旁边的"新增响应参数"按钮，新增响应参数，

如图 7-16 所示。

图 7-16　新增响应参数

⑨ 参数添加完成之后，点击"确定"按钮。接着按照同样方式，参照表 7-3 中 Control_Fan 命令的信息，完成命令的添加。

(4) 开发编解码插件。

① 产品模型定义完成之后，点击"插件开发"标签页，然后点击下方的"图形化开发"按钮，进入到编解码插件开发界面，如图 7-17 所示。

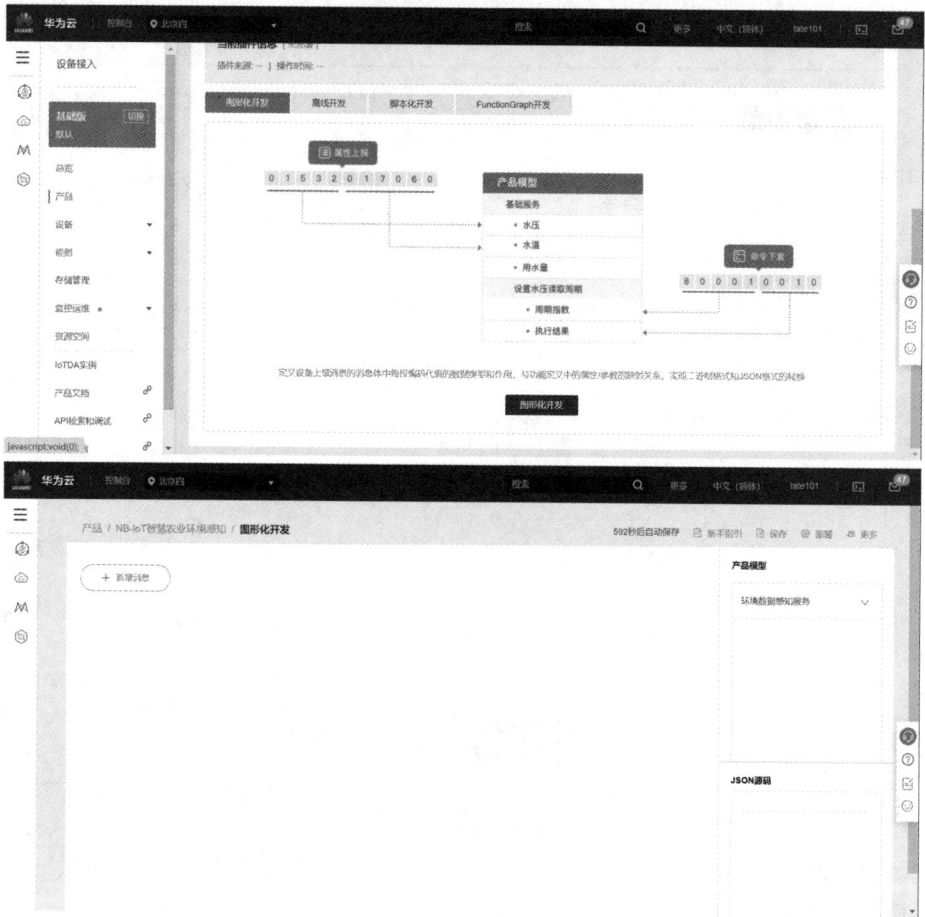

图 7-17　编解码插件开发

② 点击"新增消息"，参照表 7-5，完成 Agriculture 数据上报类型消息的新增，如图 7-18 所示。

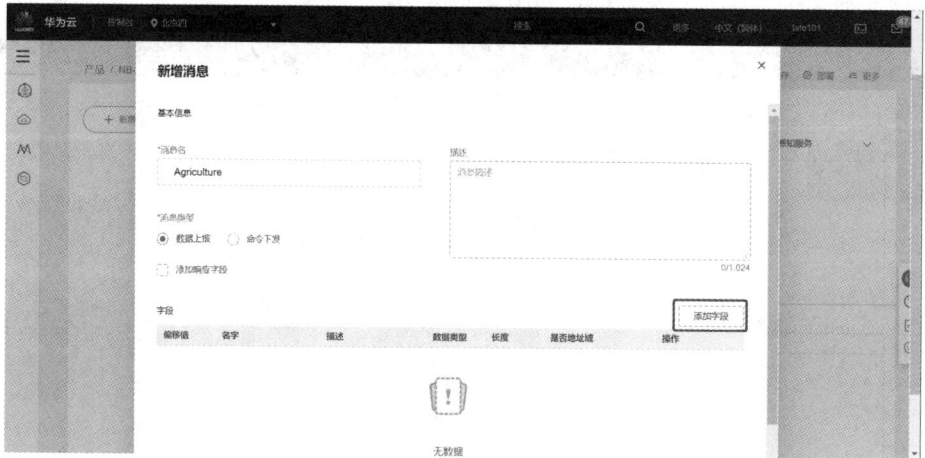

图 7-18　新增 Agriculture 消息

③ 在"新增消息"界面，点击"添加字段"，参照表 7-6 分别添加 messageId、Temperature、Humidity 和 Luminance 字段，如图 7-19 所示。

添加字段　　　　　　　　　　　　　　×

> ❶ 只有标记为地址域时，名字固定为 messageId；其他字段名字不能设置为 messageId。

☑ 标记为地址域 ⑦

* ★ 字段名称　　　　messageId

* 描述　　　　　　　输入字段描述

　　　　　　　　　　　　　　　　　　　　　　0/1,024

* 数据类型（大端模式）　int8u ▼

* 偏移值　　　　　　0-1　　　　　　　　　⑦

* ★ 长度　　　　　　1　　　　　　　　　　⑦

* 默认值　　　　　　0x0　　　　　　　　　⑦

　　　　　　　确认　　取消

添加字段　　　　　　　　　　　　　　×

☐ 标记为地址域 ⑦

* ★ 字段名称　　　　Temperature

* 描述　　　　　　　输入字段描述

　　　　　　　　　　　　　　　　　　　　　　0/1,024

* 数据类型（大端模式）　int8u ▼

* 偏移值　　　　　　1-2　　　　　　　　　⑦

* ★ 长度　　　　　　1　　　　　　　　　　⑦

* 默认值　　　　　　0x19│　　　　　　　　⑦

　　　　　　　确认　　取消

添加字段 ✕

☐ 标记为地址域 ⑦

﹡字段名称　　　　Humidity

描述　　　　　　　输入字段描述

0/1,024

数据类型（大端模式）　int8u ▼

偏移值　　　　　　2-3 ⑦

﹡长度　　　　　　1 ⑦

默认值　　　　　　0x3C ⑦

确认　　取消

添加字段 ✕

☐ 标记为地址域 ⑦

﹡字段名称　　　　Luminance

描述　　　　　　　输入字段描述

0/1,024

数据类型（大端模式）　int16u ▼

偏移值　　　　　　3-5 ⑦

﹡长度　　　　　　2 ⑦

默认值　　　　　　0x0064 ⑦

确认　　取消

图 7-19　添加消息字段

④ 点击"新增消息",参照表 7-5,完成 Agriculture_Control_Light 命令下发类型消息的新增,如图 7-20 所示。

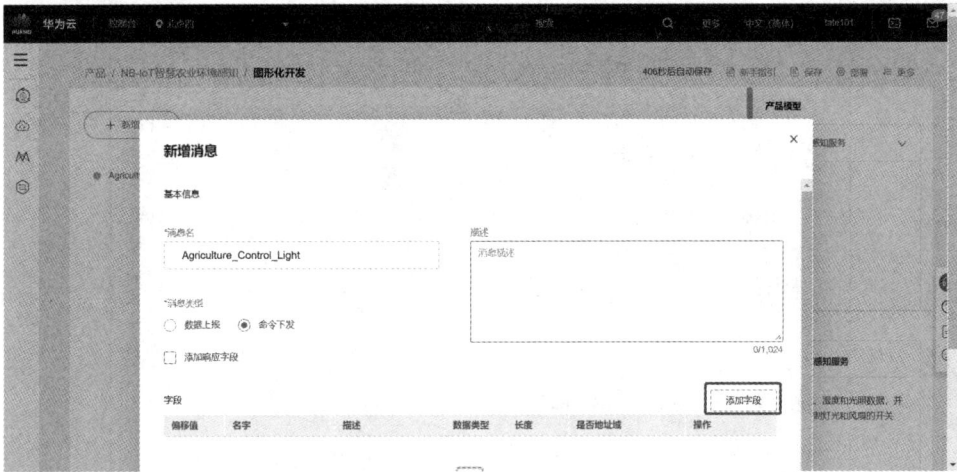

图 7-20　新增 Agriculture_Control_Light 消息

⑤ 在"新增消息"界面,点击"添加字段",参照表 7-7,分别添加 messageId、mid 和 Light 字段,如图 7-21 所示。

添加字段　　　　　　　　　　　　　　　　×

ℹ 只有标记为响应标识字段时，名字固定为mid；其他字段名字不能设置为mid。

☐ 标记为地址域 ⑦

☑ 标记为响应标识字段 ⑦

★ 字段名称　　　　　mid

描述　　　　　　　输入字段描述

　　　　　　　　　　　　　　　　　　0/1,024

数据类型（大端模式）　int16u　　　　　　　　▼

偏移值　　　　　　1-3　　　　　　　　　⑦

★ 长度　　　　　　2　　　　　　　　　⑦

默认值　　　　　　0x0001　　　　　　　⑦

　　　　　　確认　　取消

添加字段　　　　　　　　　　　　　　　　×

☐ 标记为地址域 ⑦

☐ 标记为响应标识字段 ⑦

★ 字段名称　　　　　Light

描述　　　　　　　输入字段描述

　　　　　　　　　　　　　　　　　　0/1,024

数据类型（大端模式）　string　　　　　　　　▼

偏移值　　　　　　3-6　　　　　　　　　⑦

★ 长度　　　　　　3　　　　　　　　　⑦

默认值　　　　　　0x4F4646　　　　　　⑦

　　　　　　確认　　取消

图 7-21　添加消息字段

⑥ 在"新增消息"界面，勾选"添加响应字段"复选框，然后点击"添加响应字段"按钮，进行响应字段的添加，如图 7-22 所示。

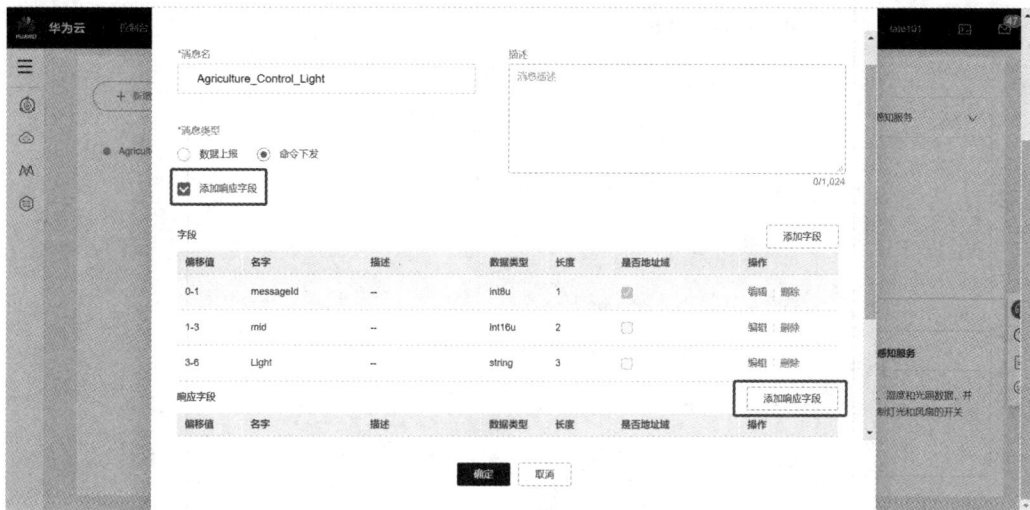

图 7-22　添加响应字段入口

⑦ 参照表 7-7，分别添加 messageId、mid、errcode 和 Light_State 字段，如图 7-23 所示。

添加字段　　　　　　　　　　　　　　　　　　✕

ℹ 只有标记为响应标识字段时，名字固定为mid；其他字段名字不能设置为mid。

☐ 标记为地址域 ⑦

☑ 标记为响应标识字段 ⑦

☐ 标记为命令执行状态字段 ⑦

＊字段名称　　　　mid

描述　　　　　　　输入字段描述
　　　　　　　　　　　　　　　　　　　　　　　0/1,024

数据类型（大端模式）　int16u　　　　　　　　▼

偏移值　　　　　　1-3　　　　　　　　　　　⑦

＊长度　　　　　　2　　　　　　　　　　　　⑦

默认值　　　　　　0x0001　　　　　　　　　⑦

　　　　　　确认　　取消

添加字段　　　　　　　　　　　　　　　　　　✕

ℹ 只有标记为命令执行状态字段时，名字固定为errcode；其他字段名字不能设置为errcode。

☐ 标记为地址域 ⑦

☐ 标记为响应标识字段 ⑦

☑ 标记为命令执行状态字段 ⑦

＊字段名称　　　　errcode

描述　　　　　　　输入字段描述
　　　　　　　　　　　　　　　　　　　　　　　0/1,024

数据类型（大端模式）　int8u　　　　　　　　▼

偏移值　　　　　　3-4　　　　　　　　　　　⑦

＊长度　　　　　　1　　　　　　　　　　　　⑦

默认值　　　　　　0x00　　　　　　　　　　⑦

　　　　　　确认　　取消

图 7-23　添加响应字段

⑧ 点击 "新增消息"，参照表 7-5，完成 Agriculture_Control_Fan 命令下发类型消息的新增，如图 7-24 所示。

图 7-24　新增 Agriculture_Control_Fan 消息

⑨ 在 "新增消息" 界面，点击 "添加字段"，参照表 7-8，分别添加 messageId、mid 和 Fan 字段，如图 7-25 所示。

添加字段　　　　　　　　　　　　　　　　　　　　　✕

> ⓘ 只有标记为地址域时，名字固定为messageId；其他字段名字不能设置为
> messageId。

☑ 标记为地址域 ⑦

☐ 标记为响应标识字段 ⑦

★ 字段名称　　　messageId

描述　　　　　　输入字段描述

　　　　　　　　　　　　　　　　　　　　　　　　　　0/1,024

数据类型（大端模式）　int8u ▼

偏移值　　　　　　0-1　　　　　　　　　　　　　　⑦

★ 长度　　　　　　1　　　　　　　　　　　　　　　⑦

默认值　　　　　　0x3　　　　　　　　　　　　　　⑦

　　　　　　　　确认　　取消

添加字段　　　　　　　　　　　　　　　　　　　　　✕

> ⓘ 只有标记为响应标识字段时，名字固定为mid；其他字段名字不能设置为mid。

☐ 标记为地址域 ⑦

☑ 标记为响应标识字段 ⑦

★ 字段名称　　　mid

描述　　　　　　输入字段描述

　　　　　　　　　　　　　　　　　　　　　　　　　　0/1,024

数据类型（大端模式）　int16u ▼

偏移值　　　　　　1-3　　　　　　　　　　　　　　⑦

★ 长度　　　　　　2　　　　　　　　　　　　　　　⑦

默认值　　　　　　0x0001　　　　　　　　　　　　⑦

　　　　　　　　确认　　取消

图 7-25　添加消息字段

⑩ 在"新增消息"界面，勾选"添加响应字段"复选框，然后点击"添加响应字段"按钮，进行响应字段的添加，如图 7-26 所示。

图 7-26　添加响应字段入口

⑪ 参照表 7-8，分别添加 messageId、mid、errcode 和 Fan_State 字段，如图 7-27 所示。

添加字段

ⓘ 只有标记为地址域时，名字固定为messageId；其他字段名字不能设置为 messageId。

☑ 标记为地址域 ⑦

☐ 标记为响应标识字段 ⑦

☐ 标记为命令执行状态字段 ⑦

★ 字段名称　　　　　messageId

描述　　　　　　　输入字段描述

　　　　　　　　　　　　　　　　　　　　　0/1,024

数据类型 (大端模式)　int8u　　　　　　　　　　▼

偏移值　　　　　　0-1　　　　　　　　　　　⑦

★ 长度　　　　　　1　　　　　　　　　　　⑦

默认值　　　　　　0x4　　　　　　　　　　⑦

确认　　取消

添加字段　　　　　　　　　　　　　　　　　✕

ⓘ 只有标记为响应标识字段时，名字固定为mid；其他字段名字不能设置为mid。

☐ 标记为地址域 ⑦

☑ 标记为响应标识字段 ⑦

☐ 标记为命令执行状态字段 ⑦

★ 字段名称　　　　　mid

描述　　　　　　　输入字段描述

　　　　　　　　　　　　　　　　　　　　　0/1,024

数据类型 (大端模式)　int16u　　　　　　　　　　▼

偏移值　　　　　　1-3　　　　　　　　　　　⑦

★ 长度　　　　　　2　　　　　　　　　　　⑦

默认值　　　　　　0x0001　　　　　　　　⑦

确认　　取消

图 7-27　添加响应字段

⑫ 所有消息定义完成之后，在编解码插件图形化开发界面中，将右侧产品模型的属性拖曳到 Agriculture 消息的数据上报字段上，将两者建立关联，如图 7-28 所示。

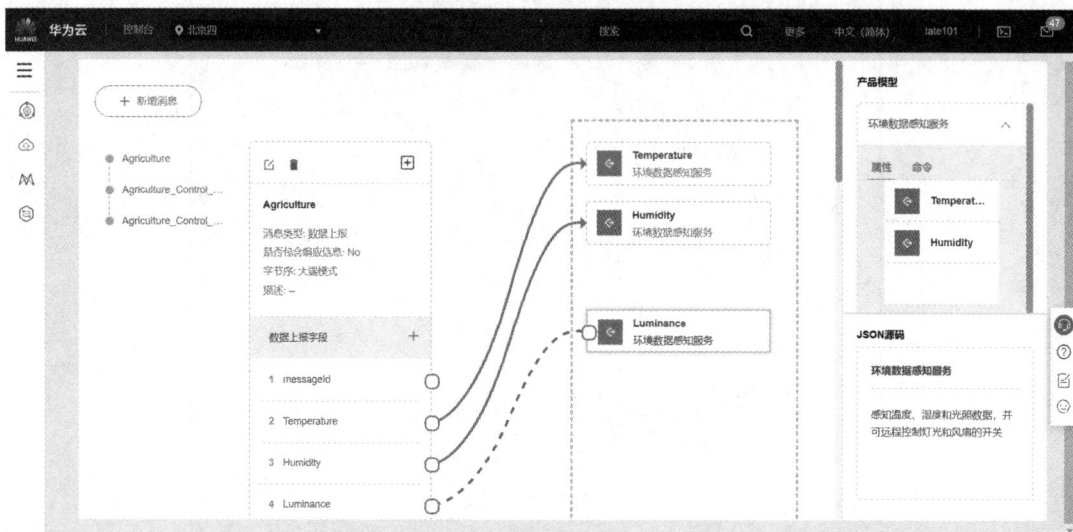

图 7-28　关联产品模型属性与消息字段

⑬ 与⑫的方式相同，将产品模型中命令 Control_Light 的命令下发字段 Light 和命令下发消息 Agriculture_Control_Light 中的命令下发字段 Light 建立关联。类似的方式，将产品模型中命令 Control_Light 的命令响应字段 Light_State 和命令下发消息 Agriculture_Control_Light 中的命令响应字段 Light_State 建立关联，如图 7-29 所示。

⑭ 将产品模型中命令 Control_Fan 的命令下发字段 Fan 和命令下发消息 Agriculture_Control_Fan 中的命令下发字段 Fan 建立关联。类似的方式，将产品模型中命令 Control_Fan 的命令响应字段 Fan_State 和命令下发消息 Agriculture_Control_Fan 中的命令响应字段 Fan_State 建立关联，如图 7-30 所示。

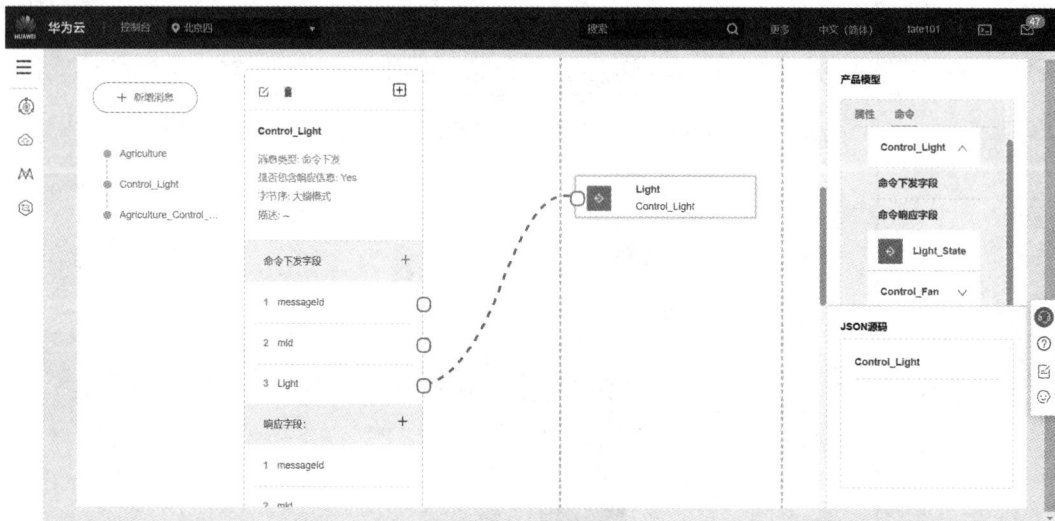

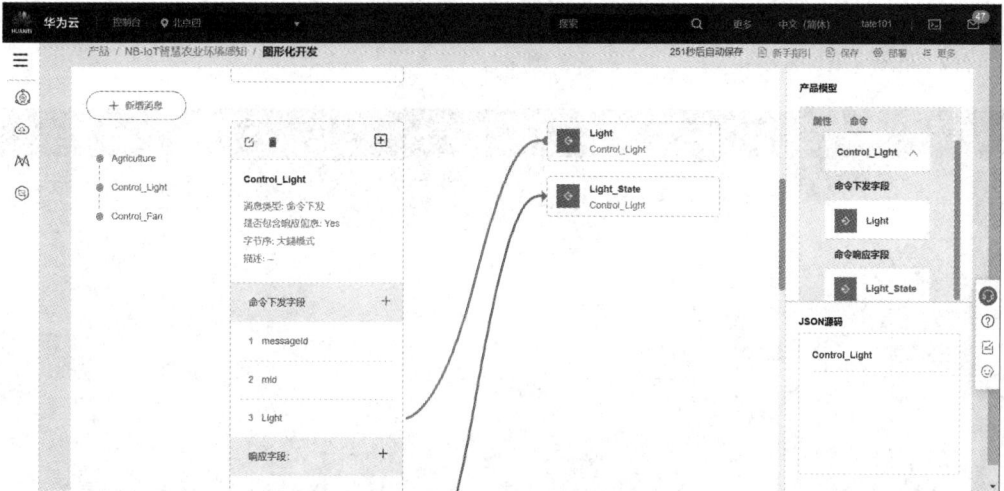

图 7-29　关联产品模型命令 Control_Light 字段与消息字段

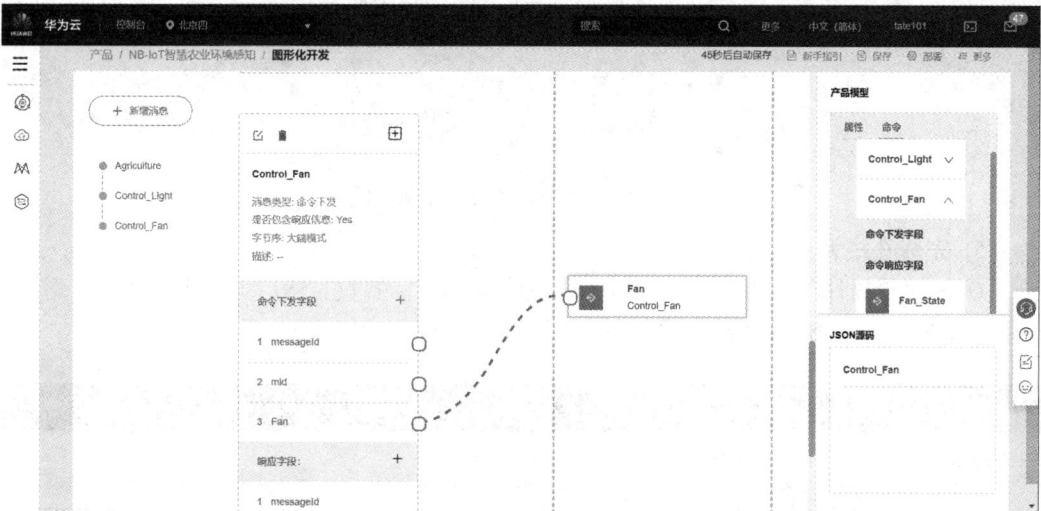

图 7-30　关联产品模型命令 Control_Fan 字段与消息字段

⑮ 点击右上角的"保存"按钮。保存成功后，再点击"部署"按钮，完成编解码插件的部署，如图 7-31 所示。

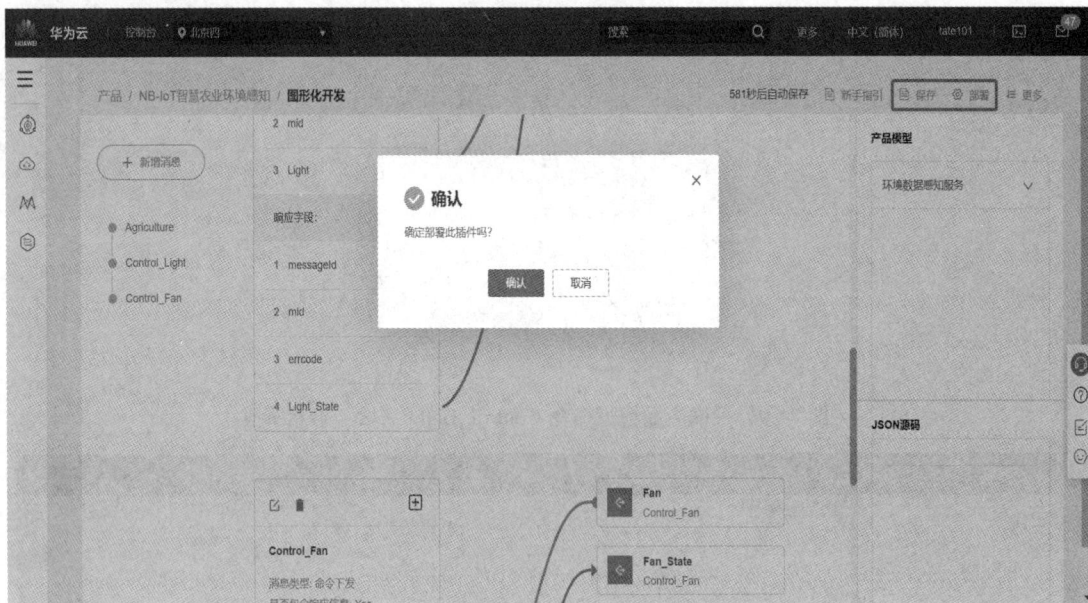

图 7-31　编解码插件的保存和部署

(5) 完成在线调试。

① 编解码插件部署完成之后，点击"在线调试"标签页，然后点击下方的"新增测试设备"按钮，添加测试设备，如图 7-32 所示。

图 7-32　在线调试

② 在弹出的"新增测试设备"界面中，选择"虚拟设备"，然后点击"确定"，如图 7-33 所示。

图 7-33　新增虚拟测试设备

③ 点击测试设备后面的"调试"，如图 7-34 所示。

图 7-34　调试设备入口

④ 在设备调试界面可以模拟终端设备上报感知数据和上层应用向设备发送指令,如图
7-35 所示。

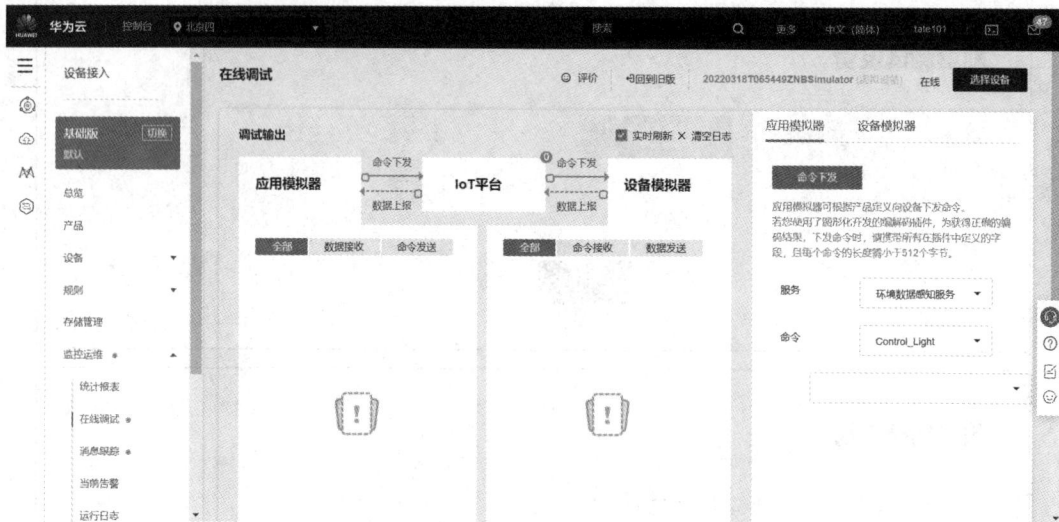

图 7-35　设备在线调试

⑤ 在"设备模拟器"中按照 Agriculture 数据上报的消息格式,输入二进制码流
0020160060,模拟终端设备上报数据给用户应用的过程。二进制码流经过编解码插件的解
析,在应用模拟器里得到温度、湿度和光照强度的数据,如图 7-36 所示。

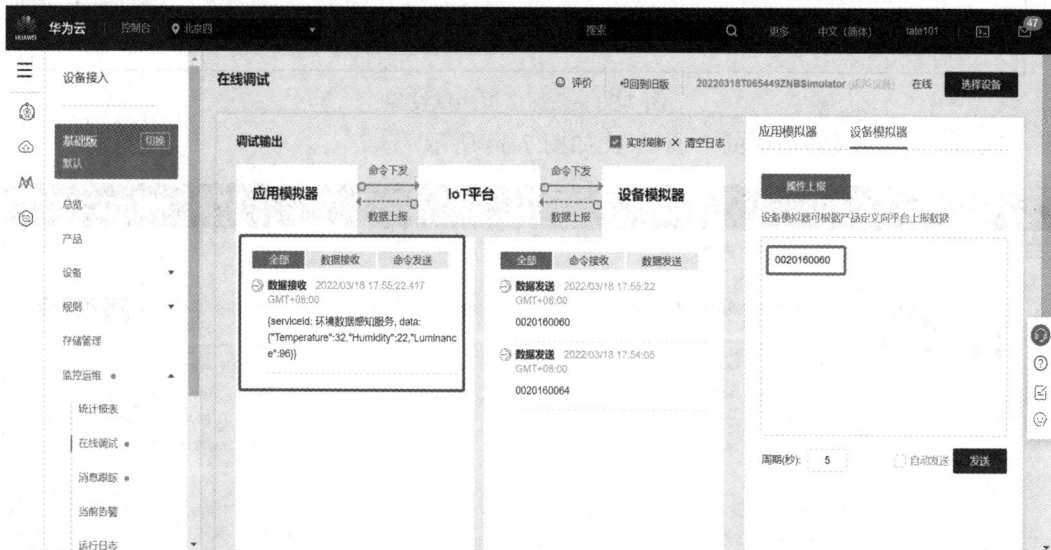

图 7-36　测试数据上报

⑥ 在"应用模拟器"中,我们下发两个 Control_Light 命令,参数分别是"ON"和"OFF",
模拟用户应用向设备下达控制命令。可以看到,用户端的 JSON 格式命令数据经过编解码
插件解析后,得到了一串二进制码流,该二进制码流和我们在编解码插件开发时定义的
Agriculture_Control_Light 消息结构一致,如图 7-37 所示。

图 7-37　测试灯光控制指令下发

7.1.4　项目小结

物联网云平台为用户提供创建内聚物联网系统所需的基础设施，是物联网应用开发的一个关键环节。华为云的物联网平台，提供海量设备连接上云、设备和云端双向消息通信、批量设备管理、远程控制和监控、OTA 升级、设备联动规则等能力，并可将设备数据灵活流转到华为云其他服务，帮助物联网行业用户快速完成设备联网及行业应用集成，具有协议灵活、快速接入、性能稳定等特点。本项目通过一个智慧农业环境感知项目，介绍了华为物联网云平台关于产品的创建、产品模型的定义、编解码插件开发及虚拟设备的在线调试等内容，并通过模拟设备验证了数据上报和命令下达过程，帮助读者熟悉物联网云平台的业务操作流程，为后续综合应用案例的开发打下基础。

7.1.5　知识及技能拓展

华为物联网云平台提供了自定义模型、上传模型文件、Excel 导入和导入库模型多种定义产品模型的方法。

(1) 自定义模型(在线开发)：从零自定义构建产品模型。

(2) 上传模型文件(离线开发)：将本地写好的产品模型上传到平台。

(3) Excel 导入：通过导入文件的方式快速定义产品功能。对于初级开发者来说，降低了产品模型的开发门槛，只需根据表格填写参数；对于高阶开发者和集成商来说，提升了行业复杂模型的开发效率。

(4) 导入库模型(平台预置产品模型)：可以使用平台预置的产品模型，快速完成产品开发。

当前平台提供了标准模型和厂商模型。标准模型遵循行业标准的产品模型，适用于行业内绝大部分厂商设备，而厂商模型针对设备类型发布的产品模型适用于行业内少量厂家设备。用户可以根据实际需求选择相应的产品模型。

产品模型本质上就是一个 devicetype-capability.json 文件和若干 serviceType-capability.json

文件。离线开发产品模型就是按照产品模型编写规则和 JSON 格式规范在 devicetype-capability.json 中定义设备能力，在 servicetype-capability.json 中定义服务能力。

编解码插件开发完成二进制格式和 JSON 格式的转换。编解码插件的开发手段有图形化开发、离线开发和脚本化开发三种。图形化开发是指设备接入控制台，通过可视化的方式快速开发一款产品的编解码插件。离线开发是指使用编解码插件的 Java 代码 Demo 进行二次开发，实现编解码功能，完成插件打包和质检等。脚本化开发是指使用 JavaScript 脚本实现编解码的功能。

7.2　智慧农业温湿度感知项目

智慧农业温湿度
感知项目

在物联网应用中，智慧农业是指基于精准的农业传感器进行实时监测，利用云计算、数据挖掘等技术进行多层次分析，提高农业生产对自然环境风险的应对能力，使弱势的传统农业成为具有高效率的现代产业。农业环境因素(如温度、湿度、光照、二氧化碳等)影响植物生长发育，可以通过各种传感器进行监测，将传感器节点部署在不同的位置感知环境参数，通过无线网络将监测数据传输到云平台上进行监控。本项目利用温湿度传感器对农作物生长的温度和湿度参数进行感知，并通过 NB-IoT 技术传输到物联网云平台。

7.2.1　项目分析

前面章节已经完成了嵌入式基础开发、传感器数据感知、NB-IoT 网络和物联网云平台相关实验内容，本节在前面学习的基础上，完成一个智慧农业温湿度感知应用项目的开发。该项目主要由终端层、网络层和平台层组成，通过对影响农作物生长的温度和湿度环境参数的感知，根据感知的湿度数据在云平台设置设备联动规则，实现风扇的协同控制，从而营造有利于农作物生长的环境。智慧农业温湿度感知项目整体架构如图 7-38 所示。

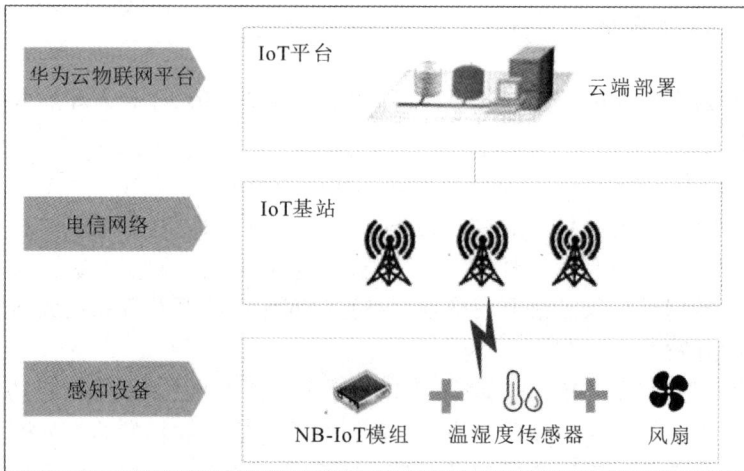

图 7-38　智慧农业温湿度感知项目整体架构

(1) 终端层：终端设备上安装有温湿度传感器和风扇模块。温湿度传感器能够感知周围环境的温湿度数据，并将其通过集成在终端设备上的 NB-IoT 标准模块发送到 NB-IoT 基站，进而 NB-IoT 基站将感知的温湿度数据通过互联网上报给物联网云平台。同时，物联网云平台下发的风扇开关指令依次通过互联网和 NB-IoT 基站到达终端设备上的 NB-IoT 模块，经过指令解析传送给风扇执行器来控制风扇的开关。

(2) 网络层：网络层借助中国电信窄带物联网进行业务数据传输。中国电信提供的 800 MHz 频段的网络接入在信号穿透力和覆盖度上拥有较大的优势，能充分保障智慧农业业务在室外复杂环境下进行数据传输的稳定性和可靠性。

(3) 平台层：温湿度感知数据经电信运营商的 NB-IoT 网络发送到华为云物联网平台，华为云物联网平台处理后，发往上层行业应用平台完成业务处理。针对本项目特定的场景，利用华为云物联网平台开发定制化的产品模型和编解码插件。华为云物联网平台负责设备数据模型的转换，实现南向服务对接，同时提供即时或离线命令的下发管理，上游应用无须关心终端设备的实际物理连接和数据传输，实现终端对象化管理，降低应用开发难度。

本节的智慧农业温湿度感知项目的核心功能如下：

(1) 周期性地采集温湿度数据并上报到物联网云平台。

(2) 物联网云平台根据湿度数据远程控制风扇的开关。

因此，本项目需要：① 根据项目业务需求，在物联网云平台上进行产品的创建、模型的定义、编解码插件的开发、真实物联网设备终端的绑定、设备联动规则的创建；② 在终端开发板上利用温湿度传感器感知数据，并将感知到的数据经 NB-IoT 模块发送给物联网云平台；③ 接收物联网云平台下发的风扇控制命令，并根据控制命令设置风扇的开和关。由于本项目涉及设备联动，因此需要用到两个终端设备，其中一个终端设备安装有温湿度传感器模块，另一个安装有风扇模块，具体如图 7-39 所示。

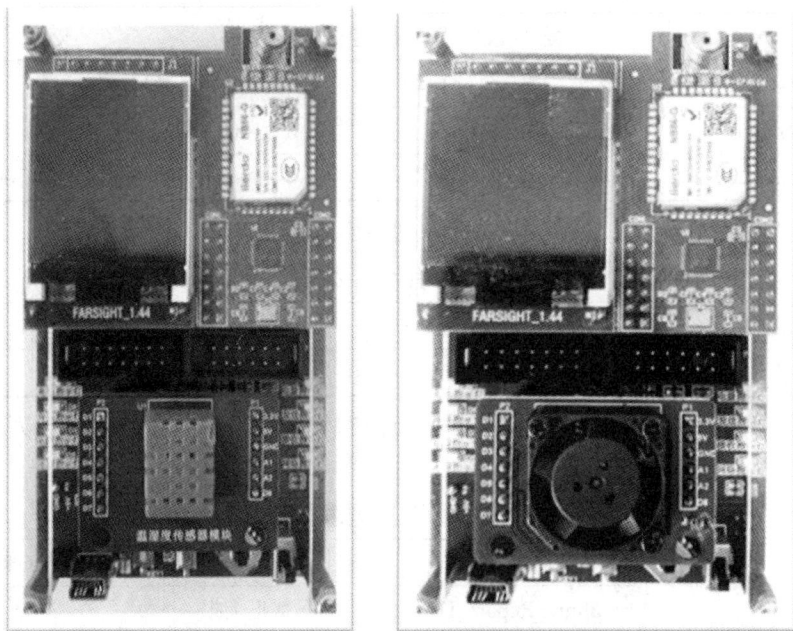

图 7-39　项目所需的终端设备

7.2.2 方案设计

根据 7.2.1 节的项目分析可知,本项目的开发涉及物联网云平台开发和终端设备开发两个部分。

1. 物联网云平台开发

物联网云平台上需要进行产品的创建、模型的定义、编解码插件的开发、真实物联网设备终端的绑定、设备联动规则的创建。具体各部分的信息如下所述。

产品创建时的基本信息如表 7-9 所示。

表 7-9 产品基本信息

字段名称	字段值
产品名称	智慧农业温湿度感知
协议类型	LwM2M/CoAP
数据格式	二进制码流
厂商名称	测试厂商
所属行业	智慧农业

根据智慧农业温湿度感知产品的功能,产品具有的服务列表信息如表 7-10 所示。

表 7-10 产品服务列表信息

服务 ID	服务类型	服务描述
温湿度感知服务	温湿度感知服务	感知温湿度数据,并可远程控制风扇的开关

产品的"温湿度感知服务"中的属性列表信息如表 7-11 所示。

表 7-11 产品属性列表信息

属性名称	数据类型	访问权限	取值范围	步长	单位
Temperature	int(整数)	可读可写	0~100	1	摄氏度(℃)
Humidity	int(整数)	可读可写	0~100	1	百分比(%)

产品的"环境数据感知服务"中的命令列表信息如表 7-12 所示。

表 7-12 产品命令列表信息

命令名称	参数类型	参数名称	数据类型	取值范围	步长
Control_Fan	下发参数	Fan	int(整型)	0~1	1

在进行编解码插件开发时,根据产品所上报的数据和下达的命令,消息列表信息如表 7-13 所示。

表 7-13 消息列表信息

序号	消息名	消息类型	地址域(messageId)
1	Agriculture_Report_TH	数据上报	00
2	Agriculture_Control_Fan	命令下发	01

Agriculture_Report_TH 数据上报消息结构如表 7-14 所示。

表 7-14　Agriculture_Report_TH 数据上报消息结构

码流偏移值	0	1	2
字段名称	messageId	Temperature	Humidity
数据类型	int8u	int8u	int8u
长度	1	1	1
16 进制默认值	00	19	3C

Agriculture_Control_Fan 命令下发消息结构如表 7-15 所示。

表 7-15　Agriculture_Control_Fan 命令下发消息结构

码流偏移值	0	1
字段名称	messageId	Fan_State
数据类型	int8u	int8u
长度	1	1
16 进制默认值	01	00/01

项目中用到的真实设备信息如表 7-16 所示，这里的设备标识码为 NB-IoT 模块的 IMEI 号，可以在 NB-IoT 模块产品上看到，或者通过向 NB-IoT 模块发送 "AT+CGSN=1" AT 指令来查询。

表 7-16　真实终端设备信息

设备类型	设备名称	设备标识码	设备注册方式
真实设备	温湿度感知设备	869768040299234	不加密
真实设备	风扇设备	869768040500425	不加密

2. 终端设备开发

终端设备综合第 6 章的风扇控制项目、温湿度感知项目、MCU 与 NB-IoT 模块通信项目来实现具体的功能。

具体实现流程如下：

(1) 在主函数中完成 GPIO、定时器 2、串口 1 和串口 2 的初始化。

(2) 在主函数的 while 循环中，根据设置的 5 s 时间间隔来读取 GPIOPB8 引脚的数据，按照 DHT11 的数据格式进行解析，获得感知的温湿度数据，并将感知到的温湿度数据，按照物联网云平台上编解码插件里的数据上报消息格式来构造数据发送的 AT 指令，通过串口 1 发送给 PC 端的串口调试助手。同时，通过串口 2 发送给 NB-IoT 模块，完成数据向物联网云平台的上报。

(3) 在串口接收的中断处理函数里面，将串口 1 的接收数据转发给串口 2，将串口 2 的接收数据转发给串口 1，同时判断收到的数据是否为云平台的下发指令，如果是云平台下发的指令，还需要进一步完成指令的解析，并根据解析结果控制风扇的开和关。

(4) 在定时器的中断处理函数里面，主要完成 5 s 的时长控制。

初始化部分可以通过 STM32CubeMX 软件以图形化的方式进行配置，这样可以大大减轻编程工作量。

7.2.3 项目实施

本项目的开发包括华为物联网云平台的产品开发和南向终端设备的开发。具体操作步骤如下：

1. 华为物联网云平台的产品开发

(1) 登录之前注册的华为云平台账号，进入控制台中的"设备接入 IoTDA"服务。

(2) 按照表 7-9 中的产品基本信息创建产品，如图 7-40 所示。

图 7-40　创建产品

(3) 点击"自定义模型"进行产品模型的定义，按照表 7-10 中的产品服务列表信息创建服务，如图 7-41 所示。

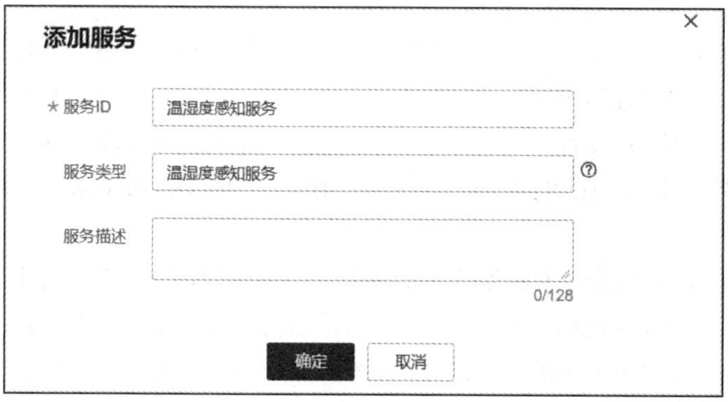

图 7-41　添加产品服务

(4) 点击"添加属性"按钮，按照表 7-11 中的属性信息，完成 Temperature(温度)和 Humidity(湿度)两个属性的添加，如图 7-42 所示。

图 7-42　添加产品属性

(5) 点击"添加命令"按钮，按照表 7-12 中 Control_Light 命令的信息，完成命令的添加，如图 7-43 所示。

图 7-43　新增命令

(6) 点击"新增输入参数"按钮，按照表 7-12 中 Control_Light 命令的信息，新增下发参数，如图 7-44 所示。

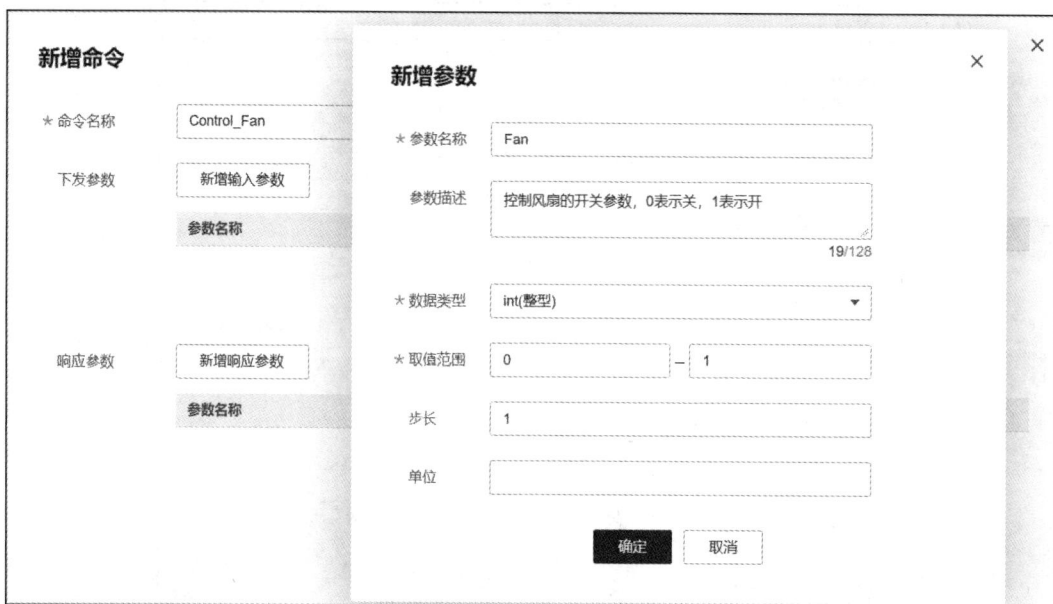

图 7-44　新增下发参数

(7) 产品模型定义完成之后，切换到"插件开发"标签页，然后点击下方的"图形化开发"按钮，进入编解码插件开发界面。点击"新增消息"按钮，按照表 7-13 的消息列表信息，完成 Agriculture_Report_TH 数据上报类型消息的新增，如图 7-45 所示。

图 7-45　新增数据上报消息

（8）在"新增消息"界面，点击"添加字段"，参照表 7-14 的 Agriculture_Report_TH 数据上报消息结构，分别添加 messageId、Temperature 和 Humidity 字段，如图 7-46 所示。

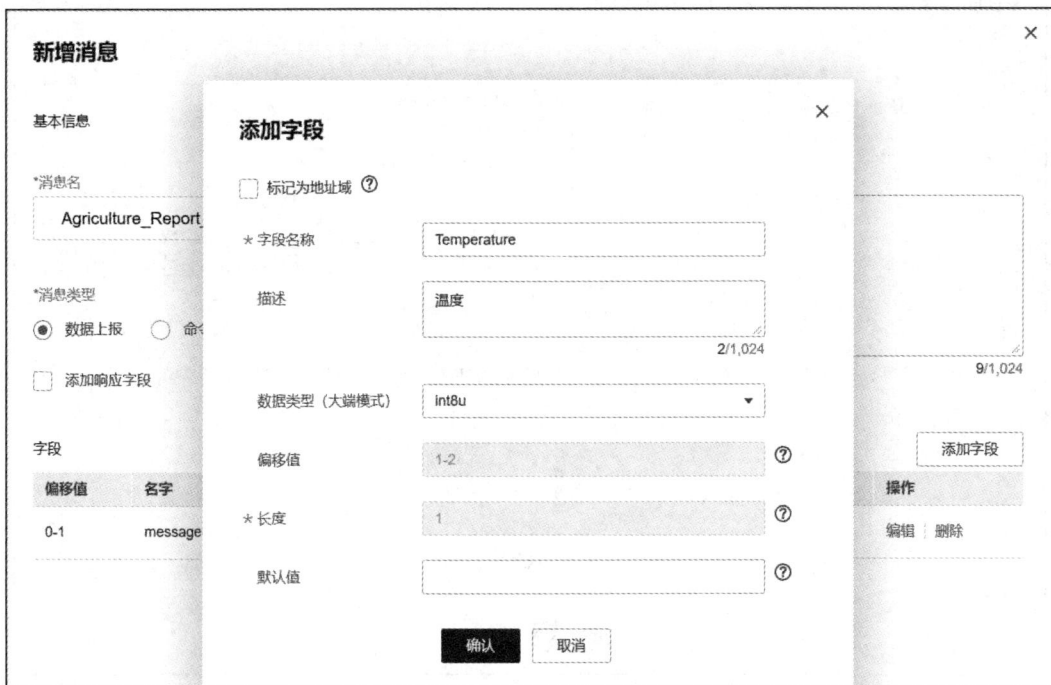

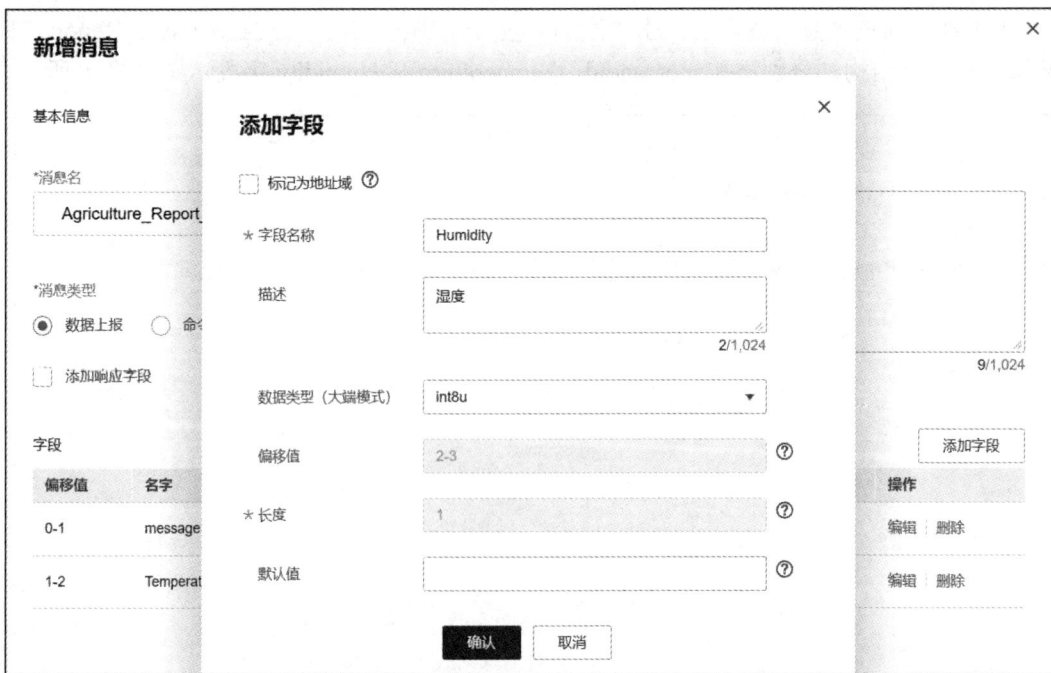

图 7-46 添加数据上报消息字段

(9) 点击"新增消息"按钮, 按照表 7-13 的消息列表信息, 完成 Agriculture_Control_Fan 命令下发类型消息的新增, 如图 7-47 所示。

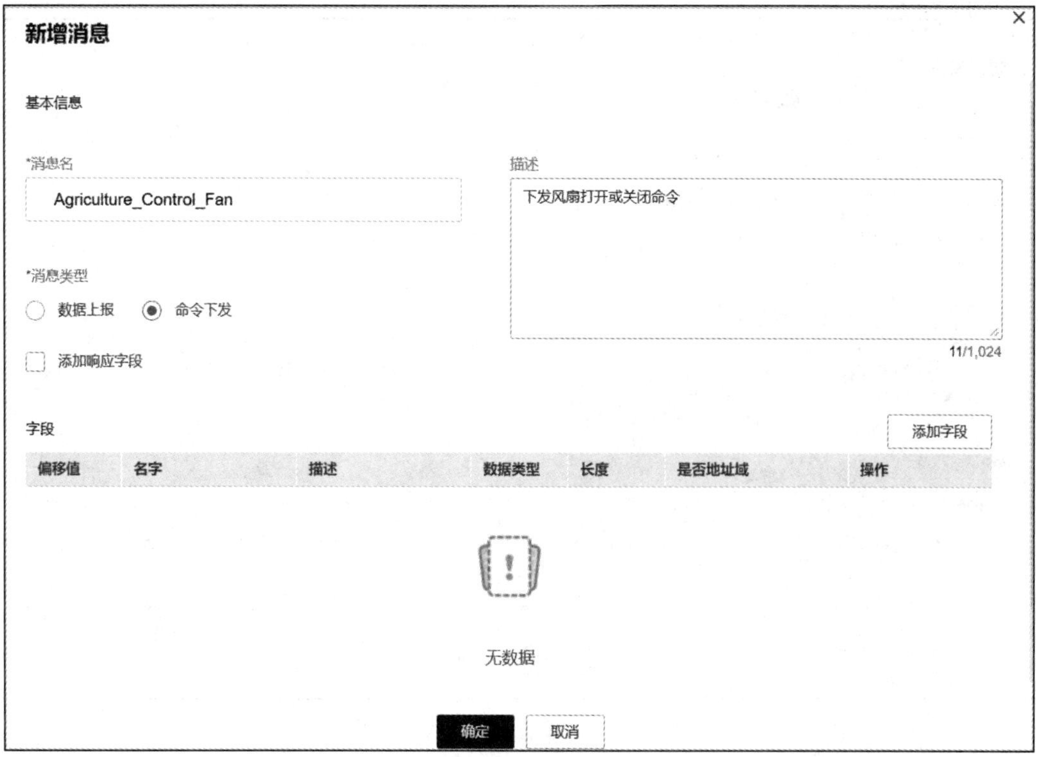

图 7-47　新增命令下发消息

（10）在"新增消息"界面，点击"添加字段"，参照表 7-15 的 Agriculture_Control_Fan 命令下发消息结构，分别添加 messageId 和 Fan_State 字段，如图 7-48 所示。

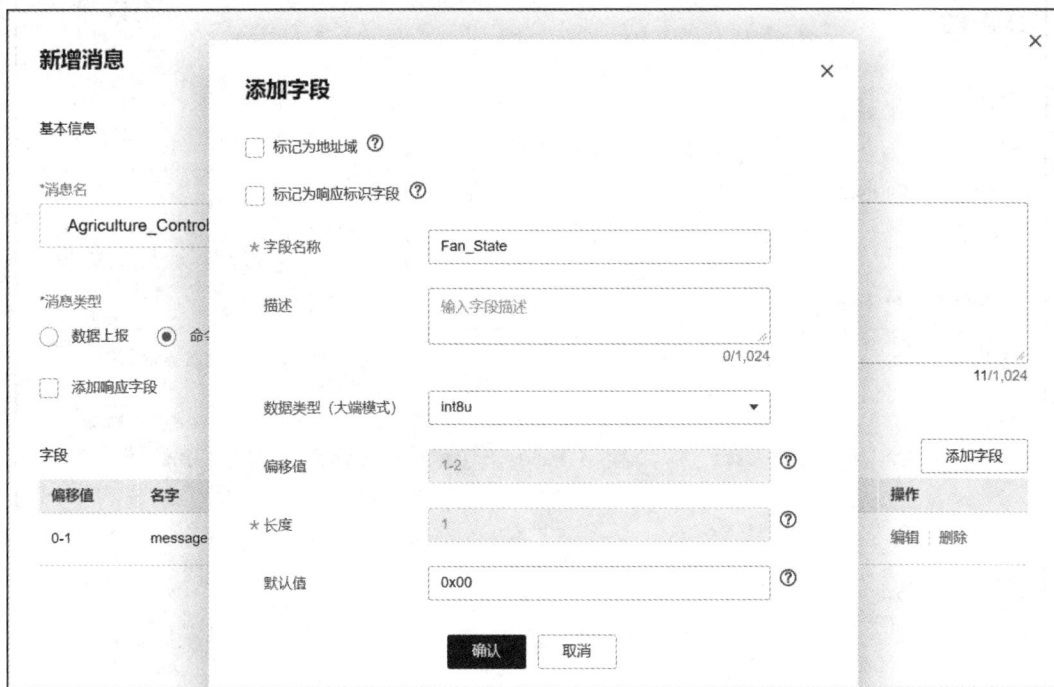

图 7-48　添加命令下发消息字段

(11) 所有消息定义完成之后，在编解码插件图形化开发界面中，将右侧产品模型的 Temperature 和 Humidity 属性拖拽到 Agriculture_Report_TH 消息的数据上报字段上；将右侧产品模型的命令下发字段 Fan 拖拽到 Agriculture_Control_Fan 命令下发消息中的 Fan_State 字段上，分别将两者建立关联，如图 7-49 所示。

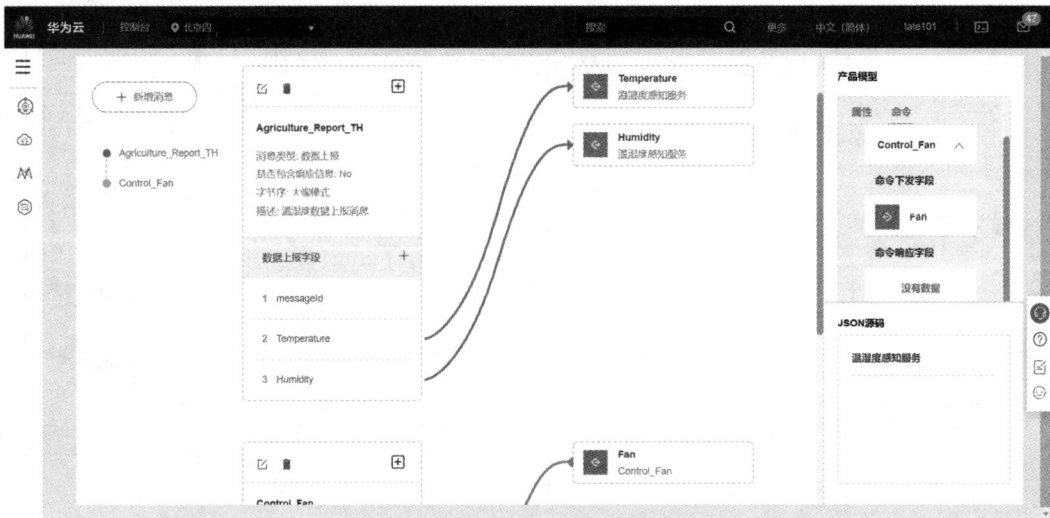

图 7-49　关联产品模型字段与消息字段

(12) 关联完成之后，先点击右上角的"保存"按钮，再点击"部署"按钮，完成编解码插件的部署，如图 7-50 所示。

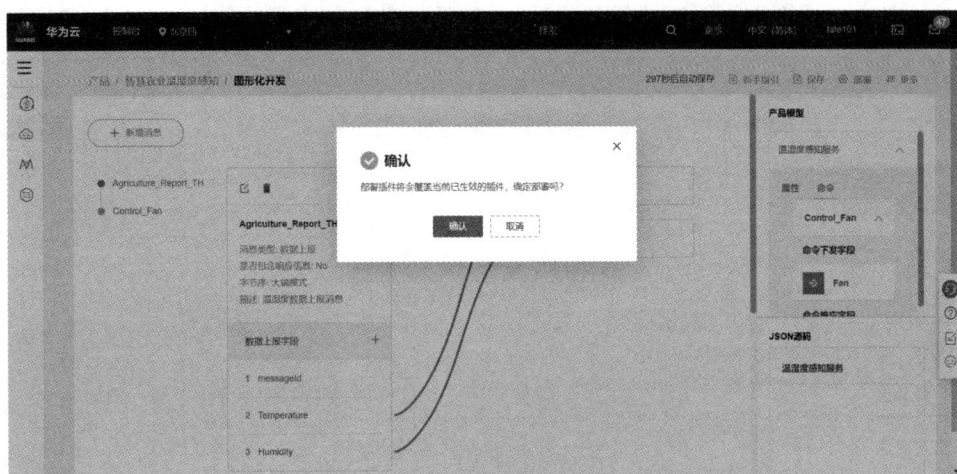

图 7-50　编解码插件的保存和部署

(13) 编解码插件部署完成之后，切换至"在线调试"标签页，然后点击下方的"新增测试设备"按钮，按照表 7-16 中的设备信息，添加真实的测试设备，如图 7-51 所示。

图 7-51　新增测试设备

(14) 点击"规则"下面的"设备联动",进行设备联动规则的创建,如图 7-52 所示。

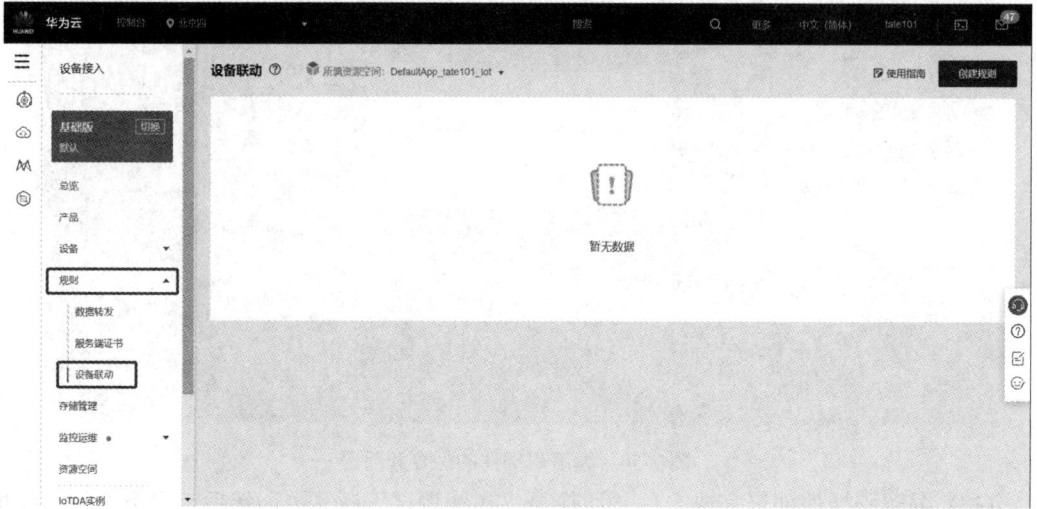

图 7-52 设备联动

(15) 点击"创建规则"按钮,创建"风扇打开规则",填写规则的基本信息,如图 7-53 所示。

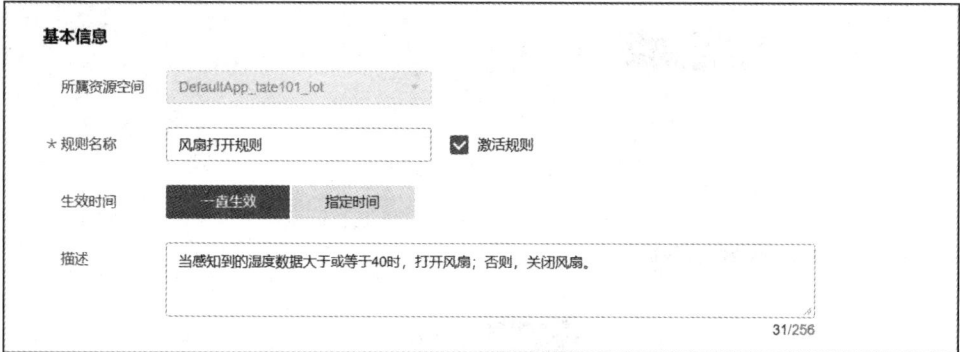

图 7-53 风扇打开规则基本信息

(16) 在触发条件部分,点击"添加条件",选择"指定设备触发";然后,在点击"请选择设备"时,选择之前添加的"温湿度感知设备";最后,服务选择"温湿度感知服务",属性选择"Humidity",条件设置为>=40,如图 7-54 所示。

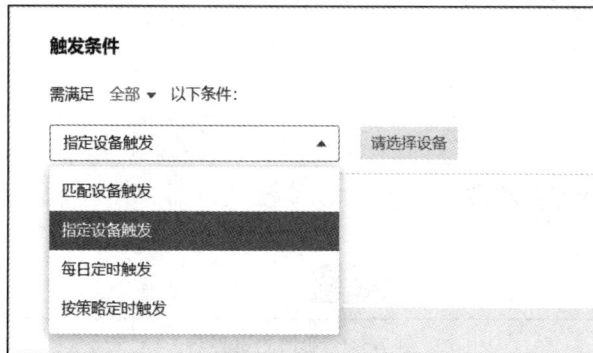

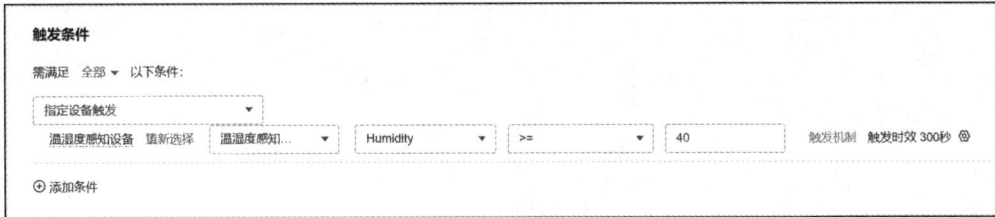

图 7-54　风扇打开规则的触发条件

(17) 在执行动作部分，点击"添加动作"，选择"下发命令"。执行下发设备时选择"风扇设备"；服务选择"温湿度感知服务"；命令选择"Control_Fan"，参数配置为 1，如图 7-55 所示。

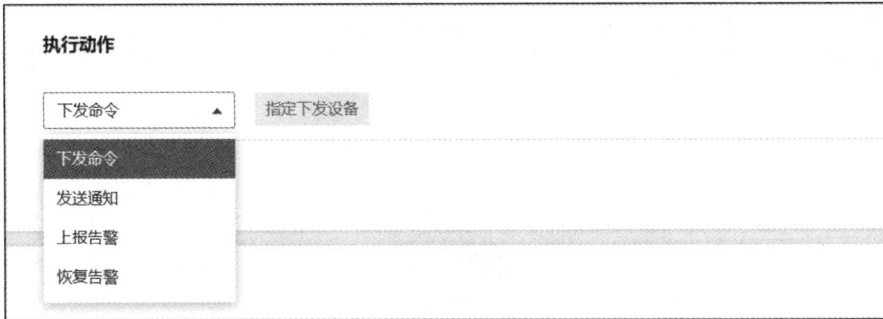

图 7-55　风扇打开规则的动作执行

(18) 按照同样的方式，再创建一个"风扇关闭规则"，触发条件和执行动作如图 7-56 所示。

图 7-56　风扇关闭规则

2. 南向终端设备的开发

(1) 打开 STM32CubeMX 软件，点击 "New Project"，如图 7-57 所示。

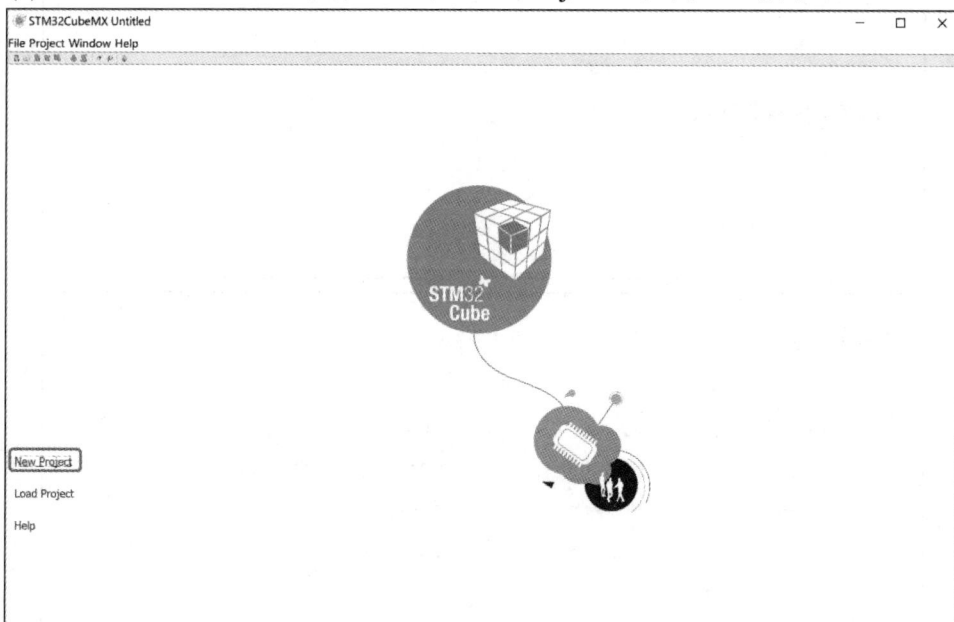

图 7-57　新建工程

(2) 根据 STM32 数据手册里面 MCU 的型号、封装等信息，选择 MCU，如图 7-58 所示。

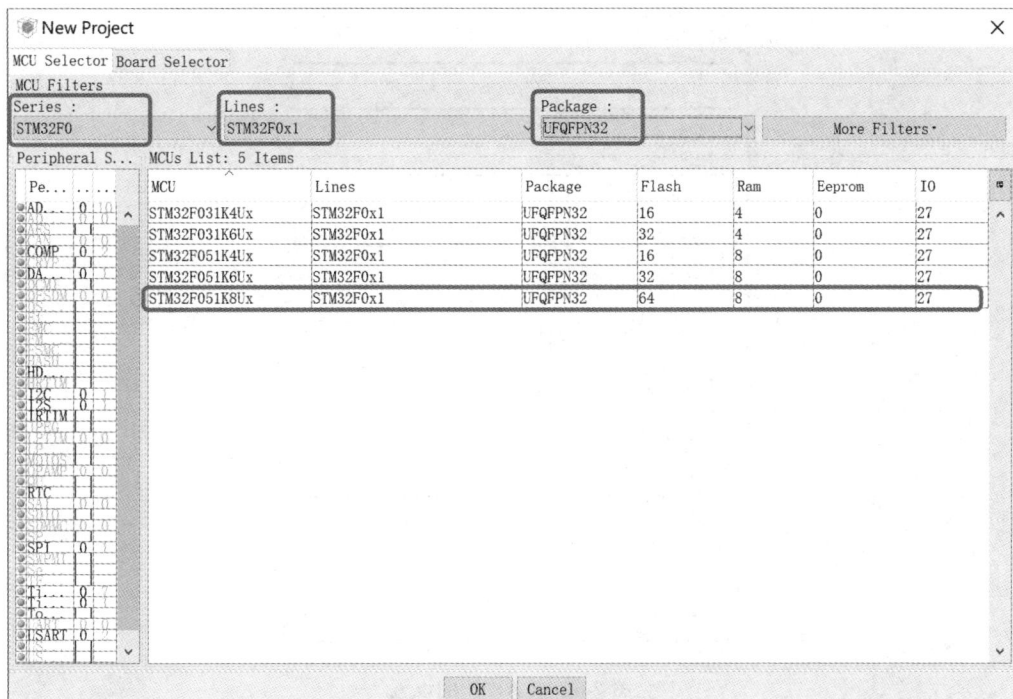

图 7-58　选择 MCU

(3) 工程建立完成后，会出现图 7-59 所示的界面。

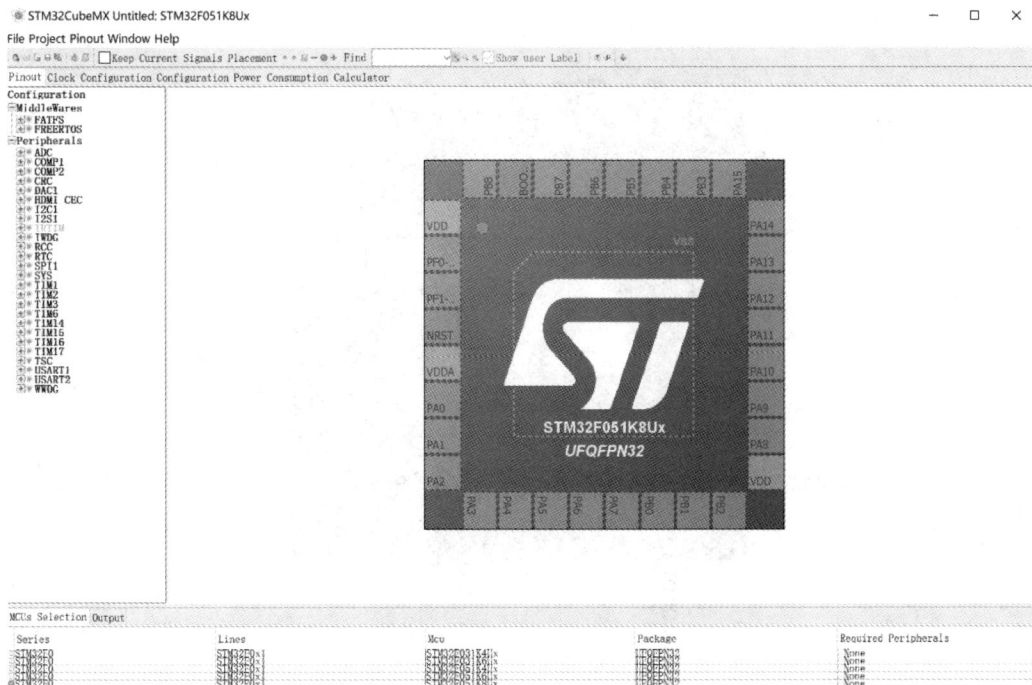

图 7-59　工程界面

(4) 在工程界面右侧的引脚配置列表中找到 RCC、TIM2、USART1 和 USART2，设置如图 7-60 所示。

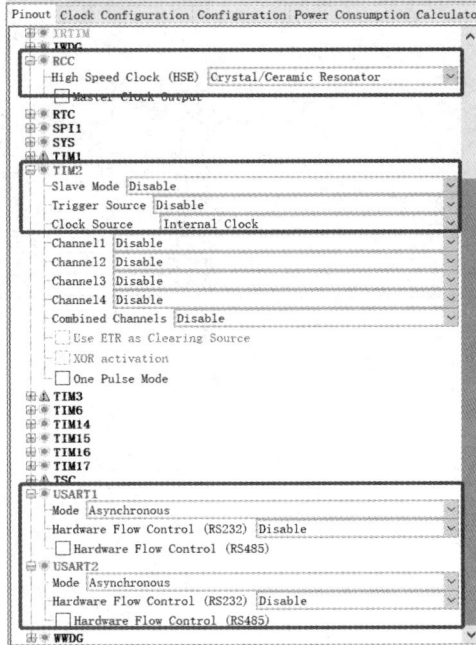

图 7-60　UART1 的设置

(5) 配置 GPIO 口 PB0 和 PB7 为 GPIO_Input，如图 7-61 所示。

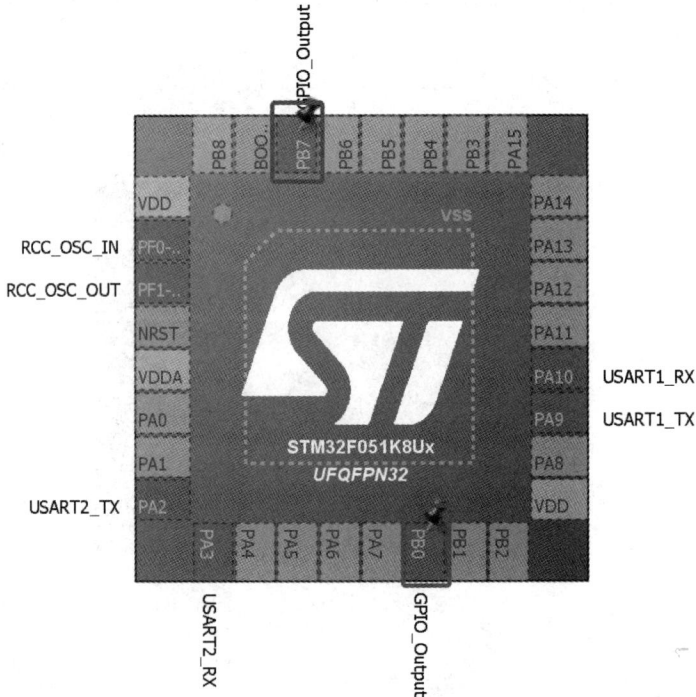

图 7-61　配置 GPIO 口 PB0 和 PB7

（6）切换面板至 Clock Configuration，配置时钟如图 7-62 所示。

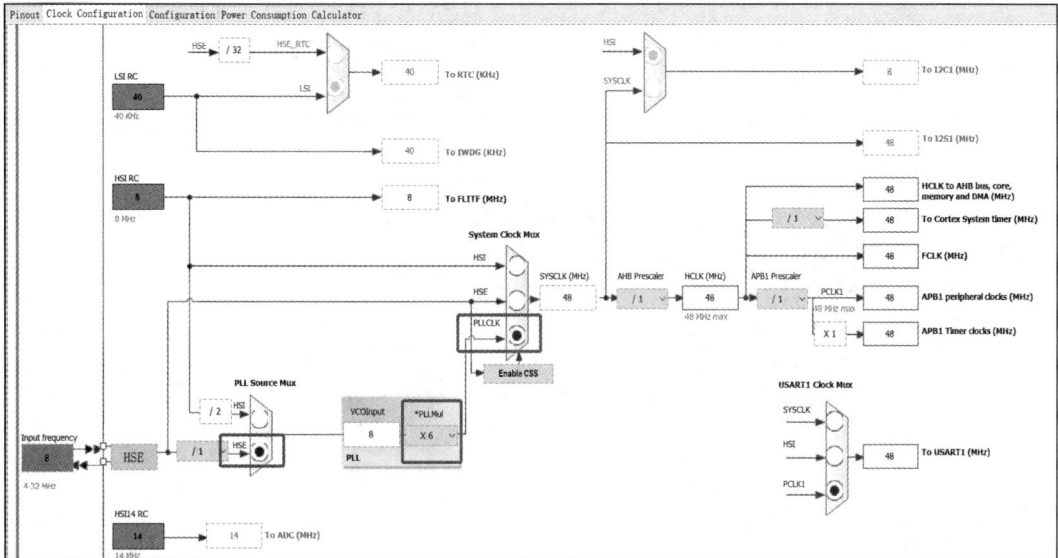

图 7-62　时钟配置

（7）切换面板至 Configuration，如图 7-63 所示，分别点击"USART1"和"USART2"按钮，进行串口配置。

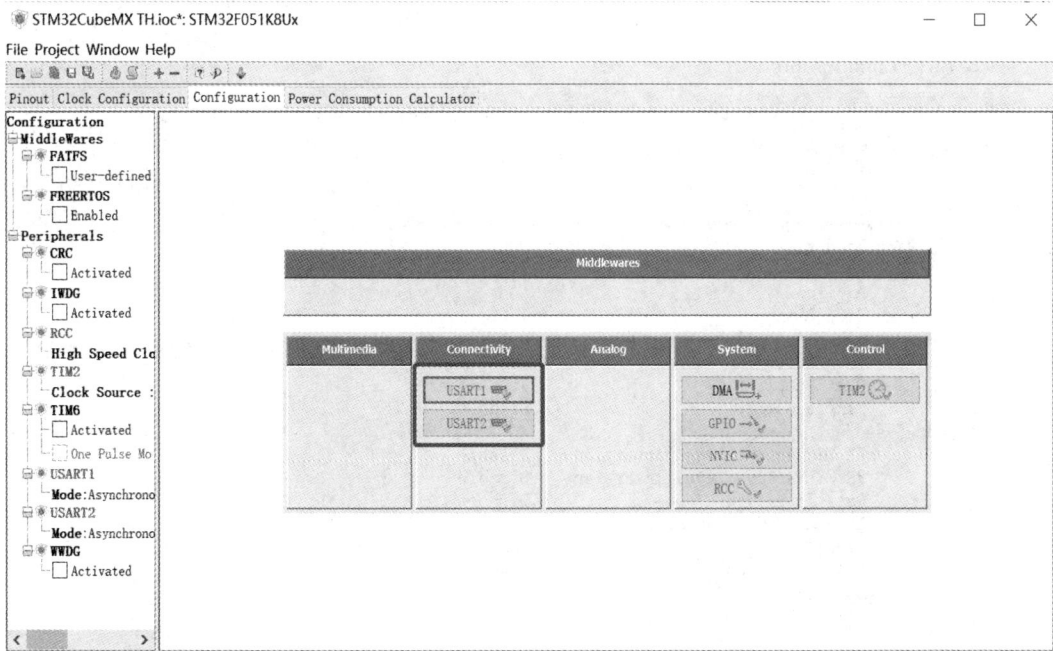

图 7-63　串口配置

（8）在弹出的串口配置对话框中的 Parameter Settings 标签页，设置串口 USART1 的波特率(Baud Rate)为 115 200 b/s，设置串口 USART2 的波特率(Baud Rate)为 9600 b/s。在 NVIC Settings 标签页，勾选 USART1 和 USART2 的中断，如图 7-64 所示。

USART1 Configuration　　　　　　　　　　　　　　　　　　　×

✔Parameter Settings ✔User Constants ✔NVIC Settings ✔DMA Settings ✔GPIO Settings

Configure the below parameters :

Search : *Search (Crtl+F)*

⊟Basic Parameters
　　　Baud Rate　　　　　　　　　　　115200 Bits/s
　　　Word Length　　　　　　　　　　8 Bits (including Parity)
　　　Parity　　　　　　　　　　　　None
　　　Stop Bits　　　　　　　　　　1
⊟Advanced Parameters
　　　Data Direction　　　　　　　Receive and Transmit
　　　Over Sampling　　　　　　　16 Samples
　　　Single Sample　　　　　　　Disable
⊟Advanced Features
　　　Auto Baudrate　　　　　　　Disable
　　　TX Pin Active Level Inversion　Disable
　　　RX Pin Active Level Inversion　Disable
　　　Data Inversion　　　　　　　Disable
　　　TX and RX Pins Swapping　　　Disable
　　　Overrun　　　　　　　　　　Enable
　　　DMA on RX Error　　　　　　Enable
　　　MSB First　　　　　　　　　Disable

Restore Default　　　　　　　　　　　　　　　　Apply　　Ok　　Cancel

USART2 Configuration　　　　　　　　　　　　　　　　　　　×

✔Parameter Settings ✔User Constants ✔NVIC Settings ✔DMA Settings ✔GPIO Settings

Configure the below parameters :

Search : *Search (Crtl+F)*

⊟Basic Parameters
　　　Baud Rate　　　　　　　　　　9600 Bits/s
　　　Word Length　　　　　　　　　8 Bits (including Parity)
　　　Parity　　　　　　　　　　　None
　　　Stop Bits　　　　　　　　　1
⊟Advanced Parameters
　　　Data Direction　　　　　　　Receive and Transmit
　　　Over Sampling　　　　　　　16 Samples
　　　Single Sample　　　　　　　Disable
⊟Advanced Features
　　　TX Pin Active Level Inversion　Disable
　　　RX Pin Active Level Inversion　Disable
　　　Data Inversion　　　　　　　Disable
　　　TX and RX Pins Swapping　　　Disable
　　　Overrun　　　　　　　　　　Enable
　　　DMA on RX Error　　　　　　Enable
　　　MSB First　　　　　　　　　Disable

Restore Default　　　　　　　　　　　　　　　　Apply　　Ok　　Cancel

USART1 Configuration　　　　　　　　　　　　　　　　　　　　　　×

✔Parameter Settings ✔User Constants ✔NVIC Settings ✔DMA Settings ✔GPIO Settings

Interrupt Table	Enabled	Preemption Priority
USART1 global interrupt / USART1 wake-up interrupt through EXT...	✔	0

Restore Default　　　　　　　　　　　　　　　　Apply　　Ok　　Cancel

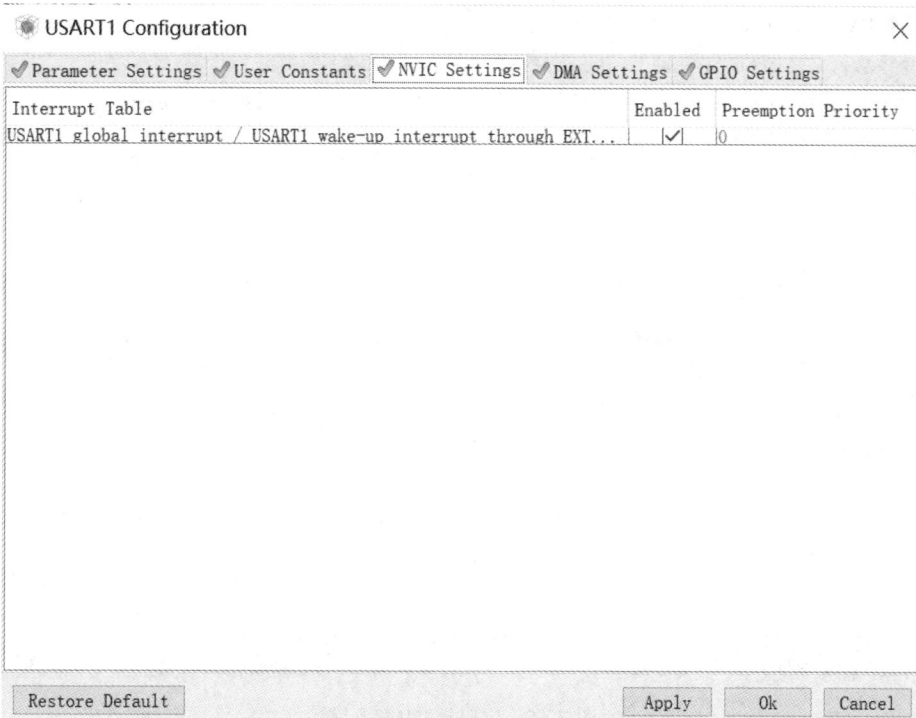

图 7-64　串口 USART1 和 USART2 配置

(9) 点击"TIM2"按钮, 在弹出的定时器配置对话框中进行定时器的配置。在 Parameter Settings 标签页, 设置 Prescaler(PSC-16 bits value)为 4800 – 1, 设置 Counter Period (AutoReload Register-32 bits value)为 10000 – 1; 在 NVIC Settings 标签页, 勾选 TIM2 的中断, 如图 7-65 所示。

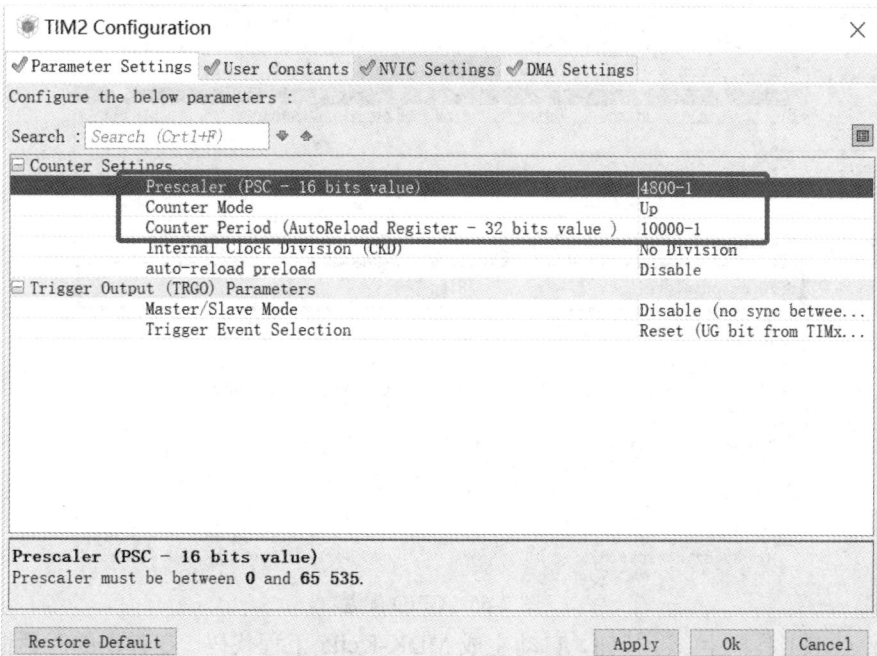

TIM2 Configuration　　　　　　　　　　　　　　　　　　　　　　×

✔Parameter Settings ✔User Constants ✔NVIC Settings ✔DMA Settings

Configure the below parameters :

Search : Search (Crt1+F)　⬇ ⬆　　　　　　　　　　　　　　　🔲

⊟ Counter Settings
　Prescaler (PSC - 16 bits value)　　　　　　　　　　　　4800-1
　Counter Mode　　　　　　　　　　　　　　　　　　Up
　Counter Period (AutoReload Register - 32 bits value)　　10000-1
　Internal Clock Division (CKD)　　　　　　　　　　　　No Division
　auto-reload preload　　　　　　　　　　　　　　　Disable
⊟ Trigger Output (TRGO) Parameters
　Master/Slave Mode　　　　　　　　　　　　　　　　Disable (no sync betwee...
　Trigger Event Selection　　　　　　　　　　　　　　Reset (UG bit from TIMx...

Prescaler (PSC - 16 bits value)
Prescaler must be between **0** and **65 535**.

Restore Default　　　　　　　　　　　　　　　　Apply　　Ok　　Cancel

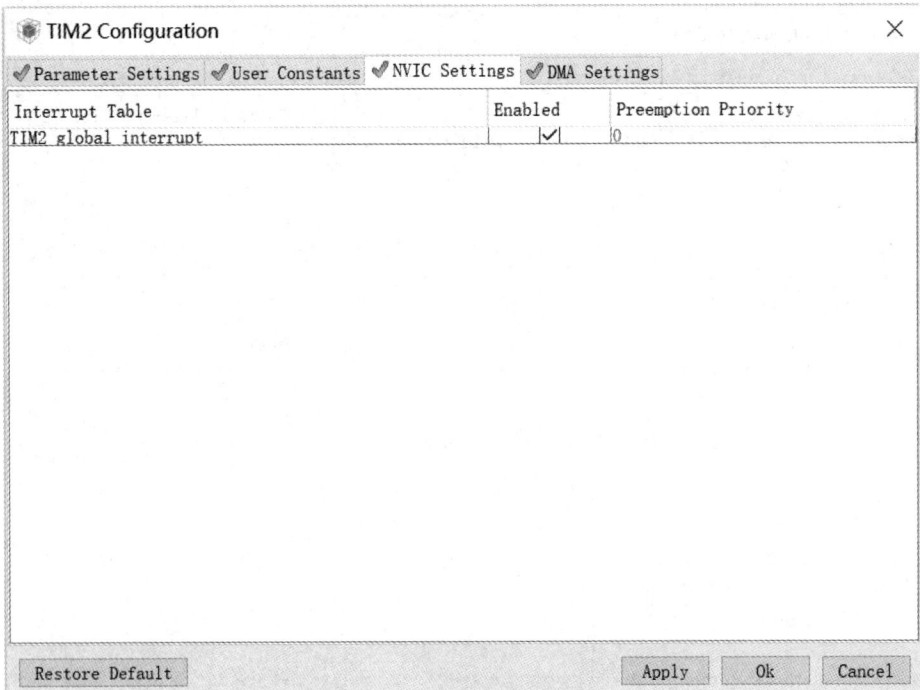

图 7-65　定时器 TIM2 配置

(10) 点击 GPIO 按钮，在弹出的 GPIO 配置对话框中进行 PB0 和 PB7 的配置。将 PB0 和 PB7 的 GPIO output level 均设置为 High，如图 7-66 所示。

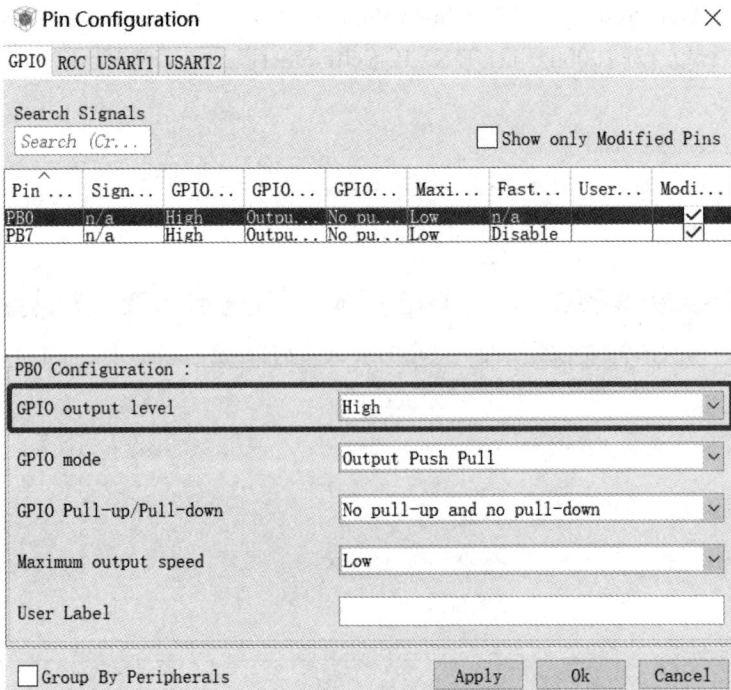

图 7-66　GPIO 配置

(11) 点击工具栏上 🔨 按钮，自动生成 MDK-Keil5 工程代码。在弹出的对话框中进行工程名称、保存位置等信息的填写，然后点击"Ok"按钮，完成代码的自动生成。

(12) 工程生成完成后，在弹出的对话框中点击"Open Project"按钮，打开 Keil5 编辑器，如图 7-67 所示。

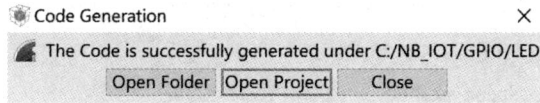

图 7-67　打开 Keil5 工程

(13) 源代码工程打开后，点击编译按钮，完成工程编译。

(14) 新建头文件 dht11.h，代码如下：

```
#ifndef __DHT11_H__
#define __DHT11_H__


#include "main.h"
extern uint8_t ucharT_data_H, ucharT_data_L;
extern uint8_t ucharRH_data_H, ucharRH_data_L;
extern uint8_t ucharcheckdata;
extern void HAL_Delay_1us(uint8_t Delay);
void DHT11_TEST(void);            //温湿度感知启动函数
#endif
```

(15) 新建源文件 dht11.c，代码如下：

```
#include "tim.h"
#include "gpio.h"
#include "dht11.h"


//温湿度定义
uint8_t ucharT_data_H = 0, ucharT_data_L = 0;
uint8_t ucharRH_data_H = 0, ucharRH_data_L = 0;
uint8_t ucharcheckdata = 0;
void HAL_Delay_1us(uint8_t Delay)
{
    uint8_t i,j;
    for(i = 0; i < Delay; i++)
    {
        for(j = 0; j < 7; j++)
        { }
    }
}


void D2_OUT_GPIO_Init(void)
```

```
    {
        GPIO_InitTypeDef GPIO_InitStruct;
        GPIO_InitStruct.Pin = GPIO_PIN_8;
        GPIO_InitStruct.Mode = GPIO_MODE_OUTPUT_PP;
        GPIO_InitStruct.Pull = GPIO_NOPULL;
        GPIO_InitStruct.Speed = GPIO_SPEED_FREQ_LOW;
        HAL_GPIO_Init(GPIOB, &GPIO_InitStruct);
    }
    void D2_IN_GPIO_Init(void)
    {
        GPIO_InitTypeDef GPIO_InitStruct;
        GPIO_InitStruct.Pin = GPIO_PIN_8;
        GPIO_InitStruct.Mode = GPIO_MODE_INPUT;
        GPIO_InitStruct.Pull = GPIO_PULLUP;
        GPIO_InitStruct.Speed = GPIO_SPEED_FREQ_LOW;
        HAL_GPIO_Init(GPIOB, &GPIO_InitStruct);
    }

    void DHT11_TEST(void)      //温湿度感知启动
    {
        uint8_t ucharT_data_H_temp, ucharT_data_L_temp;
        uint8_t ucharRH_data_H_humidity, ucharRH_data_L_humidity;
        uint8_t ucharcheckdata_temp;
        volatile uint8_t ucharFLAG = 0, uchartemp = 0;
        volatile uint8_t ucharcomdata;
        uint8_t i;
        D2_OUT_GPIO_Init();
        HAL_Delay_1us(30);
        HAL_GPIO_WritePin(GPIOB, GPIO_PIN_8, GPIO_PIN_RESET);
        HAL_Delay(30);
        HAL_GPIO_WritePin(GPIOB, GPIO_PIN_8, GPIO_PIN_SET);
        HAL_Delay_1us(30);
        D2_IN_GPIO_Init();
        HAL_Delay_1us(20);
        if(!HAL_GPIO_ReadPin(GPIOB, GPIO_PIN_8))
        {
            ucharFLAG = 2;
            while((!HAL_GPIO_ReadPin(GPIOB, GPIO_PIN_8)) && ucharFLAG++);
            ucharFLAG = 2;
```

```
    while(HAL_GPIO_ReadPin(GPIOB, GPIO_PIN_8) && ucharFLAG++);
    for(i = 0; i < 8; i++)
    {
        ucharFLAG = 2;
        while((!HAL_GPIO_ReadPin(GPIOB, GPIO_PIN_8))&& ucharFLAG++);
        HAL_Delay_1us(35);
        uchartemp = 0;
        if(HAL_GPIO_ReadPin(GPIOB, GPIO_PIN_8))
            uchartemp = 1;

        ucharFLAG = 2;
        while(HAL_GPIO_ReadPin(GPIOB, GPIO_PIN_8) && ucharFLAG++);
        if(ucharFLAG == 1)
            break;
        ucharcomdata <<= 1;
        ucharcomdata |= uchartemp;
    }

    ucharRH_data_H_humidity = ucharcomdata;

    for(i = 0; i < 8; i++)
    {
        ucharFLAG = 2;
        while((!HAL_GPIO_ReadPin(GPIOB, GPIO_PIN_8))&& ucharFLAG++);
        HAL_Delay_1us(35);
        uchartemp = 0;
        if(HAL_GPIO_ReadPin(GPIOB, GPIO_PIN_8))
            uchartemp = 1;
        ucharFLAG=2;
        while(HAL_GPIO_ReadPin(GPIOB, GPIO_PIN_8) && ucharFLAG++);
        if(ucharFLAG == 1)
            break;
        ucharcomdata <<= 1;
        ucharcomdata |= uchartemp;
    }

    ucharRH_data_L_humidity = ucharcomdata;
    for(i=0;i<8;i++)
    {
```

```
        ucharFLAG = 2;
        while((!HAL_GPIO_ReadPin(GPIOB, GPIO_PIN_8))&& ucharFLAG++);
        HAL_Delay_1us(35);
        uchartemp = 0;
        if(HAL_GPIO_ReadPin(GPIOB, GPIO_PIN_8))
            uchartemp=1;

        ucharFLAG = 2;
        while((HAL_GPIO_ReadPin(GPIOB, GPIO_PIN_8)) && ucharFLAG++);
        if(ucharFLAG == 1)
            break;

        ucharcomdata <<= 1;
        ucharcomdata |= uchartemp;
    }

    ucharT_data_H_temp = ucharcomdata;

    for(i = 0; i < 8; i++)
    {
        ucharFLAG = 2;
        while((!HAL_GPIO_ReadPin(GPIOB, GPIO_PIN_8))&& ucharFLAG++);
        HAL_Delay_1us(35);
        uchartemp = 0;
        if(HAL_GPIO_ReadPin(GPIOB, GPIO_PIN_8))
            uchartemp = 1;

        ucharFLAG = 2;
        while((HAL_GPIO_ReadPin(GPIOB, GPIO_PIN_8)) && ucharFLAG++);
        if(ucharFLAG == 1)
            break;

        ucharcomdata <<= 1;
        ucharcomdata |= uchartemp;
    }

    ucharT_data_L_temp = ucharcomdata;

    for(i=0; i<8; i++)
```

```
        {
            ucharFLAG = 2;
            while((!HAL_GPIO_ReadPin(GPIOB, GPIO_PIN_8))&& ucharFLAG++);
            HAL_Delay_1us(30);
            uchartemp = 0;
            if(HAL_GPIO_ReadPin(GPIOB, GPIO_PIN_8))
                uchartemp = 1;

            ucharFLAG = 2;
            while((HAL_GPIO_ReadPin(GPIOB, GPIO_PIN_8)) && ucharFLAG++);
            if(ucharFLAG == 1)
                break;
            ucharcomdata <<= 1;
            ucharcomdata |= uchartemp;
        }

        ucharcheckdata_temp = ucharcomdata;

        uchartemp = (ucharT_data_H_temp + ucharT_data_L_temp + ucharRH_data_H_humidity +
ucharRH_data_L_humidity);

        if(uchartemp == ucharcheckdata_temp)
        {
            ucharT_data_H = ucharT_data_H_temp;
            ucharT_data_L = ucharT_data_L_temp;
            ucharRH_data_H = ucharRH_data_H_humidity;
            ucharRH_data_L = ucharRH_data_L_humidity;
            ucharcheckdata = ucharcheckdata_temp;
        }
    }

    else //没有成功读取，返回 0
    {
        ucharT_data_H   = 0;
        ucharT_data_L   = 0;
        ucharRH_data_H = 0;
        ucharRH_data_L = 0;
    }
}
```

(16) 添加 DH11 驱动头文件，将 dht11.h 文件拷贝到工程目录的 Inc 文件夹下，如图
7-68 所示。

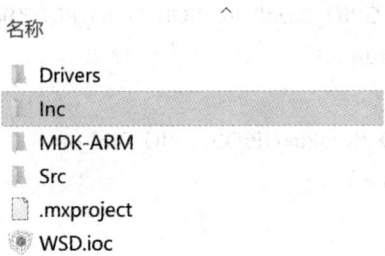

图 7-68　添加 DH11 驱动头文件

(17) 添加 DH11 驱动源文件，将 dht11.c 文件拷贝到工程目录的 Src 文件夹下，如图 7-69
所示。

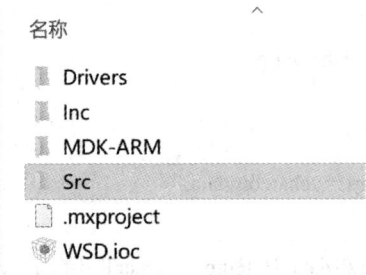

图 7-69　添加 DH11 驱动源文件

(18) 在 Keil 的 Project 面板中，鼠标右键单击 Application/User，在弹出的菜单中，选
择"Add Existing Files to Group 'Application/User' ..."子菜单，如图 7-70 所示。

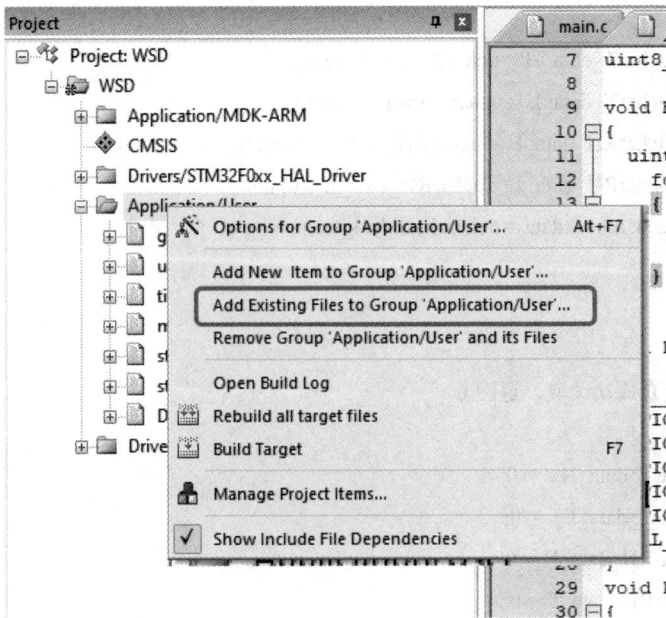

图 7-70　添加文件到工程组

(19) 在弹出的文件选择对话框中找到之前拷贝到 Src 文件夹下的 DHT11.c 文件，点击

"Add 按钮"即可,如图 7-71 所示。

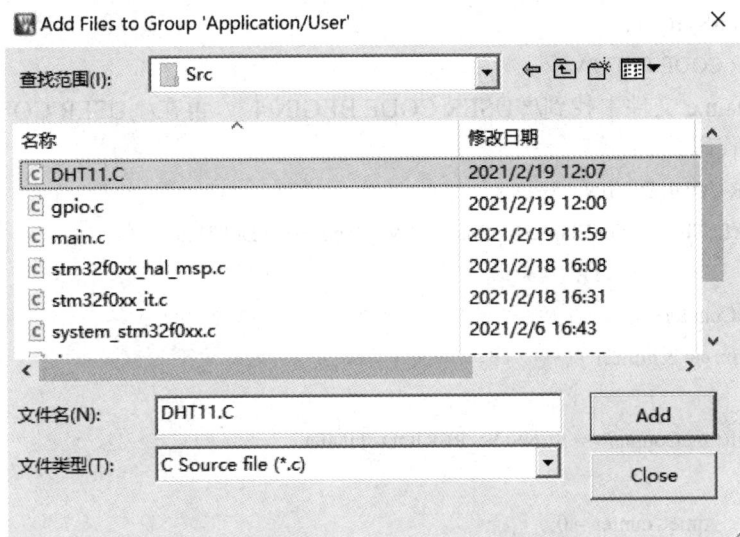

图 7-71 添加 DHT11.c 源文件到工程组

(20) 在 main.c 文件中找到/* USER CODE BEGIN Includes */,再在/* USER CODE BEGIN Includes */下方添加如下代码,引入温湿度传感器的头文件。

```
/* USER CODE BEGIN Includes */
#include "dht11.h"
#include "string.h"
#include "stdio.h"
/* USER CODE END Includes */
```

(21) 在 main.c 文件中找到/* USER CODE BEGIN PV */,再在/* USER CODE BEGIN PV */下方添加如下代码:

```
/* USER CODE BEGIN PV */
/* Private variables -------------------------------------------------------*/
#define SENSOR_PERIOD_TIME 5
#define MAX_RECV_LEN 1024
uint8_t timeCounter = 0;
uint8_t isTimeoutFlag = 0;

uint8_t uart1RecvBuffer[MAX_RECV_LEN]={0};
uint8_t *pUart1Buf = uart1RecvBuffer;
uint8_t uart1RecvLength = 0;
static int isUart1RecvOverflag = 0;

uint8_t uart2RecvBuffer[MAX_RECV_LEN]={0};
uint8_t *pUart2Buf = uart1RecvBuffer;
uint8_t uart2RecvLength = 0;
```

```
static int isUart2RecvOverflag = 0;
static int isStart = 0;
/* USER CODE END PV */
```

(22) 在 main.c 文件中找到/* USER CODE BEGIN 4 */, 再在/* USER CODE BEGIN 4 */
下方添加如下代码:

```
/* USER CODE BEGIN 4 */
void HAL_TIM_PeriodElapsedCallback(TIM_HandleTypeDef *htim)
{
    timeCounter++;
    if(htim == &htim2)
    {
        if(timeCounter >= SENSOR_PERIOD_TIME)
        {
            timeCounter = 0;
            isTimeoutFlag = 1;
        }
    }
}


int fputc(int ch, FILE *f)
{
    HAL_UART_Transmit(&huart1, (uint8_t*)&ch, 1, 0xFFFF);
    return ch;
}


void processRecvStr(char* recvStr)
{
    char data[] = {0};
    int length = strlen(recvStr);
    if(length > 6) //+NNMI:
    {
        //+NNMI:2,0101
        if( recvStr[0] == '+' && recvStr[1] == 'N'
                        && recvStr[2] == 'N'
                        && recvStr[3] == 'M'
                        && recvStr[4] == 'I'
                        && recvStr[5] == ':')
        {
            if(recvStr[11] == '1')
```

```
            {
                HAL_GPIO_WritePin(GPIOB, GPIO_PIN_0, GPIO_PIN_RESET);
                HAL_GPIO_WritePin(GPIOB, GPIO_PIN_7, GPIO_PIN_RESET);
            }
            else{
                HAL_GPIO_WritePin(GPIOB, GPIO_PIN_0, GPIO_PIN_SET);
                HAL_GPIO_WritePin(GPIOB, GPIO_PIN_7, GPIO_PIN_SET);
            }
        }

    }
}


void HAL_UART_RxCpltCallback(UART_HandleTypeDef *huart)
{
    uint8_t ret = HAL_OK;

    if(&huart1 == huart)
    {
        pUart1Buf++;
        uart1RecvLength++;
        if(pUart1Buf == uart1RecvBuffer + MAX_RECV_LEN)
        {
            pUart1Buf = uart1RecvBuffer;
        }

        do
        {
            ret = HAL_UART_Receive_IT(&huart1, (uint8_t*)pUart1Buf, 1);
        }while(ret != HAL_OK);

        if(*(pUart1Buf-1)=='\n')
        {
            isUart1RecvOverflag = 1;

        }
    }
    else if(&huart2 == huart)
    {
```

```
        pUart2Buf++;
        uart2RecvLength++;
        if(pUart2Buf == uart2RecvBuffer + MAX_RECV_LEN)
        {
            pUart2Buf = uart2RecvBuffer;
        }

        do
        {
            ret = HAL_UART_Receive_IT(&huart2, (uint8_t*)pUart2Buf, 1);
        }while(ret != HAL_OK);

        if(*(pUart2Buf-1)=='\n')
        {
            isUart2RecvOverflag = 1;
            char buf[100]={0};
            sprintf(buf, "%s", uart2RecvBuffer);
            printf("%s", buf);

            if(isStart == 0)
            {
                if(NULL != strstr(buf, "AT+MLWEVTIND=3"))
                {
                    isStart = 1;
                    HAL_TIM_Base_Start_IT(&htim2);
                }
            }

            if(isStart == 1)
            {
                char *ret = strstr(buf, "+NNMI:");
                processRecvStr(ret);
            }
            memset(uart2RecvBuffer, 0, sizeof(uart2RecvBuffer));
            pUart2Buf = uart2RecvBuffer;
            (&huart2)->pRxBuffPtr = pUart2Buf;
            isUart2RecvOverflag = 0;
            uart2RecvLength = 0;
        }
```

```
    }
  }
  /* USER CODE END 4 */
```

（23）在 main.c 文件中找到/* USER CODE BEGIN 2 */，再在/* USER CODE BEGIN 2 */
下方添加如下代码：

```
  /* USER CODE BEGIN 2 */
  HAL_UART_Receive_IT(&huart1, (uint8_t*)pUart1Buf, 1);
  HAL_UART_Receive_IT(&huart2, uart2RecvBuffer, 1);
  HAL_Delay(10000);
  HAL_UART_Transmit(&huart2, "AT+NNMI=1\r\n", 11,100);
  /* USER CODE END 2 */
```

（24）在 main.c 文件中找到/* USER CODE BEGIN 3 */，再在/* USER CODE BEGIN 3 */
下方添加如下代码：

```
  /* USER CODE BEGIN 3 */
  if(isUart1RecvOverflag == 1)
  {
      HAL_UART_Transmit(&huart2, uart1RecvBuffer, uart1RecvLength, 100);

      memset(uart1RecvBuffer, 0, sizeof(uart1RecvBuffer));
      pUart1Buf = uart1RecvBuffer;
      (&huart1)->pRxBuffPtr = pUart1Buf;
      isUart1RecvOverflag = 0;
      uart1RecvLength = 0;
  }
  if(isTimeoutFlag == 1)
  {
      isTimeoutFlag = 0;

      DHT11_TEST();

      char buf[]={0};
      sprintf(buf, "AT+NMGS=3,00%02x%02x\r\n", (uint8_t)ucharT_data_H, (uint8_t)ucharRH_data_H);
      printf("%s\r\n",buf);
      HAL_UART_Transmit(&huart2, (uint8_t*)buf, 18, 100);
  }
```

（25）代码编写完成后，重新编译工程，没有错误后，将 ST-Link 线连接到开发底板上，
如图 7-72 所示。另一端插入到电脑的 USB 口，点击 Keil5 软件工具栏上的"Load"按钮，
进行程序烧录。

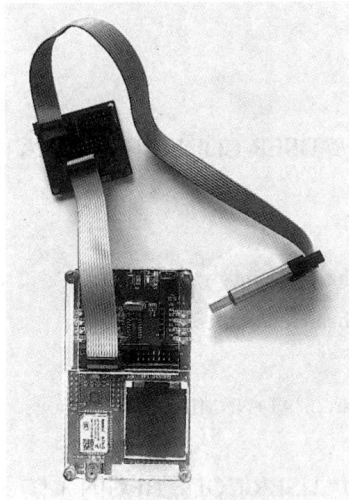

图 7-72　ST-Link 烧录程序

(26) 将温湿度传感器模块和风扇模块分别插入到两块开发板上，如图 7-73 所示。

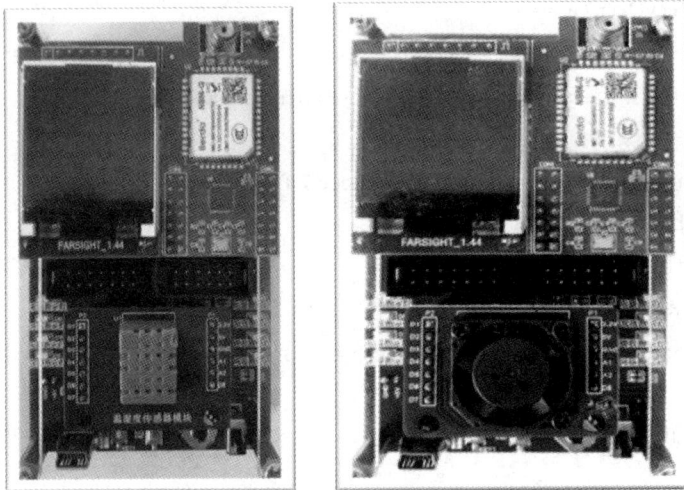

图 7-73　温湿度传感器和风扇插入开发板

(27) 打开串口调试助手，配置参数如图 7-74 所示。

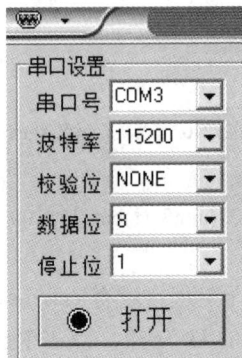

图 7-74　串口调试助手参数配置

(28) 将 USB 转串口线接入开发底板上, 另外一头插入电脑的 USB 口, 如图 7-75 所示。

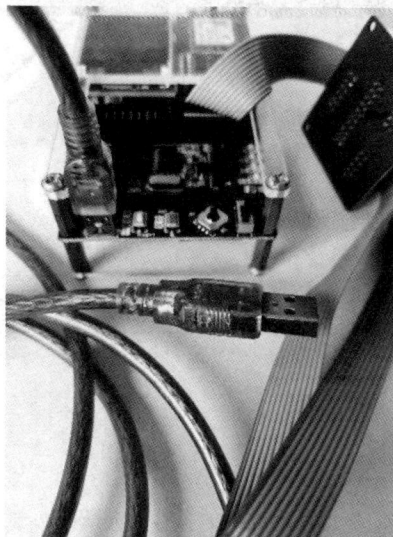

图 7-75　串口接线连接

3. 功能测试

(1) 打开串口调试助手, 输入 AT 指令 "AT+CFUN=0" 关闭射频, 如图 7-76 所示。

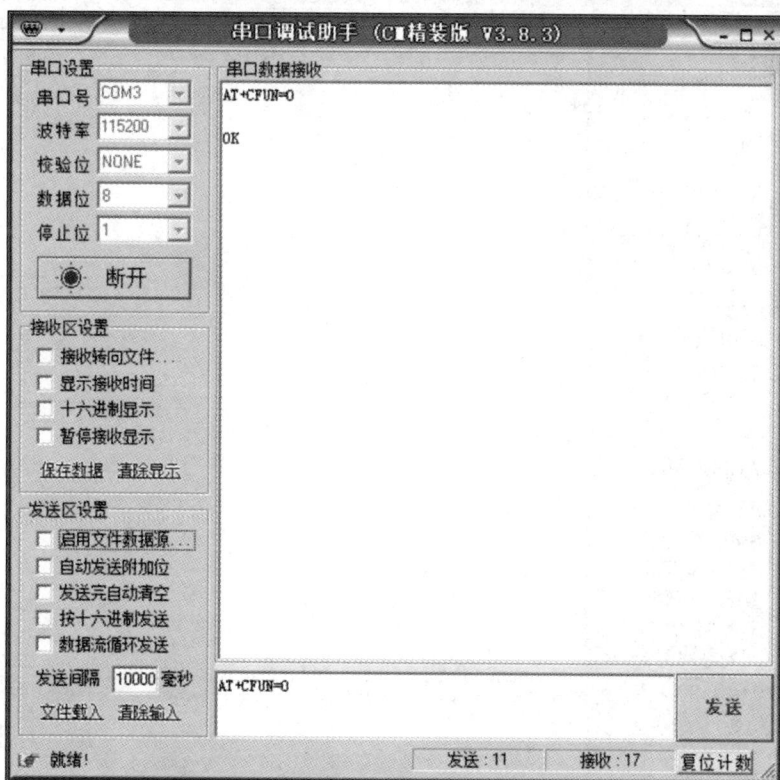

图 7-76　关闭射频

(2) 在华为物联网云平台查看设备接入地址, 如图 7-77 所示。

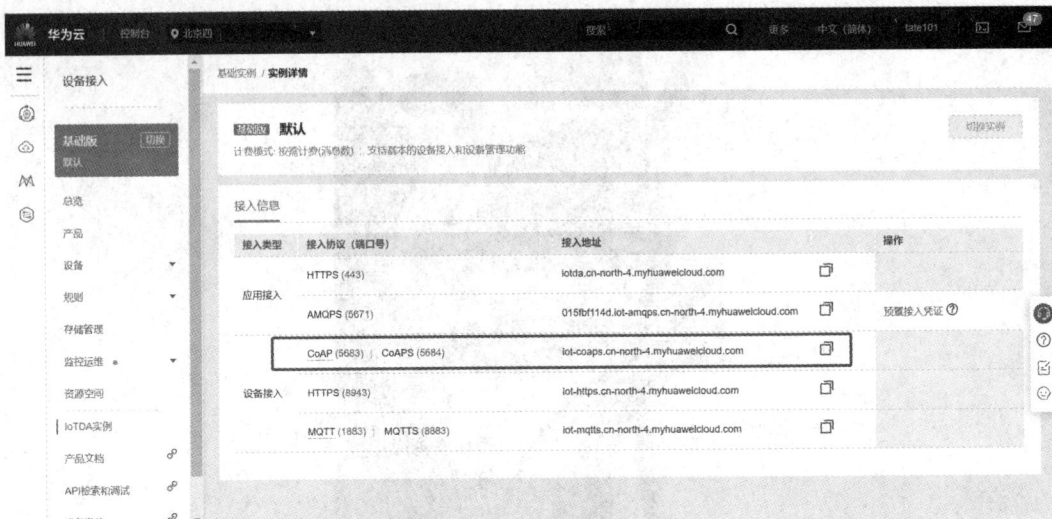

图 7-77　查看设备接入地址

(3) 在串口调试助手输入 AT 指令 "AT+NCDP=iot-coaps.cn-north-4.myhuaweicloud.com,5683"，向终端设备写入物联网云平台接入地址，如图 7-78 所示。

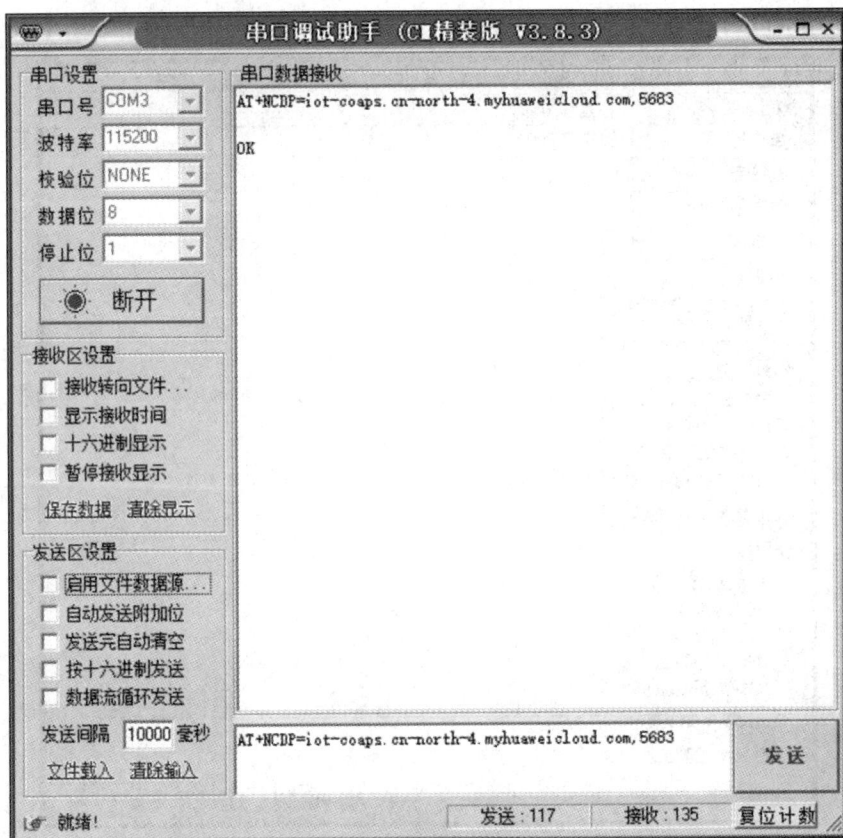

图 7-78　写入设备接入地址

(4) 输入 AT 指令 "AT+CFUN=1" 重新打开射频，如图 7-79 所示。

图 7-79　重新打开射频

(5) 输入 AT 指令"AT+NRB"重启设备，如图 7-80 所示。

图 7-80　重启设备

(6) 设备重启完成之后，在物联网云平台的设备列表里面可以看到风扇设备已经处于在线状态，如图 7-81 所示。

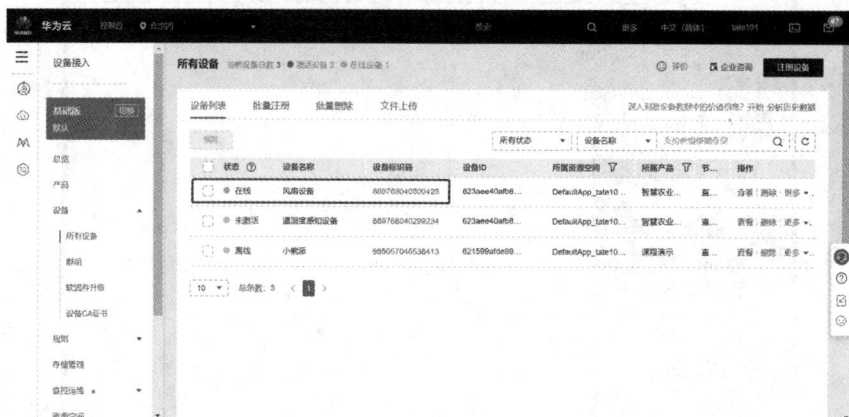

图 7-81　风扇设备在线

(7) 从图 7-81 中可以看到，目前温湿度感知设备没有在线。重复上述(1)～(6)步，完成温湿度感知终端设备的入网，使得两个设备同时在线，如图 7-82 所示。

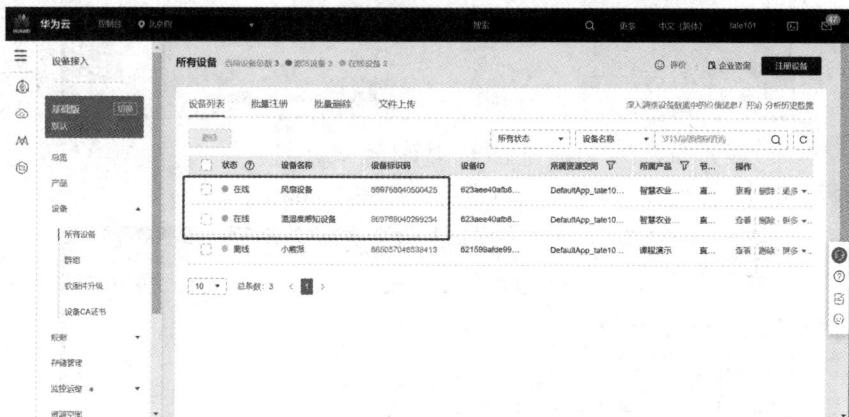

图 7-82　温湿度感知设备在线

(8) 切换到设备调试界面，可以看到温湿度感知设备上报上来的实时数据，如图 7-83 所示。

图 7-83　温湿度感知实时数据

(9) 根据设备联动规则，风扇设备上面的风扇模块已经开始转动。

7.2.4　项目小结

本项目以智慧农业中温湿度感知应用为背景，按照 NB-IoT 物联网应用开发的流程，完成了一个终端设备数据感知并上报到云平台，云端平台远程控制终端设备的应用，且根据云端平台制定的设备联动规则，实现了两个设备的联动。设备的入网需要向设备写入云平台的设备接入地址；感知数据的上报需要按照编解码插件的消息格式进行 AT 指令的构造；云端指令下发后需要对接收到的命令按照下发指令格式进行解析，根据解析结果控制相应的装置。

7.2.5　知识及技能拓展

物联网终端设备接入云平台除了可以设备原生协议接入，华为公司还提供了一种基于 Agent 的接入方式。Agent Lite 是可以将不同软硬件厂商的通信协议转换成统一的标准协议，是支持不同网络连接方式之间协同转换的中间件。设备厂商将 Agent Lite 集成到设备上后，设备可以安全地接入华为云物联网平台，从而实现数据上报和命令下发等功能。Agent Tiny 是部署在具备广域网能力，对功耗、存储、计算资源有苛刻限制的终端设备上的轻量级互连互通中间件，用户只需要调用 API，即可实现设备快速接入物联网平台以及数据上报和命令接收。Agent Tiny 的接入可以大大缩短用户的开发周期，用户能够聚焦在自己的业务开发上，快速构建自己的产品。Agent Tiny 主要应用在芯片和模组中，设备集成了相关的芯片或模组就可以直接通过 CIG 接入物联网平台。

习　　题

利用光敏传感器完成一个智慧路灯的开发。在云平台上定义产品模型和开发编解码插件，终端设备感知光照强度并上报到物联网云平台，云平台制定设备联动规则，控制 LED 灯的亮灭。

参 考 文 献

[1]　谭方勇，臧燕翔. 物联网应用技术概论[M]. 北京：中国铁道出版社，2019.

[2]　高泽华，孙文生. 物联网：体系结构、协议标准与无线通信[M]. 北京：清华大学出版社，2020.

[3]　黄宇红，杨光. NB-IoT 物联网技术解析与案例详解[M]. 北京：机械工业出版社，2018.

[4]　江林华. 5G 物联网及 NB-IoT 技术详解[M]. 北京：电子工业出版社，2018.

[5]　史治国，潘骏，陈积明. NB-IoT 实战指南[M]. 北京：科学出版社，2018.

[6]　王宜怀，张建，刘辉，等. 窄带物联网 NB-IoT 应用开发共性技术[M]. 北京：电子工业出版社，2019.

[7]　arm KEIL. https://www.keil.com/

[8]　μVision® IDE. https://www2.keil.com/mdk5/uvision/

[9]　ST 意法半导体. https://www.st.com/content/st_com/en.html

[10]　中国移动 OneNET. https://open.iot.10086.cn/

[11]　中国电信物联网平台. https://www.ctwing.cn/

[12]　阿里云. https://iot.aliyun.com/?spm=5176.19720258.J_3207526240.28.9b762c4aN63j7L

[13]　华为云. https://www.huaweicloud.com/

[14]　廖建尚，郑建红，杜恒. 基于 STM32 嵌入式接口与传感器应用开发[M]. 北京：电子工业出版社，2018.

[15]　黄焱，杨林. 华为云物联网平台技术与实践[M]. 北京：人民邮电出版社，2020.

[16]　熊保松，李雪峰，魏彪. 物联网 NB-IoT 开发与实践[M]. 北京：人民邮电出版社，2020.